EPC 工程总承包全过程组织与实施

李永福　申　建　编著

中国计划出版社

北　京

图书在版编目（ＣＩＰ）数据

EPC工程总承包全过程组织与实施 / 李永福，申建编著. -- 北京 : 中国计划出版社，2022.4
ISBN 978-7-5182-1390-0

Ⅰ. ①E… Ⅱ. ①李… ②申… Ⅲ. ①建筑工程－承包工程－工程项目管理－研究 Ⅳ. ①TU723

中国版本图书馆CIP数据核字(2021)第259679号

责任编辑：陈　飞　　　　封面设计：韩可斌
责任校对：杨奇志　谭佳艺　　责任印制：赵文斌　康媛媛

中国计划出版社出版发行
网址：www.jhpress.com
地址：北京市西城区木樨地北里甲 11 号国宏大厦 C 座 3 层
邮政编码：100038　电话：（010）63906433（发行部）
北京天宇星印刷厂印刷

787mm×1092mm　1 /16　18 印张　438 千字
2022 年 4 月第 1 版　2022 年 4 月第 1 次印刷

定价：68.00 元

编委会名单

编著单位：

山东建筑大学

山东大卫国际项目管理有限公司

编著人员：

李永福（山东建筑大学）通编

申　建（山东大卫国际建筑设计有限公司）第一章

刘作伟（山东建筑大学）第二章

李永福（山东建筑大学）第三章

李　敏（山东建筑大学）第四章

申　建（山东大卫国际建筑设计有限公司）第五章

于天奇（山东建筑大学）第六章

时吉利（山东建筑大学）第七章

朱天乐（山东建筑大学）第八章

盛国飞（山东建筑大学）第九章

郭秋雨（山东建筑大学）第十章

序　言

近年来的工程实践表明，业主方日益重视承包商所能够提供的综合服务能力，工程总承包管理模式以其独特的优势在工程承包市场上越来越受到业主的青睐。

伴随着我国建筑行业的不断发展与成熟，大型工程项目增多，工程技术复杂程度和实施难度日渐增加，传统的设计—招标—施工的管理模式已不能满足业主的要求，为了减少工程项目成本并缩短建设工期，EPC（Engineering Procurement Construction）工程总承包模式开始逐渐被人们重视。

我个人从事建筑设计与规划近40年，接触EPC工程总承包建设项目越来越多。不难发现，EPC工程总承包拥有诸多优势：可以高速度、低成本地建造高层建筑和大型工业项目；在经济全球化和工程项目全寿命周期背景下，巨大的竞争压力驱使承包商寻求为工程创造更多效益的项目管理方式，工程总承包蕴含的"设计和施工一体化"理念，以其创新能力和增值能力成为现代工程项目管理模式的核心思想。设计阶段是建设项目进行全面规划和具体描述实施意图的过程，是EPC工程总承包的灵魂，是处理技术与经济关系的关键性环节，也是保证总承包建设项目质量和控制建设项目造价的关键性阶段。

EPC模式在国内外工程项目中的应用越来越广泛，且出现了很多关于EPC总承包管理方面的书籍，但缺少对EPC全过程组织与实施的详细说明，山东大卫国际项目管理有限公司在建筑设计领域深耕多年，在项目设计质量及造价把控等关键环节方面具有丰富的经验，根据多年设计及优化经验组织编写的《EPC工程总承包全过程组织与实施》信息量大、涉及面广，为EPC工程总承包在全行业的推行贡献了有益的经验。

我们也看到，EPC工程总承包模式远未发展到成熟阶段，有大量富有挑战性的问题有待解决。本书尝试介绍讨论了EPC工程总承包模式与EPC工程建设项目的全过程，对总承包商解决设计与施工的衔接问题、减少采购与施工的中间环节等进行了详细阐述，以案解析、深入浅出、内容详实、信息丰富，读之获益甚多。

EPC 工程总承包模式作为一种发展趋势，对中国建筑行业的赋能作用也将日益凸显。本书的出版对于我国建筑业，特别是在房屋建筑领域推行 EPC 工程总承包模式的发展也将具有十分重要的现实意义。

全国工程设计大师
山东大卫国际建筑设计有限公司董事长

陈懿玮

2022 年 1 月

前　言

工程总承包是国际通行做法，英文缩写为 EPC（Engineering Procurement Construction），即设计、采购、施工一体化，是一种把设计、采购、施工等任务进行综合，发包给一家工程总承包企业的模式。EPC 模式在国内外工程项目中的应用已经十分广泛，涉及的行业领域也不断扩大，包括建筑、电力、水利、石油石化等行业。本书以最新的规范、规程为指导，系统地介绍了 EPC 总承包模式全过程的组织和实施，以工程项目建设为主线，介绍了设计—采购—施工的管理模式，为从事项目管理工作的人员提供了一定的理论依据。

EPC 模式起源于 20 世纪 60 年代的美国。随着大型工程项目的增多，工程技术复杂程度和实施难度日益增加，传统的设计—招标—施工的管理模式已不能满足业主的要求，为减少工程项目成本，缩短建设工期，EPC 新的工程项目管理模式应运而生。20 世纪 80 年代逐渐成形，并得到广泛的应用。到 20 世纪 90 年代，EPC 总承包模式已经成为国际工程承包的主流模式，在运用该模式时，关键在于加强对各阶段的管理。1999 年 FIDIC（国际咨询工程师联合会）发布了专门用于该模式的合同范本。据有关资料统计，EPC 总承包模式在国际大型项目中的比例超过了 80%。近年来，各大公司承建的国际大型工程项目基本上采用了 EPC 模式，这使得对该模式的各阶段的管理显得尤为重要。

本书共包含十章的内容，第一章为 EPC 工程总承包概述，包括 EPC 工程总承包的概念及主要特征等，本章对 EPC 进行充分阐述，使读者了解 EPC 模式。第二章为建设项目管理组织，通过本章的学习，使读者快速了解建设项目管理组织。第三章为 EPC 工程总承包进度控制，包括进度控制目标和任务、系统的建立，项目进度控制方法及措施等，通过本章的学习，可以更好地确定 EPC 工程总承包进度控制的目标与重点、难点。第四章为 EPC 工程总承包质量控制，通过本章的学习，重点掌握 EPC 工程总承包的质量控制。第五章为 EPC 工程总承包投资控制，通过本章的学习，充分掌握 EPC 工程总承包的投资控制。第六章为 EPC 工程总承包施工管理，通过本章的学习，充分掌握 EPC 工程总承包的施工管理。第七章为设计管理、采购管理、施工管理接口的总体关系与协调，通过本章的学习，对三者的接口关系与协调充分认识。第八章为 EPC 工程总承包组织关系协调措施，通过本章的学习，使项目管理者充分认识到协调工作的重要性。第九章为 EPC 工程总承包安全及文明施工控制措施，通过本章的学习，可以掌握 EPC 工程总承包安全及文明施工控制措施的相关内容。第十章为 EPC 工程总承包风险管理，通过对本章的了解，掌握风险管理的内容。

由于作者理论水平有限，书中存在疏漏和谬误在所难免，敬请同行和读者不吝斧正，本书在编写和修订过程中，参考了大量的文献材料，除了在书后所附带的参考文献以外，还借鉴了一些专家和学者的研究成果，在此不一一列举，谨在此一并致谢。

编著者

2022 年 2 月

目　　录

第一章 EPC工程总承包概述

本章学习目标

通过本章的学习，可以掌握 EPC 工程总承包的概念及主要特征、EPC 工程总承包与其他承包模式的区别与联系、EPC 工程总承包的主要内容、EPC 工程项目的建设程序、EPC 工程总承包中各方的责任范围。

重点掌握：EPC 工程总承包的基本概念及建设程序。

一般掌握：EPC 工程总承包的发展现状及前景。

本章学习导航

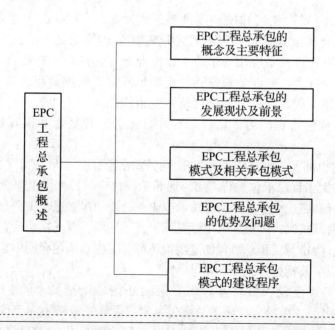

第一节　EPC 工程总承包的概念及主要特征

一、EPC 工程总承包的概念

建筑业作为国民支柱产业，处于寻求改革突破的关键时期，国家进一步推进工程总承包模式。

《中华人民共和国建筑法》第二十四条规定："提倡对建筑工程实行总承包，禁止将建筑工程肢解发包。建筑工程的发包单位可以将建筑工程的勘察、设计、施工、设备采购一并发包给一个工程总承包单位，也可以将建筑工程勘察、设计、施工、设备采购的一项或者多项发包给一个工程总承包单位；但是，不得将应当由一个承包单位完成的建筑工程肢解成若干部分发包给几个承包单位"。

《关于培育发展工程总承包和工程项目管理企业的指导意见》（建市〔2003〕30 号）第四条第（七）项规定："提倡具备条件的建设项目，采用工程总承包、工程项目管理方式组织建设。鼓励有投融资能力的工程总承包企业，对具备条件的工程项目，根据业主的要求，按照建设—转让（BT）、建设—经营—转让（BOT）、建设—拥有—经营（BOO）、建设—拥有—经营—转让（BOOT）等方式组织实施"。

2017 年 2 月 24 日，国务院办公厅印发国办发〔2017〕19 号文《关于促进建筑业持续健康发展的意见》（下称《意见》），《意见》要求加快推行工程总承包，按照总承包负总责的原则，落实工程总承包单位在工程质量安全、进度控制、成本管理等方面的责任。

2022 年 1 月 19 日，住房和城乡建设部正式发布《"十四五"建筑业发展规划》，规划提出大力发展装配式建筑，装配式建筑占新建建筑的比例要达 30% 以上。以工程项目为核心，以先进技术应用为手段，以专业分工为纽带，构建合理工程总分包关系，建立总包管理有力，专业分包发达，组织形式扁平的项目组织实施方式，形成专业齐全、分工合理、成龙配套的新型建筑行业组织结构。发展行业的融资建设、工程总承包、施工总承包管理能力，培育一批具有先进管理技术和国际竞争力的总承包企业。

《住房城乡建设部关于推进建筑业发展和改革的若干意见》（建市〔2014〕92 号）第十九项规定："加大工程总承包推行力度。倡导工程建设项目采用工程总承包模式，鼓励有实力的工程设计和施工企业开展工程总承包业务。推动建立适合工程总承包发展的招标投标和工程建设管理机制，调整现行招标投标、施工许可、现场执法检查、竣工验收备案等环节管理制度，为推行工程总承包创造政策环境。工程总承包合同中涵盖的设计、施工业务可以不再通过公开招标方式确定分包单位"。

《关于支持工程建设领域企业转型发展七条措施的通知》（闽发改法规〔2015〕455 号）第三条规定："鼓励大型施工总承包企业或设计企业转型为工程总承包企业，政府投资的公共建筑和市政工程中，每年应当安排一定比例实行工程总承包模式建设"。

目前我国大多数设计、施工企业没有建立起完善的项目管理体系，在项目管理的组织结构及岗位职责、程序文件、作业指导文件、工作手册和计算机应用系统等方面都不够健全，多数还是运用传统手段和方法进行项目管理，缺乏先进的工程项目计算机管理系统。在进度、质量、造价、信息、合同等七大管理目标管理方面同先进企业仍存在较大的差距。EPC模式必须委托专业化的队伍完成工程设计、采购、施工等管理工作，才能保证各个环节的顺利衔接和加快工程进度。目前不少项目业主仍存在"家长制"作风，代行总承包商的部分职能，如直接组织工程招标或"暗中"指定分包商，使得EPC总承包商无法择优选择分包商，因此延误了工程进度，降低了工作效率，使EPC总承包商形同虚设，难以有效发挥EPC总承包的优点。

EPC（Engineering Procurement Construction）是对设计—采购—施工模式的简称，即工程总承包企业按照合同约定，承担工程项目的设计、采购、施工、试运行服务等工作，并对承包工程的质量、安全、工期、造价全面负责，最终向建设单位提交一个符合合同约定、满足使用功能、具备使用条件并经竣工验收合格的建设工程的承包模式。

在EPC总承包模式下，总承包商对整个建设项目负责，但并不意味着总承包商须亲自完成整个建设工程项目。除法律明确规定应当由总承包商必须完成的工作外，其余工作总承包商则可以采取专业分包的方式进行。在实践中，总承包商往往会根据其丰富的项目管理经验，工程项目的不同规模、类型和业主要求，将设备采购（制造）、施工及安装等工作采用分包的形式分包给专业分包商。EPC工程总承包项目合同关系如图1-1所示。

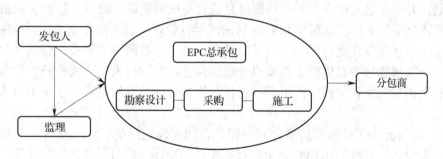

图1-1　EPC工程总承包项目合同关系

二、EPC工程总承包的主要特征

（1）虽然业主的招标是在项目的立项后，但承包商通常都在项目的立项之前就介入，为业主做目标设计、可行性研究等。它的优点在于：尽早与业主建立良好的关系；前期介入可以更好地理解业主的目标和意图，使工程的投标和报价更为科学和符合业主的要求，更容易中标；熟悉工程环境、项目的立项过程和依据，减少风险。

（2）承包商应关注业主对整个项目的需求和项目的根本目的，项目的经营（项目产品的市场），项目的运营、项目融资、工艺方案的设计和优化。业主对施工方法和施工阶段管理的关注在降低。

（3）总承包项目常常都是大型或特大型的，不是一个企业能够完成的，即使能完成也是不经济和没有竞争力的。所以必须考虑在世界范围内进行资源的优化组合，综合许多相关企业的核心能力，形成横向和纵向的供应链，这样才能有竞争力地投标和报价，才能取得高效益的工程项目。

（4）总承包项目中，业主仅提出业主要求，主要针对工程要达到的目标，如实现的功能、技术标准、总工期等。对工程项目的实施过程，业主仅做总体的、宏观的、有限度的控制，给承包商以充分的自由完成项目。同时承包商承担更大的风险，可以最大限度地发挥自己在设计、采购、施工、项目管理方面的创造性和创新精神。

（5）承包商代业主进行项目管理与传统的专业施工承包相比，总承包商的项目管理是针对项目从立项到运营全生命期的。

（6）承包商的责任体系是完备的。设计、施工、供应之间和各专业工程之间的责任盲区不再存在。承包商对设计、施工、供应和运营的协调责任是一体化的。所以总承包项目管理是集成化的。

（7）总承包商对项目的全生命周期负责，要协调各个专业工程的设计、施工和供应，必须站在比各个专业更高、更系统的角度分析、研究和处理项目问题。

（8）发包人在招标文件中明确提出要求，以发包人要求为核心管理要素。发包人的要求为发包工程的基本指标，一般包括功能、时间、质量标准等基本的并非详细的技术规范。各投标的承包商根据业主要求，在验证所有有关的信息和数据、进行必要的现场调查后，结合自己的人员、设备和经验情况提出初步的方案，业主通过比较评估，选定中标的EPC 总承包商，并签订合同。

（9）以总承包为履约核心，由总承包人自行完成对整个项目的设计与采购施工一体化的策划，并对发包人提供全部的数据信息进行复核和论证，设计、生产（制造）及生产产品所需物资的采购、调配和 EPC 项目的试运行管理，直至符合业主在合同中规定的性能标准。总承包商在此合同项下的风险较施工总承包合同要大很多，包括发包人在招标文件以及其后程序中提供的全部资料和数据信息，总承包人均需要复核，发包人对此类文件和数据的完整性、确定性不承担责任，除非合同另有约定或属于总承包人无法复核的情况。

（10）根据实际项目需要扩展合同范围。合同实施完毕时，业主获得一个可投产或运行的工程设施。有时，在 EPC 总承包模式中承包商还承担可行性研究的工作。EPC 总承包如果加入了项目运营期间的管理或维修，还可以扩展为 EPC+ 维修运营（EPCM）模式。

三、EPC 工程总承包模式的项目管理要点

伴随着改革开放的发展，EPC 工程总承包企业日渐增长，在市场竞争日趋激烈的环境下，EPC 工程总承包模式的项目管理在为参建方提高利润的同时，也暴露出了一些风险和不足。

根据 EPC 工程总承包模式的项目管理特点和优势以及面临的复杂环境，提高项目管理能力和风险控制水平，是每一个 EPC 工程总承包企业应该关注的课题，应着重抓好以下几个管理要点：

1. 设计管理

EPC 工程总承包模式的项目管理主要优势之一就是将设计、采购、施工相融合。大型复杂项目的设计、采购、施工三者有着密切关系，存在相互制约的逻辑关系，每一个沟通

环节对项目的进展都具有重要意义，对下一步工作的开展都有一定的影响，因此应采取设计先行的指导措施。

（1）发挥设计的龙头和引导作用。在工程项目开展初期进行方案设计的征集时，往往中标方案并非是最优方案，甚至存在一定的弊端。因此应组织相关专家对方案设计的先进性、科学性、合理性和项目的总投资、总工期、工艺流程等进行严格的审核和充分论证，该阶段的工作将会对项目的质量、成本、工期等控制和后期运营乃至整个项目的成败起到至关重要的作用。

俗话说，理论是实践的向导，在总承包项目管理中更是如此。设计文件不仅是采购文件编制、设备订货和安装的依据，也是施工方案编制、指导现场施工、工程验收和成本控制的重要文件。因此 EPC 工程总承包企业应充分利用自身资源，尽早地开展设计工作为后续采购和施工提供有利条件。

（2）整合资源实现设计、采购、施工深度交叉。EPC 工程总承包模式的核心管理理念就是充分利用总承包企业的资源，变外部被动控制为内部自主沟通，协同作战，实现设计、采购、施工深度交叉，高效发挥三者优势，并形成互补功能，消灭、减少工作中的盲区和模糊不清的界面，简化管理层次，提高工作效率。

实践表明，提前让施工分包单位介入，施工图设计时有效吸纳施工人员的意见，积极采用新技术、新工艺、新材料，考虑后期施工便于操作等，有利于节约工期，减少变更和索赔，提高效率，增强效益。

（3）加强设计优化。项目管理实践表明，设计费在 EPC 工程总承包项目中所占比例通常在 5% 以内，而其中 60% ~ 70% 的工程费是由设计所确定的工程量消耗的，可见优化设计对整个项目成本控制的重要性。为了维护双方的利益，对业主而言，这里强调的是总承包企业为了获取更高的利润，往往会选择在施工阶段进行大量的优化设计，使其作为降本增效、提高利润的有效措施。因此业主应在发包文件和合同相应条款中注明：对优化设计工程量做出限制，譬如 15% 以内给予考虑，若超过 15% 则不予认可。

（4）关注现场设计。我国企业走出国门承包工程项目，经常会遇到由于语言、文化和行为习惯的差异给双方带来的沟通及信息传递障碍。在沟通过程中，通常是翻译人员和少数的设计人员作为信息传递的中介，这种沟通方式和不同国家的语言差异经常造成信息传递缺失和理解分歧。同时，一些设备工艺和装修设计仅靠施工大样图很难满足现场作业。从整个项目全局控制和专业设计集成管理考虑，现场设计不可或缺。

2. 加强采购管理，提高采购效率

在总承包工程项目建设中，项目采购主要由咨询服务和承包企业及设备主材等组成，占整个项目成本最高的采购往往是设备（约 60%），提高采购效率、优化采购方案是成本控制的有效途径之一。

由于国内一些 EPC 工程总承包企业采购体系不够健全，制度不够完善。采购工作涉及较多部门，采购部门需要跨部门协调。公开采购的项目则要提前与当地交易平台做好沟通，做好时间安排，力争与交易平台签署框架协议，争取时间上的优先，费用上的优惠，不断完善企业采购程序和相关制度，建立完善合格的供应商数据库，建立长期的合作伙伴关系。

实践表明，在 EPC 工程总承包模式的背景下，项目管理要想提高效率、压缩采购时间、避免推诿扯皮、降低成本，应从设计（技术）、施工、商务、造价、财务等抽取人员组建采购小组，并做好分工和规定其职责和权限的工作。同时，企业高层领导的支持也至关重要。

3. 强化风险管理

EPC 工程总承包模式之所以受欢迎的原因之一，是业主没有足够的技术能力、项目管理能力、项目风险管理能力，而采取这种模式，业主可实现以最少的投入获取最大的产出，尽可能地将所有风险转嫁给 EPC 工程总承包企业，从而利用总承包企业的能力和经验预防、减少、消灭项目建设过程中存在的各种风险。项目风险大致可分为外部风险和内部风险。

在研究了国际工程总承包市场投标决策时需要考虑的风险，借鉴前人研究的基础之上，认为 EPC 工程总承包项目模式面临的主要风险由宏观经济风险、政治风险、法律风险和工程建设的其他风险构成。

EPC 工程总承包企业从投标估算开始到项目竣工移交业主全过程均面临各种风险。项目管理过程中，在项目每一个阶段都需要对风险进行识别、分析、应对和监控。既要识别和应对随着项目进展和环境变化出现的新风险，也要关注风险条件变化及时剔除过去的风险。

据研究，在项目管理中提出习惯做法可以看作风险管理。譬如在项目管理计划编制、协调和里程碑的确定过程中，以及变更控制中对存在的风险源（人为误差、遗漏和沟通失败等）采取一般性应对措施。

俗话说，创造效益靠设计，防范风险靠合同，合同管理是风险管理的重要手段。合同管理的主要工作除了常规措施之外，还应重视以下几点：

（1）科学地划分分包标段，合同范围和责任划分应尽量详细，合同签署后召集相关单位和人员进行合同交底。对遗漏和分歧导致的界面模糊等应进一步明确，做好约谈记录，作为该合同的补充协议。

（2）在合同签订时切忌为了中标承建项目而忽视实践情况和价格风险，在合同中须明确约定材料、人工价格的调整条件和方法，包括变更计价方式和优先顺序及确认时间。

（3）合同中应将该项目的设备、材料框架协议及名单品牌价格进行限制，不能任由业主要求最高价商品，使总承包方蒙受较大风险。

（4）总承包企业在投标报价前要做好市场调研，包括自然条件、经济状况、供求情况、价格数据、税收法律法规等，正确地评估风险。

（5）在合同谈判时，尽量与业主合理地分担风险，在招标采购阶段和施工阶段可将风险，如建筑安装工程一切险、不可预见的风险等，转嫁给分包单位、供货单位和保险公司。

（6）索赔管理是项目管理风险控制的重要举措之一。总承包企业应正确地认识工程项目索赔，它不是利润增加点，而是利润的保证点。

因此，在合同中应明确以下五个原则：必要原则、赔偿原则、最小原则、引证原则、时限原则。

在项目准备阶段，项目部应成立索赔小组，负责组织、策划、制定索赔策略，编写索赔报告，跟踪索赔进展情况。索赔涉及的事项较多，需要相关部门共同参与，并进行培训和交流。

4. 建设高效的项目团队

工程项目管理涉及技术、经济、法律、管理等多个领域，因此运用国际EPC工程总承包模式的项目管理，需要具有良好的专业技术背景、丰富的从业经验以及经济、法律、管理方面的知识，一专多能、一能多职的复合型管理人才。

项目经理是项目管理团队的灵魂，是项目管理的关键人物。他的综合素质对项目成败起着至关重要的作用，因此现代项目管理对项目经理的要求是仅有技术能力是不够的，他要懂技术、善管理、会经营，具备PMI《项目管理知识体系指南》规定的九个方面的基本能力。

在进行项目管理策划时，项目经理应按照项目管理总目标，合理地划分WBS，根据每个成员的特点合理分工，确定工作程序和考核机制。在建立制度的同时，还要做好情绪管理，领导和激励整个项目管理团队及重要利益相关者，朝着实现项目总目标不断努力，同时创造良好的工作环境和愉快的工作氛围，提高工作绩效。

5. 建立良好的合作伙伴关系，化解主要利益相关者矛盾

EPC工程总承包模式的主要利益相关者为业主、政府建设主管部门、监理（咨询）公司、设计分包单位、施工分包单位、设备货物的供应单位和清关代理服务单位等。总承包企业要与各个利益相关者建立良好的合作关系，有效地集成设计、采购及施工各环节资源，加强EPC风险管理的能力，提高项目绩效。

根据对伙伴关系应用工程项目管理实践结果调查，其统计结果显示：与传统承包项目管理模式相比，伙伴关系管理方式下的工程项目实际平均工期比计划工期提前4.7%；变更、争议、索赔等仅是传统承包模式的20%～54%；客户的满意度提高26%；团队成员关系得到显著改善（业主和承包商认为的明显改善分别为61%、71%）。

调查表明，EPC工程总承包企业在项目管理过程中引入伙伴关系方式能够提高效益。EPC工程总承包企业应对不同的利益相关者采取不同的方式。其伙伴关系方式下的关系基础是：承诺、平等、信任、持续，并建立问题及时反馈和解决系统。

在项目准备阶段，EPC工程总承包企业应编制有效可行的"利益相关者管理规划"，开展工作要本着双赢的合作理念。当矛盾和冲突产生时，应有切实有效的预控和解决方案，清晰地界定项目管理愿景和目标。通过策划和举办有益的活动加强情感沟通这一点尤为重要。

第二节 EPC工程总承包的发展现状及前景

经济全球化趋势进一步增强，新一轮服务贸易谈判对建筑服务市场开放影响重大。建筑服务业是中国服务贸易的优势产业之一，在未来一个时期将得到重点发展。根据国际建筑业发展趋势提出应对策略是中国建筑业企业制定中长期发展战略时首先要考虑的问题。

一、国际建筑业发展现状

随着建筑业国际化程度的不断提高，国际工程承包的比例将不断扩大，2010年之前，世界每年有 2 000 亿~3 000 亿美元的国际工程承包额。

亚洲地区一直是全球最大的国际建筑工程承包市场，据统计，1993 年亚洲地区国际工程在全球所占份额达到 33.1%，此后一直保持在 30% 以上，欧洲紧随其后，所占份额保持在 20% 以上，从增长情况看，亚洲和欧洲市场上工程合同额（营业额）基本持续正增长。与此相对应，中东、非洲和拉美市场所占份额不断下降。1980 年中东市场所占份额曾居全球首位，达到 39%，但是受世界石油价格不断下降和战争的影响，到 1990 年其份额只有 14%，而到 1997 年更降到 9.48%；非洲市场主要受国际援助影响，很不稳定，由于 20 世纪 90 年代外援减少，其所占份额迅速缩减，1997 年只有 8.54%；拉美市场份额 1992 年突然由上年的 32.8% 降到 9.4%，此后两年进一步下降到 6% 左右，这主要是因为拉美各国外债负担过重，发展受到制约。

日本和韩国的承包工程市场的封闭程度很高，而且都是国际建筑承包业的大国，实力很强，所以其他国家很难在日韩获得大的工程承包合同。东南亚各国，如巴基斯坦、孟加拉、尼泊尔是我国建筑公司的老市场，规模虽然不大，但增长平稳。特别是印度近年来经济发展比较强劲，建筑需求增长的前景很好。伊朗也是个大市场，工业、矿业、交通、电力基础设施的建设需求都有较大增长潜力，但存在着支付风险。

二、EPC 工程总承包发展现状

我国从 20 世纪 80 年代开始，在化工、石化等行业开始进行工程总承包的试点。工程总承包是国际上通行的工程项目组织实施的方式之一。通过这一方式，工程投资方能够对工程项目的投资和风险（这种风险包括资金风险和安全生产风险）规避进行有效的控制，总承包商通过 EPC 工程总承包这种模式，有效地降低了工程成本，提高了工程质量。经过多年的发展，工程总承包在我国各行各业从无到有，取得了很好的效果，积累了一定的经验，有了长足的发展。但是，EPC 工程总承包项目管理上还存在不少有待于提高和完善的问题。

这种工程建设模式，对设计单位是机遇也是挑战。进入 21 世纪，EPC 市场全面开放。针对业主需求变化和设计单位的业务需求，以及外资企业工程总承包的进入，国内大多数设计单位为了企业产值规模更上一个新台阶，除了在石油、电力、化工行业之外，在其他行业如煤炭、市政、电子等行业都涉足工程项目总承包业务领域。基于设计单位的资源特点和业务特点，以及工程总承包业务的特点，设计单位开展 EPC 工程总承包具有先天的优势，同时也存在不少困难和不足。

目前，我国现行的投资管理体制均是基于设计、施工平行发包（DBB）模式管理理念设计与制定的，经过长期发展，项目管理各个层面法规制度基本健全，项目实施各环节均形成了规范的文件范本和有效的管控机制。而工程总承包在我国已推行多年，但一直没有专门的法律法规予以规范。工程监理、咨询、设计、施工企业资质划分过细，形成行业壁垒，限制总承包企业业务开展范围；在现行工程招标投标管理办法中，对工程总承包模式招标投标没有明确条款说明，也没有适用于工程总承包模式的招标文件范本及标准合同文本；施工许可、质量安全监督、竣工验收备案等政府监管配套程序尚未及时更新对接。所以客观上使得国际通行的工程承包形式，由于国内相关法律、法规的不完善及相关政策的缺乏，难以短时间内成为国内建筑市场主流承包模式。

对于政府投资项目的项目管理，资金使用的规范性、合理性要接受投资部门和管理部门的监管，纵观我国固定资产投资项目管理法规制度，虽有相关的房建和市政项目管理制度的表述，但没有合理的效益划分，更没有相关费用取费标准，概算编制要求及工程总承包费用的成本列支等系统、细化的管理要求；工程总承包项目的发包有原则性意见，可以选择设计单位牵头，也可以选择施工单位牵头，也可以采用联合体，不同的模式对于资格设置、评标办法有不同侧重要求，选择结果对项目后期管理质量至关重要，而相关具体原则、规范、要求、标准缺少操作层面的指导规范；工程总承包合同可以采用总价合同或者成本加酬金合同，具体模式的选择应用原则仍在实践过程中摸索；总承包介入是在可研之后还是初步设计之后更为合适，如此等等一系列问题需要业主在前期统筹考虑，业主对于后续项目管理面临着巨大的不确定风险，面对具体操作处于手足无措的尴尬局面，限制了业主的积极性。

对于业主而言，由于管理体制、操作规范的不完善，总承包模式下其对项目的监管力度有所削弱，且面临着较大的不确定风险，其应用EPC模式的动力不足。我国已提倡推行工程总承包管理模式多年，对于典型的成功项目，经验总结、政策建议、管理固化、宣传推广等总结、改进、推广工作仍有所欠缺。工程总承包企业的资质和能力不足亦不能对EPC工程总承包的应用形成有效支撑。投资作为经济增长的三驾马车之一，在国民经济中占有很重要的比重，由于投资规模的稳定增长，工程建设相关单位尚未感觉到生存压力，尚未形成工程建设行业转型升级的倒逼机制，工程建设企业向工程总承包企业转型升级和改革创新动力不足，具有真正意义上的设计、采购、施工综合资质和能力的企业不多，对于EPC推广应用的承接和支撑能力整体不足。

三、EPC工程总承包发展前景

建设工程项目立项，由项目法人对建设项目的筹划、筹资、建设实施、生产经营、债务偿还及资产的保值增值实行全过程负责，并承担投资风险，在这一制度下，在落实工程建设项目责任方面收到了一定的效果，对经营性建设项目效果则更加明显，总体上说促进了工程建设水平的提高。但是随着我国经济建设的不断深入，无论是跨国公司项目还是全球性的项目，都要求项目管理必须赶上国际化趋势和潮流，尽快融入全球市场，国外企业利用其在资本、技术上的优势在国际市场中抢占先机，占尽优势，更多的需要体现在先进的项目管理经验上。而国内的项目虽然越来越多，在海外的项目也在增加，然而与发达国家的项目管理水平相比较，无论是在国际化趋势，还是管理、人才、服务等方面都存在差距，因此我国的工程管理需要通过EPC等模式全面加强国内外市场融合，达到国内市场国际化的目的。

工程建设的责任不落实，项目管理班子就没有能力对工程项目建设承担责任，也没有一种机制对其履行职责进行监督或控制。例如在工程招标等过程中，政府的影响有了基础，政府干预的问题不可能得到有效的遏制。建设项目的管理班子同样具有临时性的缺陷，工程投资规模越来越大，建设和管理技术越来越先进，也越来越复杂，供应商、承包商、施工队伍等的合作也越来越多，这客观上要求有专业化强的项目管理。

目前建设市场上的咨询公司、设计单位、工程总承包公司、工程监理公司等均具有一定扮演建设项目管理公司角色的条件，但并不是所有这些单位具有这种能力。

随着信息技术的不断发展，项目管理的信息化趋势日趋凸显。这是由于我国工程项目规模的不断扩大，信息的动态性要求工程管理必须要进行动态化管理，如何实现动态管理，并处理好海量的信息，采用传统的管理手段显然已经不能满足需要。只有运用计算机网络技术，例如，EPC 中实行管理的虚拟化，将管理软件应用在项目管理工作中，计算机技术和网络技术取代了人工信息整理、分析、保存等工作，实现了有效的信息技术与项目管理的结合，才能提高管理的效率，增加工程建设企业的经济效益。

采用 EPC 工程项目管理的模式，贯穿在工程建设的全过程中，具有全程化趋势。从可行性研究报告的形成，到地形地貌的勘察，到项目的具体设计方案的出台，再到招标投标、工程监理、施工验收，全程项目管理采用 EPC 项目管理模式予以代理。原有的条块分割的问题被攻克，各个职能机构在 EPC 管理模式中形成了统一和一贯的管理，信息得到了规划和监理，管理的有效性大大提高，人力资源得到了充分的利用，工程咨询机构逐步代替了主管部门或者是业主的管理，全程由监理进行代管。这种转变是适应市场经济的交易信息，进行专业化管理所要进行的，也是在建设项目中对管理模式进行深入探索和实践的结果。

第三节　EPC 工程总承包模式及相关承包模式

一、PMC 模式在国内外的发展现状及分析

1. PMC 模式的概念

PMC（Project Management Contractor）模式，就是业主聘请专业的项目管理公司，代表业主对工程项目的组织实施进行全过程或若干阶段的管理和服务。由于 PMC 承包商在项目的设计、采购、施工、调试等阶段的参与程度和职责范围不同，因此 PMC 模式具有较大的灵活性。总体而言，PMC 有三种基本应用模式：

（1）业主选择设计单位、施工承包商、供货商，并与之签订设计合同、施工合同和供货合同，委托 PMC 承包商进行工程项目管理。

（2）业主与 PMC 承包商签订项目管理合同，业主通过指定或招标方式选择设计单位、施工承包商、供货商（或其中的部分），但不签合同，由 PMC 承包商与之分别签订设计合同、施工合同和供货合同。

（3）业主与 PMC 承包商签订项目管理合同，由 PMC 承包商自主选择施工承包商和供货商并签订施工合同和供货合同，但不负责设计工作。

PMC 的优点主要在于：有利于帮助业主节约项目投资；有利于精简业主建设期管理机构；有利于业主取得融资；担任 PMC 任务的国际工程管理公司一般都拥有十分先进的全球电子数据管理系统，可以做到现场安装物资的最短周期的仓储，以此实现最合理的现金流量。

2. PMC 管理模式在国内工程建设项目管理中的运用

从严格意义上说，我国真正采用 PMC 管理模式的项目为广东中海壳牌南海石化项目，其他的大多数是招标 PMC 承包商来进行一体化管理的项目（即让 PMC 资质的承包商参与业主的管理）。

PMC 项目管理模式对工程建设项目的管理，具体地说，作为管理方的 PMC 承包商一般负责项目的基础设计、项目的总体优化、项目融资、HSE 管理、项目程序等方面工作；在项目实施阶段，工艺设计、基础设计一般由 PMC 承包商承担，业主承担政府审批等工作。

项目的初步设计、详细设计、国内采购、现场施工管理等项工作，PMC 通过招标，由 EPC 承包商负责，但由 PMC 承包商协同整合。管理方面，工作界面及工作程序由 PMC 承包商形成手册共同执行；对于质量、控制、安全等职能部门工作，PMC 承包商提供一些国际通行的程序，并根据国内的实际情况加以补充修改后供项目使用。

对于工程建设项目的变更，PMC 承包商成立变更控制委员会（或小组）来管理。对于项目实施过程中的变更控制，若为 PMC 承包商原因或不可预见原因，则 PMC 承包商安排已成立的变更控制组织（CCO）来应对涉及进度延缓的变更和项目收尾过程中的突发情况进行抢险突击。

PMC 承包商的这种抢险突击是免费的（PMC 承包商主动承担风险和损失），分承包商可对自己参与的部分继续索赔。这一点与我国国内以业主为主导的项目管理应对变更的情况有本质的不同，国内业主一般牺牲工期、费用，让承包商进行变更的实施并做好现场签证，最后在索赔、结算上做文章，把风险不公平地硬转移给承包商。

3. 我国 PMC 模式存在情况

（1）法规不健全。从目前的关于 PMC 模式的法规和资质体系上来看，我国工程项目管理方面的法律法规不健全，有待提高和完善。虽然有些建筑法规有提到 PMC 项目管理模式，但是对如何进行效益的合理划分以及合理风险承担后费用的赔偿问题无具体操作说明，可实施性不强。

我国相关部门颁布的法律法规存在法律效力和实际推进不够完善的问题，对 PMC 管理模式影响不大。工程监理、咨询、设计、施工等没有形成完善的体系，存在较严格的政策性问题，承包企业按照工程专业隶属于不同的行政主管部门，PMC 模式还处于初级层面，没有明确资质序列，并未进入公测项目承包市场。在《中华人民共和国招标投标法》和《房屋建筑和市政基础设施工程施工招标投标管理办法》中，对很多阶段如设计、施工、监理等做了详细规定，却没有对 PMC 模式招标投标给出明确的规定。

（2）业主不成熟。目前，我国部分工程建设业主不喜欢总承包，因为国内很少有 PMC 管理模式的例子，很少利用项目管理承包商模式，大多数项目业主仍然习惯于传统的设计、施工分别招标，这为 PMC 模式的开展增设了障碍。

由于传统观念的影响，我国业主在工程项目管理中都希望能掌握较多的权力，希望管得多而且管得具体；由于投资主体和管理体制的问题，国内业主基本都不选择 PMC 管理模式；由于我国缺乏 PMC 管理经验，业主不信任 PMC；PMC 模式项目市场相关的标准和手续不完善使 PMC 模式很难发展，并且很难进入 PMC 模式项目市场。

（3）企业实力较弱。我国工程企业的实力与国外的企业经济体制、项目管理等方面相比，都存在很大的差距，其中，我国工程企业开展 PMC 模式存在很多的障碍，如融资能力、经营机制、高端人才等方面。随着国家投资机制改革的深化，建设创新型国家战略提出后，我国 PMC 模式出现了新的发展趋势，使得 PMC 模式在我国发展步履维艰。

（4）机遇与挑战并存。国际领先的企业都凭借自己的管理、技术、融资能力很快地进入了我国工程项目的市场，使得中外企业都面临竞争。随着新项目、新技术的增多，复杂化程度的增高，我国业主管理的能力很难适应现在项目的需求，对 PMC 模式等项目市场的需求逐步地增大。

为了提高经济效益，加快经济增长，多利用资源，我国开始在工程项目领域推行 PMC 管理模式。我国在加入 WTO 的时候承诺，建筑工程承包领域的过渡期已结束，我国的建筑工程市场将对外开放，我国企业面临与国际跨国公司在国际、国内两个市场上同台竞争的严峻挑战。PMC 模式是建筑工程的高端市场，我国 PMC 管理模式企业将会与国外企业竞争得越来越激烈。

4. PMC 在国内与国外应用存在的差异

PMC 具有其他模式所不具备的一些优点，在国际上也有了一定的经验。但是，过于生搬硬套地引进也会产生一系列问题。从根本上来说，这是由于我国自身的历史文化因素决定的，因为我国与那些应用 PMC 模式较好的国家或地区在以下几个方面存在着显著差异：

（1）法律体制上的差异。现行《中华人民共和国建筑法》等都只是一些具体法律规定，我国还没有一个在工程项目管理专业和行业范围的指导性实施准则，法律法规对 PMC 模式引进支持不够。有法不依、执法不严的现象随处可见，好多地方都没能正确地实施。

（2）社会文化上的差异。PMC 的部分要害在于协调各方之间的关系，关系特征又体现为社会文化差异。中国内地与美国、英国、澳大利亚等国在地理地域、人种肤色、种族文化等方面具有明显的社会文化差异，与日本、新加坡之间的社会文化差异也不容忽视。社会文化上的差异可以影响项目管理上的差异。

（3）管理理念上的差异。由于法律法规的滞后性和法制意识薄弱，中国内地工程建设管理理念侧重于经验管理，对于合同、协议等的管理认识不足，国外工程建设管理理念与我们国家的管理理念存在很大的差异。

（4）行业前期积累上的差异。我国对项目管理的系统研究和实践起步较晚，而国外在这个领域已经进行了相当长时间的探索，并伴随着理论的更新和实践的应用。比较而言，我国项目管理领域模式比较单一并且落后，项目管理人员素质普遍都比较低，多方面仍不规范，前期实际经验积累严重不足，整个项目的经验也很不足。

（5）承包商结构组成上的差异。国际上各国通行的承包商结构组成为金字塔状结构。从上到下依次为国际型承包商（总承包商）、管理承包商（包括咨询承包商）和施工承包商、劳务承包商。

国内承包商结构为不完整金字塔形：位于金字塔上端的总承包商没有或极少。位于中间的管理承包商（或咨询承包商）很少（大部分是设计院代替），施工承包商和劳务承包商则较多。要想胜任 PMC 项目的工作，承包商必须具备对工程项目全面管理的能力，但是国内目前此类承包商很少。因此目前应该积极培育工程市场以促进相关机构的出现并且培养相关的人才。

二、PM、CM 和 PMC 模式与比较

1. PM 的含义和特征

PM（Project Management）在我国译为项目管理，具有广义和狭义两方面的理解。就

广义的 PM 来讲，内涵非常丰富，泛指为实现项目的工期、质量和成本目标，按照工程建设的内在规律和程序对项目建设全过程实施计划、组织、控制和协调，其主要内容包括项目前期的策划与组织，项目实施阶段成本、质量和工期目标的控制及项目建设全过程的协调。因此它是以项目目标为导向，执行管理各项基本职能的综合活动过程。从这个意义上说，CM、PMC 以及其他的各种模式都归属于 PM，是 PM（项目管理）的具体表现形式。另外，由于项目各方都要进行项目管理，因此除业主外，项目的设计方、施工方等也有各自的项目管理，但国外的 PM 通常是指业主方的项目管理。

狭义上理解，PM 通常是指业主委托建筑师/咨询工程师为其提供全过程项目管理服务，即由业主委托建筑师/咨询工程师进行前期的各项有关工作，待项目评估立项后再进行设计，在设计阶段进行施工招标文件准备，随后通过招标选择承包商。项目实施阶段有关管理工作也由业主授权建筑师/咨询工程师进行。建筑师/咨询工程师和承包商没有合同关系，但承担业主委托的管理和协调工作。这种项目管理模式在国际上出现最早，最为通用，也被称为传统模式。

FIDIC 合同条件红皮书就是 PM 模式的典范，它总结了世界各国土木工程建设管理百余年的经验，经过多次修改再版，已成为国际土木工程界公认的合同标准格式，得到世界银行及各地区金融机构的推荐。虽然 PM 最早开始于传统模式，但随着其他项目管理模式的快速发展，PM 的内涵也不断扩大，有时 PM 也泛指为业主提供的项目管理服务或者是 PM 单位，而且 PM 可能与其他项目管理模式共存于一个工程项目之中。我国的工程建设监理实际上也是一种 PM 模式，建立企业接受业主的委托为业主提供项目管理服务，只是同国际通用的传统模式相比，我国的监理不像建筑师/咨询工程师一样承担前期策划和设计工作，而是只提供施工阶段的监理服务。

2. CM 的含义和特征

CM（Construction Management）是 20 世纪 50、60 年代在美国兴起的一种建设模式，随后广泛应用于美国、加拿大、澳大利亚以及欧洲的许多国家。CM 模式的发展在国际上已经比较成熟。在我国，对 CM 模式的理论研究和实践探索都还比较少，有人将其译为"建筑工程管理模式"，为了避免汉语上的歧义人们通常直接称为"CM 模式"。

CM 模式采用"Fast-Track（快速路径法）"将项目的建设分阶段进行，即分段设计、分段招标、分段施工，并通过各阶段设计、招标、施工的充分搭接，"边设计，边施工"，使施工可以在尽可能早的时间开始，以加快建设进度。

CM 模式以 CM 单位为主要特征，在初步设计阶段 CM 单位就接受业主的委托人到工程项目中来，利用自己在施工方面的知识和经验来影响设计，向设计单位提供合理化建议，并负责随后的施工现场管理，协调各承（分）包商之间的关系。CM 服务内容比较广泛，包括各段施工的招标、施工过程中的目标控制、合同管理和组织协调等，而且 CM 模式特别强调设计与施工的协调，要求 CM 单位在一定程度上影响设计。总体上说，CM 承包属于一种管理型承包，而 CM 合同价也通常采用成本加酬金方式。

根据 CM 单位在项目组织中的合同关系的不同，CM 模式又分为 CM/Agency（代理型）和 CM/Non-Agency（非代理型或风险型）两种。代理型 CM 由业主与各承包商签订合同，CM 单位只作为业主的咨询和代理，为业主提供 CM 服务。非代理型 CM 则由 CM 单位直接与各分包商签合同，并向业主承担保证最大工程费用 GMP（Guaranteed Maximum Price），如果实际工程费用超过了 GMP，超过部分将由 CM 单位承担。

3. PMC 的含义和特征

PMC 译成中文即项目管理承包 / 承包商，是指具有相应的资质、人才和经验的项目管理承包商，受业主委托，作为业主的代表，帮助业主在项目前期策划、可行性研究、项目定义、计划、融资方案，以及设计、采购、施工、试运行等整个实施过程中控制工程质量、进度和费用，保证项目的成功实施。

PMC 模式在国外的广泛应用开始于 20 世纪 90 年代中期，在我国还处于刚刚起步的探索阶段。PMC 作为新的项目建设和管理模式，不同于我国传统模式由业主组建指挥部等类似机构进行项目管理，而是由工程公司或项目管理公司接受业主委托，代表业主对原有的项目前期工作和项目实施工作进行一种管理、监督、指导，是工程公司或项目管理公司利用其管理经验、人才优势对项目管理领域的拓展。但是，就项目管理承包商使用的管理理念、管理原则、管理程序、管理方法与以往的项目管理相比并没有本质不同。

4. PM、CM 和 PMC 三种模式的比较分析

PM、CM、PMC 三种模式都是侧重于项目的管理，而不是具体的设计、采购或者施工，对于三者来说，都要求其具有很强的组织管理和协调能力，利用自身的资源、技能和经验进行高水平的项目管理。三种模式既有共同点，也存在以下几个方面明显的不同。

（1）项目组织中的性质和地位不同。PM 不承包工程，代表业主利益，是业主的延伸，行使业主方项目管理的有关职能。因此 PM 在性质上不属于承包商，在项目组织中有较高的地位，可以对设计单位及其他承包商发布有关指令。虽然 PMC 在项目中也有较高地位，但与 PM 的根本区别在于 PMC 在性质上属于承包商，即 PMC 是项目管理承包，而 PM 是项目管理服务。在 CM/Non-Agency 模式中，CM 也属于承包商的性质，在 PM 与 CM 共存的项目组织中，管理层次上 PM 高于 CM，可以向 CM 发布指令。而在 CM/Agency 模式中，CM 则与 PM 较为接近。

（2）项目组织中合同关系不同。PM 与 CM/Agency 只与业主签订合同，与承包商、供应商则没有合同关系，由业主直接与设计方（如果设计不委托给 PM，而是单独发包）、施工方及采购方签订合同；CM/Non-Agency 除与业主签订 CM 合同外，还直接与各施工分包商、供应商签订分包合同，与设计方没有合同关系；在 PMC 模式中，项目管理承包商与业主签订 PMC 合同，然后将全部工程分包给各分包商，并与各分包商签订分包合同。

（3）项目管理工作范围不同。PM 的工作范围比较灵活，可以是全部项目管理工作的总和，也可以是其中某个专项的咨询服务，如可行性研究、风险管理、造价咨询等；在阶段上可以是包括项目前期策划、可行性研究、设计、招标以及施工等全过程的 PM 服务，也可以是其中的某个阶段。比如我国的监理目前主要就是施工阶段。PMC 的工作范围则比较广泛，通常是全过程的项目管理承包，工作内容也是全方位的，涵盖目标控制、合同管理、信息管理、组织协调等各项管理工作。

（4）介入项目的时间不同。PM 和 PMC 在全过程的项目管理服务（或承包）时介入项目的时间较早，一般在项目的前期就开始介入项目，完成有关的项目策划和可行性研究等工作。而 CM 一般在初步设计阶段介入项目，时间上滞后于 PM 和 PMC。

（5）对项目的责任和风险分担不同。一般情况下，PM 作为业主的项目管理咨询顾问，承担的项目责任和风险较少，只承担委托合同范围内的管理责任。而 CM 和 PMC 作为承

包商，对项目的责任和风险相对较大，特别是 CM/Non-Agency，一般要承担保证最大工程费用 GMP，项目风险较大。

（6）需业主介入项目管理的程度不同。在 CM/Non-Agency 模式中，业主需要承担较多的管理和协调工作。特别是在设计阶段，虽然 CM 可以在一定程度上影响设计，提出合理化建议，但由于 CM 与设计单位没有合同和指令关系，很多决策和协调工作需要由业主完成，因此业主介入项目管理的程度较深。

5. PM、CM、PMC 三种模式的主要优势和适用范围

PM、CM、PMC 三种模式的主要优势及适用范围见表 1-1。

表 1-1　PM、CM、PMC 三种模式的主要优势及适用范围

类型	主要优势	适用范围
PM 模式	减轻了业主方的工作量，提高了项目管理的水平； 委托给 PM 的工作内容和范围比较灵活，可以使业主根据自身情况和项目特点有更多的选择； 有利于业主更好地实现工程项目建设目标，提高投资效益	大型复杂项目或中小型项目； 传统的 D+D+B（设计—招标—建造）模式、D+B 模式和非代理 CM 模式； 项目建设的全过程或其中的某个阶段
CM 模式	实现设计和施工的合理搭接，可以大大缩短工程项目的建设周期； 减少施工过程中的设计变更，从而减少变更费用； 有利于施工质量的控制	建设周期长，工期要求紧，不能等到设计全部完成后再招标施工的项目； 技术复杂，组成和参与单位众多，又缺少以往类似工程经验的项目； 投资和规模较大，但又很难准确定价的项目
PMC 模式	使项目管理更符合系统化、集成化的要求，可以大大提高整个项目的管理水平； 使业主以项目为导向的融资工作更为顺利，从而也可以降低投资风险； 有利于业主精简管理机构和人员，集中精力做好项目的战略管理工作	投资和规模巨大，工艺技术复杂的大型项目； 利用银行和国际金融机构、财团贷款或出口信贷而建设的项目； 业主方由很多公司组成，内部资源短缺，对工程的工艺技术不熟悉的项目

总之，无论采用 PM、CM，还是 PMC，为项目提供管理服务或是进行管理承包，都在项目中引入了专业化、高水平的项目管理，可以在很大程度上提高整个项目的管理水平，体现项目管理的价值，越是规模大、技术复杂的项目，也就越能体现项目管理的优势。

三、DB 总承包模式的含义

设计–施工工程总承包模式（以下简称"DB 总承包模式"）是指承包商负责建设工程项目的设计和施工，对工程质量、进度、费用、安全等全面负责，即是建设单位通过招标将工程项目的施工图设计和施工委托给具有相应资质的 DB 工程总承包单位，DB 工程总承包单位按照合同约定，对施工图设计、工程实施实行全过程承包，对工程的质量、安全、工期、投资、环保负责的建设组织模式。

1. DB 总承包模式的类型

作为买方的业主在发展 DB 总承包市场过程中，处于主导和主动地位，那么业主该从哪个阶段开始招标，以使业主和承包方双方合理分担风险、发挥该种模式的优势？一般来讲，该模式可按照项目所处的建设阶段划分，DB 模式下的总承包类型可以从可行性研究阶段开始，也可以从初步设计阶段开始，还可以从技术设计及施工图设计开始。但是，当施工图设计完成以后再进行工程总承包，这种模式就变成了施工总承包。这样就可以将 DB 模式总承包划分为以下四种类型：

（1）DB 总承包模式 1。该种类型是在业主的项目建议书获得批准后，业主进行 DB 总承包商招标工作。对于大型建设项目而言，采用这种模式对双方的风险都很大。对业主来讲，在这个阶段对投资的项目还不甚明确，也不能确定项目投资额和项目的建设方案；对承包商来讲，每个承包商都要进行地质勘查、方案设计评估，并做进一步的设计方能确定工程造价以进行投标，这样承包商在投标前期需要投入很多精力和资金，也可能投标失败，一旦中标承包商承担的风险也太大，故承包商也就不会有积极性进行投标。所以往往大型的建设项目不鼓励采用这种类型的总承包。

DB 总承包模式 1 对一些简单的、工程造价较低且容易确定出工程的投资、工期短、隐蔽工程很少、地质条件不复杂的项目，还是适用的。

（2）DB 总承包模式 2。该种类型是指业主在项目建议书获得批准后，继而业主邀请咨询机构编制可行性研究报告后，业主进行 DB 总承包商招标工作。科学的建设程序应当坚持"先勘察、后设计、再施工"的原则。通过编制可行性研究报告，业主在一定程度上已经明确了自己项目的市场前景、项目选址环境、投资目标、项目的技术上可行性、经济的合理性及相应的投资效益等。对于承包商来讲，业主可以提供可行性研究的资料，针对土建工程来说，承包商不需要再重复性地进行地质勘查，降低了承包商的风险，提高了承包商参与投标的积极性，这也就在一定程度上促进了有效竞争、促进了 DB 总承包模式的发展。

（3）DB 总承包模式 3。该种类型是指项目建议书获得批准，继而业主邀请咨询机构编制可行性研究报告，经过初步设计阶段以后，业主进行 DB 总承包商招标工作。初步设计的目的是在指定的时间、空间、资源等限制条件下，在总投资控制的额度内和质量安全的要求下，做出技术可行、经济合理的设计和规定，并编制工程总概算。

（4）DB 总承包模式 4。该种类型是在业主完成设计方案、解决了重大技术问题的情况下，承包商只是在此基础上进行施工图设计和施工。这种类型虽然大大减轻了承包商在设计上的技术风险，但也降低了承包商在这方面的收益，限制了承包商的技术发挥，业主要花很长时间准备初步设计和技术设计，进而可能影响建设总工期。由此可见，该种类型比较适合技术非常复杂的工程项目，对一般的工程项目显然是多余的。

2. DB 总承包模式所适用的建设项目

DB 总承包模式基本出发点是促进设计与施工的早期结合，以便有可能发挥设计和施工双方的优势，缩短建设周期，提高建设项目的经济效益，因而并不是什么样的建设项目都适用的。

（1）所适用的建设项目。

1）简单、投资少、工期短的项目。该类工程在技术上（不论是设计还是施工）都已经积累了丰富的经验。当采用固定总价合同时，业主便于投资控制，承包商的费用风险亦较小，承包商可以发挥设计施工互相配合的优势，较早为业主实现项目的经济效益。适用这种类型的例如普通的住宅建筑。

2）大型的建设项目。大型建设项目一般投资大、建设规模大、建设周期长。在美国采用 DB 模式的项目市场份额已达到 45%，其中很大一部分项目是大型建设项目，这就要求承包商重技术、重组织、重管理，进而提高自己的综合实力。适用这种类型的例如大型住宅区、普通公用建筑、市政道路、公路、桥梁等。

（2）不适用的建设项目。

1）纪念性的建筑。这种建设项目主要考虑的是建筑存在的永久性、造型的艺术性以及细部处理等技术，造价和进度往往不是主要的考虑因素。

2）新型建筑。这种项目从一开始的立项开始就有很多的不确定性因素，例如建筑造型、结构类型、建筑材料等因素。作为设计方或者施工方可能都缺乏这方面的类似经验，对业主方和施工方来说风险都很大，不符合该项目建设的初衷。

3）设计工作量较少的项目，比如基础拆除、大型土方工程等。

3. DB 总承包模式发展的障碍与对策分析

我国采用 DB 总承包模式已经取得了一定的成绩，但是，我国当前的理论还不是很完善。作为处于主导和主动地位的业主方，在理解和接受该模式的优势的时候，还要充分考虑项目是否适用于该模式；选用哪种 DB 总承包类型，业主的准备工作也不同，因此业主的首要工作是确定 DB 总承包模式的类型，更便于编制相应的业主需求大纲，进行项目的招标程序。

在利益与风险并存、机遇与挑战同在的 DB 工程总承包市场上，我们要用发展的战略眼光看待这个新事物。作为工程建设市场的政府相关主管部门、业主、承包商等参与主体都需要克服发展该模式的障碍和困难，特别针对承包商而言，需要加大开拓新兴市场的力度，建立多种方式的人才培养机制，充分发挥企业组织的作用，联合政府主管部门、业主等建设工程市场主体，使 DB 工程总承包向更深层次、更高水平发展。

（1）业主方。

1）权利思维、"寻租"意识等使业主不愿意采用 DB 等工程总承包模式。长期以来，在我国建设交易市场上，业主一直处于强势地位，而施工方处于弱势地位。作为业主，是建设项目的投资方，有谁愿意减少自己的权利去采用 DB 等工程总承包模式呢！特别是由于业主的"寻租"意识，业主经常想方设法改变发包模式、变相肢解工程、分别招标来照顾和分配各种利益群体。可以毫不夸张地说，没有业主的支持，DB 等工程总承包模式就无法顺利推广。

2）对工程总承包企业的技术水平、管理能力缺乏信任。根据对多家业主的调研，大部分业主知道 DB 模式能够减轻业主投资管理的压力、保证工程质量和投资效益，但质疑现在的总承包企业是否具备了进行 DB 等工程总承包的技术和管理能力以及信誉度，这种担忧不无道理，但担忧解决不了任何问题。现阶段，作为在发展工程总承包市场过程中处于主导和主动地位的业主，有义不容辞的责任去充分信任具有工程总承包能力的建筑企业实施 DB 等工程总承包。

（2）承包商。广义的建筑企业包括开发、设计、勘察、监测、施工、监理、工程咨询等企业。一个工程项目的主要承担者是设计企业和施工企业，但是对 DB 工程总承包的承担主体还存在很大的争议。

该模式在国际上主要有三种组织形式：以施工企业为主导、以设计企业为主导、设计和施工组成联合体。这三种组织形式在国际上的工程建设都有广泛的应用。大型建设项目采用 DB 总承包模式，对于承包商来说费用风险较大，所以资金实力大的施工企业才能有优势承担，而且施工企业有丰富的施工管理经验，相对于设计企业来说工程现场组织管理经验丰富，故在我国采用施工企业为主导的方式在现阶段比较适合我国国情。

增加企业咨询服务业务，加强企业自身组织建设，提升工程总承包管理实力。我国大多数施工企业不具备完善的总承包管理体制和完善的项目管理体制。如前所述，DB 总承包模式有四种类型，特别是项目前期业主需要做大量的投资机会研究工作，为投资决策提供较为扎实的依据。所以作为总承包企业必须增加工程咨询业务，要通过企业自身组织建设，做到企业员工专业结构和能力结构同企业组织相匹配。DB 总承包模式是项目从咨询、设计、施工的全过程管理，最终建设项目的成功需要有先进的总承包管理为支撑。

增强设计与施工技术综合实力，加强设计与施工管理力度、提升设计同施工的协调实力。国内现行的建筑体制是设计与施工相分离，而工程总承包强调的是设计和施工相互配合、合理搭接。如果没有相应的设计能力，要进行真正意义的工程总承包是不可能的，特别是在设计阶段，设计要充分考虑施工的可行性和方便性。在该种总承包模式中，施工与设计经常沟通是一种项目自身内部的沟通，相对于传统模式的沟通更趋于有效性，会使施工中的变更大大减少，缩短整个项目的建设周期。所有的这些优点，都需要设计与管理的相互协作能力为支撑。

增强总承包企业的财务管理，加强企业风险防范机制建设，提升企业财务水平与融资能力。大型项目的工程总承包一般要求必须拥有一定的资金实力和融资能力，因为工程建设过程中要动用大量的流动资金，国外一些工程总承包项目甚至要求总承包商参与项目的融资，也就是"带资承包"。总体来说，大型建设项目投资大、风险大，一个建设项目的成功与否直接关系到自己企业的财务能力，以及企业以后的发展。

四、DB 和 EPC 模式管理体制分析

1. DB 和 EPC 模式管理体制的特点

（1）DB 模式的三元管理体制的特点。业主采用较为严格的控制机制。业主委托工程师对总承包商进行全过程监督管理，过程控制比较严格，业主对项目有一定的控制权，包括设计、方案、过程等均采用较为严格的控制机制。DB 模式以施工为主，依据业主确认的施工图进行施工，受工程师的全程监督和管理。

（2）EPC 模式的二元管理体制的特点。业主采用松散的监督机制，业主没有控制权，尽可能少地干预 EPC 项目的实施。总承包商具有更大的权利和灵活性，尤其在 EPC 项目的设计优化、组织实施、选择分包商等方面，总承包商具有更大的自主权，从而发挥总承包商的主观能动性和优势；总承包商以设计为主导，统筹安排 EPC 项目的采购、施工、验收等，从而达到质量、安全、工期、造价的最优化。

EPC 合同采用固定总价合同。总价合同的计价方式并不是 EPC 模式独有的，但是与其他模式条件下的总价合同相比，EPC 合同更接近于固定总价合同。EPC 模式所适用的工程一般都比较大，工期比较长，且具有相当的技术复杂性，因此，增加了总承包商的风险。

2. DB 和 EPC 模式管理体制的差异分析

尽管 DB 和 EPC 模式均属于工程总承包范畴，但是二者采用的管理体制不同。主要区别在于是否有工程师这一角色，详见表 1-2。

表 1-2　DB 和 EPC 模式管理体制差异表

管理体制的相关比较	DB 模式	EPC 模式
控制机制	严格	宽松
体制形式	三元体制	二元体制
总价合同	可调	固定
承包商主动权	较小	较大
违约金	一般有上限	有些情况无上限

五、DB 与 EPC 模式内容的对比分析

1. 承包范围的对比

DB 模式主要包括设计、施工两项工作内容，不包括工艺装置和工程设备的采购工作，可见，DB 模式没有规定采购属于总承包的工作，还是属于业主的工作。在一般情况下，业主负责主要材料和设备的采购，业主可以自行组织或委托给专业的设备材料成套供应商承担采购工作。EPC 模式则明确规定总承包商负责设计、采购、施工等工作。

2. 设计的对比

尽管 DB 模式和 EPC 模式均包括设计工作内容，但是两者的设计内容有很大的不同，存在本质区别。DB 模式中的设计仅包括详细设计，而 EPC 模式中的设计除详细设计外还包括概要设计。

DB 模式中 D（Design）仅仅是指项目的详细设计，不包括概要设计。详细设计内容包含对建筑物或构筑物的空间划分、功能的布置、各单元之间的联系以及外形设计和美术与艺术的处理等。DB 模式下对承包商资质的要求等因素导致总承包商大都是由设计单位和施工单位组成的联营体。业主一般分两阶段进行招标：第一阶段概要设计招标，在发布招标公告之前，业主先进行设计招标，由设计单位完成概要设计（概要设计工作量一般不会超过工程设计总工作量的35%），根据业主需求，形成较为明确的设计方向和总体规划；第二阶段是 DB 项目招标，DB 总承包商只负责对上一阶段的方案进行细化和优化，以满足施工要求。

EPC 模式中 E（Engineering）包含概念设计和详细设计。总承包商不仅负责详细设计，还负责概要设计工作，同时还负责对整个工程进行总体策划、工程实施组织管理。有些情况下，如果总承包商设计力量不够，会将设计任务分包给有经验的设计单位。在 EPC 合同签订前，业主只提出项目概念性和功能性的要求，总承包商根据要求提出最优设计方案。根据项目总进度的计划安排，设计工作按各分部工程先后开工的顺序分批提供设计资料，可以边设计边施工。在项目二级计划的基础上制订详细的设计供图计划。采购所需要的参数需在详细设计完成前确定，因此设计人员需要提供采购所需的规格型号和大致

数量。

3. 风险分担的对比

相对于施工合同而言，在工程总承包模式下，总承包商需要承担较大的风险，但是在DB 和 EPC 两种不同的模式中，总承包商承担的风险存在较大的差异，EPC 模式下总承包商承担的风险要大于 DB 模式下总承包商承担的风险。

（1）DB 模式下，总承包商承担了较大的风险。根据 FIDIC 标准合同条件，总承包商承担了大部分风险，但是业主仍然承担了一部分风险，在发生变更的情况下，合同价允许调整。

（2）EPC 模式下，总承包商几乎承担了项目的所有风险。按照 FIDIC 标准合同条件，由于 EPC 合同采用固定总价合同，因此，只有在发生极其特殊风险的情况下，合同价方可调整，即合同价格并不因为不可预见的困难和费用而予以调整。同时，在 EPC 模式下，业主的过失风险也需要总承包商承担，包括合同文件中存在的错误、遗漏或者不一致的风险，总承包商需要对合同文件的准确性和充分性负责。因此，EPC 承包模式加大了承包商的风险，降低了业主的风险。

4. 索赔范围的对比

在 DB 模式和 EPC 模式下，总承包商可以提出索赔的情形也存在较大的差异。根据FIDIC 合同条件，工程索赔一般涉及工期、费用、利润三个方面。

DB 模式下的索赔条款多于 EPC 模式。对同一索赔条款，DB 模式索赔的范围明显放宽，而 EPC 模式下的索赔明显比较苛刻，如《FIDIC 永久设备和设计—建造合同条件》中规定的情况有 5 项，而《EPC 交钥匙项目合同条件》中"异常恶劣的气候条件"和"由于流行病或政府当局的原因导致的无法预见的人员或物品的短缺"这两项，不允许承包商在此条件下索赔工期，大大增加了承包商的工期风险。

5. 适用范围的对比

（1）DB 模式主要适用于系统技术设备相对简单，合同金额可大可小的项目。以土建工程为主的项目，包括公共建筑、高科技建筑、桥梁、机场、公共交通设施和污水处理等。具体适用于住宅等较常见的工程、通用型的工业工程、标准建筑等。目前主要应用于石化、电力等生产运营的工业建筑建设中。

（2）EPC 模式主要适用于设备、技术集成度高，系统复杂庞大，合同投资额大的工业项目，如机械、电力、化工等项目。具体适用于规模比较大的工业投资项目，采购工作量大、周期长的项目，专业技术要求高、管理难度大的项目。如果业主希望总承包商承担工程的几乎所有风险，EPC 模式也适用于民用建筑工程。

第四节　EPC 工程总承包的优势及问题

一、EPC 工程总承包的优势

1. 工程管理与项目建设

EPC 工程总承包模式的实施降低了业主管理工程的难度。因为设计纳入总承包，业主只与一个单位暨总承包商打交道，只需要进行一次招标，选择一个 EPC 工程总承包商，不需要对设计和施工分别招标。这样不仅是减少了招标的费用，还可以使业主方管理和协调的工作大大减少，便于合同的管理及管理机构的精简。业主方既不用夹在设计与总承包商之间为处理并不熟悉的专业技术问题而无所适从，工程风险也因此转由EPC承包商来承担。特别是对于业主不熟悉的新技术领域，这一点显得尤为突出。

EPC工程总承包模式虽然将一些风险和部分原属于业主的工作转嫁到了总承包身上，但也同时增强了总承包商对工程的掌控。总承包商能充分发挥自身的专业管理优势，体现其管理能力和智慧，在项目建设管理中，有效地进行内部协调和优化组合，并从外部积极为业主解忧排难。在EPC工程总承包管理模式下，由于设计和采购、施工是一家，总承包商就可以利用自身的专业优势，有机结合这三方力量，尤其是发挥设计的龙头作用，通过内部协调和优化组合，更好地进行项目建设。如进行有条件的边设计边施工，工程变更会相应减少，工期也会缩短，有利于实现项目投资、工期和质量的最优组合效果。

2. 工程项目设计与施工

EPC工程总承包模式可以根据工程实际各个环节阶段的具体情况，有意识地主动使设计与施工、采购环节交错，如采用边设计边施工（即版次设计）等方式，减少建设周期或加快建设进度。这要求总承包商要有强大的设计力量，才能达到优化设计、缩短工期的目的。各个环节合理交错可以是边设计边施工，也可以是先施工后设计，还可以是设计与采购交错。

（1）边设计边施工。如某一工程项目中，由于脱硫系统与制酸系统不在同一地点，分布在项目的两端，相距约2km，给设计和施工均带来了相当大的难度。由于脱硫至制酸系统的工艺管线均沿项目边缘布置，需穿过项目现有的厂房、铁路、公路、输电线路及工艺管架，而业主又不能提供详细的设计基础资料，如定位坐标点、建筑物的布置及高度、原有工艺管线的布置等数据，使设计无法着手进行。总承包商采取了现场实测实量，设计现场认可，并进行技术交底，边施工边返资边设计，达到了施工设计两不误的完美结合。这个子项原计划的蓝图出图时间为2018年2月底，但实际直到2018年7月仍没办法出图，采取了边施工边设计的方法后，施工在2018年8月一个月即完成。

（2）先施工后设计。如在某一工程项目现场施工中，各类操作平台达80多个，由于各类平台的制作安装均需与现场的实际情况相结合，传统的先设计后施工的模式给设计带来相当大的困难。总承包商采取了先施工，再返资给设计出变更的形式进行处理。这样做既不耽误工程的实体进度，又减轻了业主施加给设计的工作压力，取得了良好的效果。

（3）设计与采购交错。如在某一工程项目非标设备的制作安装中，非标设备的图纸由于各种原因一直不能出正式蓝图。设计的白图早在2017年9月即已出图，而蓝图直到2018年3月中旬才正式发放。在这半年间，总承包商进行了充分的技术培训和资源的准备工作。在材料的准备方面，特别是复合钢板的采购上提前做了准备。

由于复合钢板采购周期达3个月之久，总承包商要求设计与施工采购方进行了充分的技术交流后，及时进行了复合钢板的采购工作。当蓝图正式发出后，马上转入了现场施工工作，大大缩短了整个工程的施工周期。而由业主另行发包的非标设备由于没有施工蓝图，施工方拒绝先采购材料，对工期产生了不利的影响。

（4）突出设计的龙头作用。设计工作对整个建设项目的运行和管理起着决定性的作用。在 EPC 工程总承包模式总承包中，由于设计也纳入了总承包范畴，因此，总承包商很容易要求设计方积极、全面地参与到工程承包工作中，包括对采购、施工方面的指导与协调。这使得设计在工程各阶段延伸服务起到的作用越来越大，甚至可以左右工程总承包的费用、进度与质量，由此设计的龙头地位是毋庸置疑的。

3. EPC 工程总承包模式采购施工的能动性

由于在 EPC 工程总承包模式总承包中，设计和采购、施工一起纳入了总承包范畴，因而采购、施工可以发挥主观能动性，更好地与设计互动。在技术协调方面，设计人员有丰富的理论知识和设计经验，而施工方有丰富的实践经验，将两者结合起来为工程服务是 EPC 工程总承包模式的优势所在。

由于科学技术的快速发展，施工技术日新月异，同样的工程实体，实施的方法可以多种多样，在实际操作过程中，需要双方相互佐证，开诚布公地进行探讨，形成统一的意见。在管理机制方面，EPC 工程总承包模式下，总承包方在工程管理上可以适当借助施工方的力量对实体工程进行管理，这可以避免总承包方陷入繁琐的管理细节中，减少总承包方的投入。这也要求施工方要有足够的管理资源与总承包方进行配合，能跟上总承包方的管理要求。

在设计介入方面，采购、施工方对设计阶段工作的介入可以更深入一些，将自己的一些经验和优势在早期融入设计中去，这样能收到几个方面的效果：最大限度地使设计经济合理，施工方的提前介入能使其有针对性地进行一些施工前的准备工作，以保证工程的顺利实施，施工人员与设计人员进行充分的沟通，能充分了解设计意图，从而保证工程的施工质量。

二、EPC 工程总承包所面临的问题

我国从 20 世纪 80 年代在化工和石化等行业开始试点工程项目总承包后，逐步在其他行业进行推广，工程总承包虽然在我国已经 40 余年，但却因为体制缺陷、缺乏规范、素质不高、能力不强、经验不足等方面的原因，近年来的发展仍显缓慢。归纳起来，我国工程项目总承包所面临的问题主要表现在以下几个方面：

1. 法律法规上的缺项或弱项

在 EPC 项目管理模式中，业主跟承包商之间的界面非常简单，只有一份合同。这种承包模式，弱化了业主方的管理，因为缺少外部监督，更多依赖的就是政策法规。但在我国，关于工程总承包的法律方面却存在着三个具体问题：

（1）工程总承包在我国法律中的地位不明确。虽然我国陆续颁布了《中华人民共和国建筑法》《中华人民共和国招标投标法》《建设工程质量管理条例》等法律法规，对勘察、设计、施工、监理、招标代理等都进行了具体规定，但对国际通行的工程建设项目组织实施形式——工程总承包却没有相应的规定。

（2）工程总承包的市场准入及市场行为规范不健全。一方面，因缺乏具体的法律指导，企业在开展工程总承包活动时束手束脚；另一方面，政府部门缺乏管理的政策指导，承包商在编制文件、工程造价、计费等方面缺少政策依据。

（3）缺乏 EPC 发展的金融保障机制。由于开展 EPC 工程总承包需要大量资金，而我国银行在企业信贷方面的额度向来不高，又没有 EPC 工程总承包融资方面的优惠政策，

这也在很大程度上制约了 EPC 工程总承包的发展。

2. 业主自身条件及其运行与规范的 EPC 工程总承包要求之间存在很大差距

EPC 工程总承包在国外是一种得到广泛使用、很成熟的工程承包形式。它将一个项目的设计、采购、施工等全部工作交由一个承包商来承担，大量项目协调与管理工作都交由总承包商统一负责，业主只管对相关的设计和施工方案进行审核，并根据承包合同聘请监理实施监督和支付工程费用等配合性工作。在我国，业主自身条件及其运行水准与规范的 EPC 工程总承包的要求之间存在很大的差距，主要表现为：

（1）市场机制不完善。我国过去基本实行的是"工程指挥部"管理模式，设计与施工、设备制造与采购、调试分工负责的协调量大，易出现相互脱节、责任主体不明、推诿扯皮等问题。工程总承包推行以来，大多数外资项目业主均表示认同，一些民营企业项目也能接受。但大多数政府或国有投资为主的业主由于认为实施工程总承包后，其权力受到了削弱，仍习惯将勘察、设计、采购、施工、监理等分别发包，这对工程总承包的推广形成了障碍。

（2）业主操作不规范。一些业主虽采用了 EPC 工程总承包管理模式，但具体实施和操作时却不规范：有的忽视项目前期运作，设计方案不规范或不到位，给施工图设计带来许多问题；有的催促工期，不但增加了承包商成本，也使工程质量得不到保障，有的喜欢干预设备采购，导致设备质量、供货期与施工脱节，影响工程进展；还有的因强调总价合同固定性的方面，而不愿为工程变更对费用进行调整等。

（3）业主方缺乏项目管理人才。EPC 工程总承包合同通常是总价合同，总承包商承担工作量和报价风险，业主要求主要是面对功能的。总承包合同规定：工程的范围应包括为满足业主要求或合同隐含要求的任何工作，以及合同中虽未提及但是为了工程的安全和稳定、工程的顺利完成和有效运行所需要的所有工作。总承包合同除非业主要求和工程有重大变更，一般不允许调整合同价格。因此业主的意见会对工程产生重要及关键的影响，尤其是在前期和总承包合同谈判阶段。但由于业主缺少真正精通项目管理的人才，不了解和掌握 EPC 工程总承包模式工程的运行规律和规则，与总承包商在 EPC 合同谈判阶段往往难以沟通，这常会影响谈判效果和合同的履行。

3. 承包商的先天不足使其与推行 EPC 工程总承包的要求之间存在诸多不适应

在我国，设计方直接对业主负责，工程设计方与施工方无直接的合同和经济关系。这种模式浪费了大量社会资源，降低了工作效率。采用工程总承包模式，总承包商与业主签订一揽子总合同，负责整个工程从勘察设计、采购到施工的全过程。设计方要与总承包商签订设计分包合同，对总承包商负责。但因国内公司综合素质、信誉、合同的执行能力等与西方大公司相比仍有很大差距，故使承包商与推行 EPC 工程总承包的要求间存在诸多不适应：

（1）设计质量无保证。由于我国长期以来设计与建设施工分离的制度，目前能够取得 EPC 合同的单位基本上都是些不具备设计资质的专业公司，这些公司中标后，为节省设计费用，有的聘请专业设计人员设计，有的先自行设计再花钱盖章，有的甚至边设计边施工边修改，设计质量无从保证。

（2）多层转包隐藏较大的风险。有的中标公司往往缺少设计资质或施工资质，或者没有相关施工资质。拿到工程以后会将相当一部分工程量分包给具备资质的单位，甚至出现多层转包。这样的风险往往存在于：①在 EPC 承包商提取一定的管理费和利润的基础上，分包商会通过降低产品的质量保证自己的利润空间不受到压缩，最终业主的利益必定受到损害；②有的承包商以各种理由截留或挪用分包商的工程款，影响工程进度，造成工期损失；③出于利润考虑，承包商在选择分包商时往往着重考虑价格因素。分包商以低价竞争获胜后，为了赢得利润，便只有偷工减料。

（3）承包商的局限性使业主无法放心。业主选择 EPC 方式发包，本意是想减少中间环节，降低管理成本，提高建设项目的效率和效益。但因承包商的局限性，往往无法使业主放心，业主是花了钱却没能享受到委托 EPC 工程总承包的省心。

（4）合同价格易引发合同纠纷。由于缺乏统一权威的官方指导，再加上 EPC 工程总承包模式的招标发包工作难度大，合同条款和合同价格难以准确确定，在工程实际中往往只能参照类似已完工程估算包干，或采用实际成本加比率酬金的方式，容易造成较多的合同纠纷。

4. 工程监理仍然达不到 EPC 工程总承包的要求

监理工作主要依据法律法规、技术标准、设计文件和工程承包合同，在 EPC 工程总承包模式中，总承包商可能会权衡技术的可行性和经济成本，导致技术的变更比较随意，但是工程监理工作一个重要的依据是工程图纸，受传统模式影响，监理工程师面对技术上的变更往往表现得无所适从，无法履职到位。

5. 多数企业没有建立与工程总承包和项目管理相对应的组织机构和项目管理体系

（1）除极少数设计单位改造为国际型工程公司外，多数开展工程总承包业务的设计单位没有设立项目控制部、采购部、施工管理部、试运行（开车）部等组织机构，只是设立了一个二级机构工程总承包部，在服务功能、组织体系、技术管理体系、人才结构等方面不能满足工程总承包的要求。

（2）多数企业没有建立系统的项目管理工作手册和工作程序，项目管理方法和手段较落后，缺乏先进的工程项目计算机管理系统，设计体制、程序、方法等也与国际通行模式无法接轨。

6. 科技创新机制不健全，不注重技术开发与科研成果的应用

企业普遍缺乏国际先进水平的工艺技术和工程技术，没有自己的专利技术和专有技术，独立进行工艺设计和基础设计的能力也有待加强。

7. 企业高素质人才严重不足

专业技术带头人、项目负责人以及有技术、懂法律、会经营、通外语的复合型人才缺乏。尤其是缺乏高素质且能按照国际通行项目管理模式、程序、标准进行项目管理的人才，缺乏熟悉项目管理软件，能进行进度、质量、费用、材料、安全五大控制的复合型的高级项目管理人才。

8. 具有国际竞争实力的工程公司数量太少

目前只有化工、石化、交通、建筑等行业有少数国际工程公司，并且业务范围较窄，国际承包市场的占有份额较小。由于 EPC 承包模式在我国的发展时间还较短，因此，国内市场对于总承包模式的执行上还存在一些缺陷。通常情况下，在 EPC 承包模式下，建筑工程的业主需要给予承包商较大的自由，业主不应该要求详细地审查施工设计图纸，不应该参与到工程施工的每一道工序和环节中，否则将会违背了总承包的原则，使得工程项目的施工不能够顺利进行，影响到施工的进度，使得 EPC 承包模式的优势不能够充分发挥。但是在实际情况中，业主参与施工的现象依然普遍存在，业主除了必要的了解施工进度以及施工质量外，还过度地参与施工环节，这样将会给实际的施工带来不利的影响。

三、应对措施

实践证明，工程总承包有利于解决设计、采购、施工相互制约和脱节的问题，使设计、采购、施工等工作合理交叉，有机地组织在一起，进行整体统筹安排、系统优化设计方案，能有效地对质量、成本、进度进行综合控制，提高工程建设水平，缩短建设总工期，降低工程投资。为此，需进一步大力推进 EPC 工程总承包管理模式在国内的发展。而针对目前 EPC 工程总承包管理存在的上述问题，特提出以下几项基本的应对措施：

1. 把功夫下在提高业主方的管理素质上

加大宣传力度，统一思想，提高认识。争取在政府投资工程项目上积极推行工程总承包或其项目管理的组织实施方式，以起到带头作用。结合投融资体制改革和政府投资工程建设组织实施方式改革，对业主进行培训，使其深刻认识、了解工程总承包，促使其积极支持与配合。加强业主总承包管理知识的培训和项目管理人才的培养。

2. 全面对接 EPC 工程总承包的规则和要求，加快承包队伍的整合

（1）要合法取得设计资质。根据住建部关于工程总承包资质的要求，我国政府对工程总承包商不仅要求其要有一定的施工资质，还要有设计资质，大大提高了工程总承包的准入门槛。在解决资质问题上，通常可有两种方法：一种是借鉴全国施工企业 500 强的例子，作为快速拥有设计资质的捷径之一；另一种是可根据工程建设的周期性特点，施工企业可在项目招标时与设计单位组成项目联合体进行投标，与收购设计院相比，此法既节省了成本又降低了风险。

（2）要培养和留住人才。依据国际工程总承包经验，做好工程总承包最核心的两个元素是多元化的管理人才和雄厚的资金保障。20 世纪 60、70 年代，国际工程总承包已在许多发达国家得到普遍推广，良好的市场竞争机制保证了整个行业的丰厚利润，总承包企业有足够的效益来培养和吸收优秀的多元化管理人才。当下我国的承包商要大力培养复合型、能适应国际工程总承包管理的各类项目管理人才，学习国内外先进的管理方法、标准等，提高项目管理人员的素质和水平，以适应国内总承包商应对"引进来"和"走出去"挑战的需要，完善协调激励制度，不仅在物质上，更要从精神上激励员工，留住人才。

（3）创新企业融资渠道。EPC 项目管理需要雄厚的资金实力，对总承包商的融资、筹资能力要求很高，特别是"走出去"的企业。我们要向国外学习，吸取其先进理念和做法，通过强强联合、企业整合、企业兼并等使 EPC 不断发展壮大，逐步增强融资能力，拓宽融资渠道，使企业逐渐步入良性循环。

3. 从推动 EPC 工程总承包的角度强化工程监理

要推进全过程监理。与工程总承包的设计、采购、施工一体化一致，监理也应做到全过程监理。监理的业务范围应逐步扩展到为业主提供投资规划、投资估算、价值分析，向设计单位和施工单位提供费用控制，项目实施中进行合同、进度和质量管理、成本控制、付款审定、工程索赔、信息管理、组织协调、决算审核等。

要积极推行个人市场准入制度，提高监理工程师素质，培养善经营、精管理、通商务、懂法律、会外语的复合型监理人才。

EPC 工程总承包因由最能控制风险的一方承担风险，通过专业机构和专业人员管理项目，实现了 EPC 的内部协调，使工程建设项目的运行成本大幅降低，效益大幅提高，进而创造了诸多的经济增长点。建筑企业要发展壮大和增强国际竞争力，建筑市场要良性发展和更好地与国际惯例接轨，需要全力推广 EPC 工程总承包。而作为一个复杂的系统作业过程，工程项目总承包必须用现代化的项目管理手段和方法在解决不断出现的各种具体问题的过程中积极推广，才能为企业带来实际的利益，体现其管理上的优势。

4. 建立和完善项目管理法规制度体系

建立和健全各类建筑市场管理的法律、法规和制度，做到门类清晰，互相配套，避免交叉重叠、遗漏空缺和互相抵触。应明确工程总承包的法律地位，制定有关工程总承包招标投标的管理办法，积极培育工程总承包招标投标市场；参照 FIDIC 条件，制定适合我国国情的总承包合同条件范本。

5. 培育规范的工程总承包市场

政府要加大对推行工程总承包的宣传力度，一是向社会宣传报道工程总承包的特点、优势和典型案例，使工程总承包逐步得到社会的认可；二是与有关部门以及企业管理协会等单位开展不同层次的 EPC 总承包研讨会、研讨班，对业主进行培训。促进市场对工程总承包的认同，支持工程总承包企业的发育和推动工程总承包相关法律法规的建立和健全。要建立完善进度、质量、造价、安全、合同、信息六大控制目标的管理程序，形成标准化管理。重视 EPC 管理人才培养和培训交流，培养造就一批具有工程实践经验的在工程设计、设备采购、施工管理、质量控制、计划控制、投资控制等方面满足 EPC 管理需要的复合型人才，为实现建筑业和工程项目管理跨越式发展做出新的贡献。

第五节　EPC 工程总承包模式的建设程序

一、EPC 工程总承包的主要内容

EPC 工程总承包的主要内容如表 1-3 所示。

表 1-3　EPC 工程总承包的主要内容

规划设计	采购	施工管理
方案设计（设备、材料选型等）	设备、材料采购、专业分包商的选择	土木工程施工（工期控制、多专业穿插计划、品质保证、安全控制等）
施工图及综合布置详图设计	设备订货及进场时间、储存管理等	设备安装、调试的计划管理
采购与施工规划	施工分包与设计分包	绿化环保等

1. 规划设计

规划设计包括方案设计、设备主材的选型、施工图及综合布置详图设计以及施工与采购规划在内的所有与工程的设计、计划相关的工作。

（1）方案设计主要研究工程方案，确定技术原则。包括编制工艺流程图、总布置图、工艺设计以及系统技术规定等。

（2）详细设计主要是施工图及综合布置详图的设计、设备技术规定和施工技术规定。在设备订货、工程分包和施工验收工作中涉及的工程设计方面的问题以及施工过程中的设计修改也属于详细设计的范畴。

（3）施工与采购规划主要包括确定施工方案、进行工程费用估算、编制进度计划和采购计划，建立施工管理组织系统以及取得建设许可证等工作。

2. 采购

采购工作包括设备采购、设计分包以及施工分包等工作内容。其中有大量的对分包合同的评标、签订合同以及执行合同的工作。与我国建筑企业的采购部门相比，工作内容广泛，工作步骤也较复杂。

3. 施工管理

除了工程总承包商必须负责的工程总体进度控制、品质保证、安全控制外，还要负责组织整个工程的服务体系（如现场的水平、垂直运输，临时电、水，场地管理，环保措施，保安等）建立和维护。按照中国现行规范，总包还要用自己直属的施工队伍完成工程主体结构的施工。

二、EPC 总承包项目的建设程序

图 1-2 中描述了在一个典型的 EPC 总承包项目中，业主从对项目产生最初的设想到"交钥匙"时接收到一个可以正式投产运营的工程设施的全部过程，并将其与传统"设计—招标—施工"模式做了对比。

EPC 总承包模式的要点：

（1）业主在招标文件中只提出自己对工程的原则性的功能上的要求（有时还包括工艺流程图等初步的设计文件，视具体合同而定），而非详细的技术规范。各投标的承包商根据业主的要求，在验证所有有关的信息和数据、进行必要的现场调查后，结合自己的人员、设备和经验情况提出初步的设计方案。业主通过比较，选定承包商，并就技术和商务两方面的问题进行谈判、签订合同。

（2）在合同实施的过程中，承包商有充分的自由按照自己选择的方式进行设计、采购和施工，但是最终完成的工程必须要满足业主在合同中规定的性能标准。业主对具体工作过程的控制是有限的，一般不得干涉承包商的工作，但要对其工作进度、质量进行检查和控制。

（3）合同实施完毕时，业主得到的应该是一个配备完毕、可以即刻投产运行的工程设施。有时，在 EPC 总承包项目中承包商还承担可行性研究的工作。EPC 总承包如果加入了项目运营期间的管理或维修，还可扩展成为 EPC+ 维修运营（EPCM）模式。

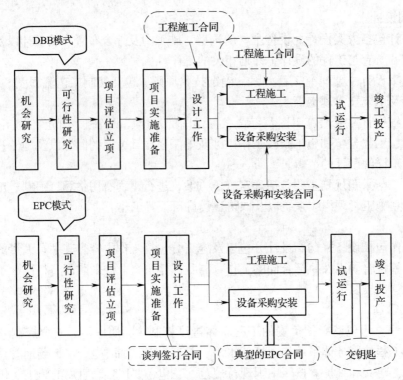

图 1–2　DBB 模式与 EPC 模式建设程序对比图

三、EPC 项目中业主和承包商的责任范围

表 1–4 中总结了在 EPC 总承包项目的整个过程中业主和承包商在各阶段的主要工作。其中，业主的工作一般委托其雇用的专业咨询公司完成。

表 1–4　EPC 项目中业主和承包商的工作分工

项目阶段	业主	承包商
机会研究	项目设想转变为初步项目投资方案	
可行性研究	通过技术经济分析判断投资建设的可行性	
项目评估立项	确定是否立项和发包方式	
项目实施准备	组建项目机构，筹集资金，选定项目地址，确定工程承包方式，提出功能性要求，编制招标文件	
初步设计规划	对承包商提交的招标文件进行技术和财务评估，和承包商谈判并签订合同	提出初步的设计方案，递交投标文件，通过谈判和业主签订合同
项目实施	检查进度和质量，确保变更，评估其对工期和成本的影响，并根据合同进行支付	施工图和综合详图设计，设备材料采购和施工队伍的选择，施工的进度、质量、安全管理等
移交和试运行	竣工检验和竣工后检验，接收工程，联合承包商进行试运行	接收单体和整体工程的竣工检验，培训业主人员，联合业主进行试运行，移交工程，修补工程缺陷

复习思考题

1. 简述 EPC 工程总承包模式的特征。
2. 简述 EPC 工程总承包模式的发展前景。
3. EPC 工程总承包有哪些优势?
4. 简述 EPC 工程总承包的主要内容。
5. 简述 EPC 工程总承包的建设程序。

第二章 建设项目管理组织

本章学习目标

通过本章的学习，可以初步掌握建设项目管理概述、EPC 项目组织模式、建设项目管理组织模式、建设项目法人的组织形式、项目管理组织制度及类型、项目团队的相关内容。

重点掌握：EPC 项目组织模式、建设项目管理组织模式。

一般掌握：建设项目管理概述、建设项目法人的组织形式、项目团队相关内容。

本章学习导航

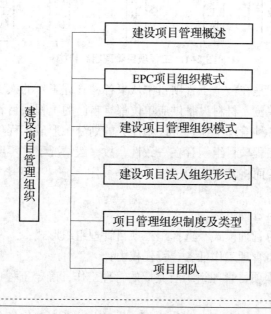

	建设项目管理概述
建设项目管理组织	EPC项目组织模式
	建设项目管理组织模式
	建设项目法人组织形式
	项目管理组织制度及类型
	项目团队

第一节　建设项目管理概述

一、工程项目管理组织概念

所谓工程项目管理组织是指为了实现工程项目目标而进行的组织系统的设计、建立和运行，建成一个可以完成工程项目管理任务的组织机构（图 2-1），建立必要的规章制度，划分并明确岗位、层次、责任和权力，并通过一定岗位人员的规范化行为和信息流通，实现管理目标。

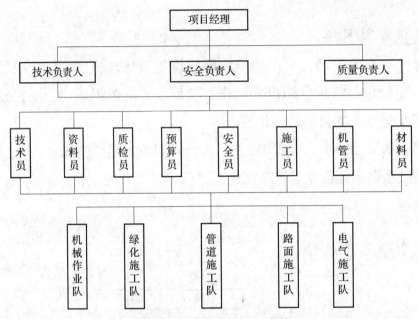

图 2-1　工程项目管理组织机构

工程项目管理组织是在整个工程项目中从事各种管理工作的人员的组合。工程项目的业主、承包商、设计单位、材料设备供应单位都有自己的工程项目管理组织，这些组织之间存在各种联系，有各种管理工作、责任和任务的划分，形成工程项目总体的管理组织系统。这种组织系统和工程项目组织存在一致性，故一般情况下并不明确区分工程项目组织和工程项目管理组织，而将其视为同一个系统。

1. 设计程序

（1）确定工程项目管理目标；

（2）确定工程项目管理模式，选择工程项目管理组织形式；

（3）确定工程项目管理工作任务、责任权力；

（4）详细分析工程项目管理组织所完成的管理工作，确定工程项目管理工作流程、操作程序、工作逻辑关系；

（5）确定详细的各项工程项目职能管理工作任务，并将工作任务落实到人员和部门；

（6）建立工程项目管理组织各个职能部门的管理行为规范和沟通准则，形成工程项目管理规范，作为工程项目管理组织内部的规章制度；

（7）选择和任命工程项目管理人员；

（8）在上述工作基础上设计工程项目管理信息系统。

2. 运行管理

（1）成立项目经理部；

（2）确定项目经理的工作目标；

（3）明确和商定项目经理部门中的人员安排，宣布对项目经理部成员的授权，明确职权使用的限制和有关问题，制定工程项目管理工作任务分配表；

（4）项目经理积极参与解决工程项目管理的具体问题，建立并维持积极、有利的工作环境和工作作风；

（5）建立有效的沟通系统和成员之间的相互依赖和相互协作关系；

（6）维持相对稳定的工程项目管理组织机构；

（7）建立完整的工程项目管理人员的招聘、安置、报酬和福利、培训、提升、绩效评价计划与制定。

二、项目管理的基本职能和体系

1. 项目管理的基本职能

（1）计划职能。即是把项目活动全过程、全目标都列入计划，通过统一的、动态的计划系统来组织、协调和控制整个项目，使项目协调有序地达到预期目标。

（2）组织职能。即建立一个高效率的项目管理体系和组织保证系统，通过合理的职责划分、授权，动用各种规章制度以及合同的签订与实施，确保项目目标的实现。

（3）协调职能。项目的协调管理，即是在项目存在的各种结合部或界线之间，对所有的活动及力量进行联结、联合、调和，以实现系统目标的活动。项目经理在协调各种关系特别是主要的人际关系中，应处于核心地位。

（4）控制职能。项目的控制就是在项目实施的过程中，运用有效的方法和手段，不断分析、决策、反馈，不断调整实际值与计划值之间的偏差，以确保项目总目标的实现。项目控制往往是通过目标的分解、阶段性目标的制定和检验、各种指标定额的执行，以及实施中的反馈与决策来实现的。

2. 项目管理的体系

项目管理体系是一个系统性的概念，不论是信息项目管理还是工程项目管理，都会涉及该体系的运用。项目管理九大体系（图2-2）最早是由美国项目管理学会（PMI）提出的，通过学习这些基础的九大知识体系，便能够设计出一套行之有效的项目管理方案。项目管理九大体系见图2-2。

（1）项目整合管理。项目整合管理的核心在于"协调"，需要将各方的需求进行综合性汇总，并能够权衡得失，规避风险。整合管理的内容包括：项目计划开发、项目计划实施与项目综合变更控制。可以说，项目的整个管理是一项难度性较高的工作，需要管理者有全局思维。

（2）项目范围管理。项目范围管理是一个比较复杂的概念，它是指对项目包括什么与不包括什么进行定义与区分的过程，以便于项目管理者与执行人员能够达成共识。项目范

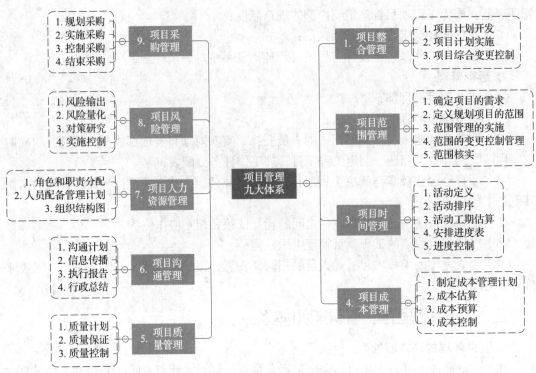

图 2-2　项目管理九大体系

围管理的内容包括：确定项目的需求、定义规划项目的范围、范围管理的实施、范围的变更控制管理以及范围核实等。

（3）项目时间管理。项目的进程常常依附在时间轴上，表现出两者的不可分割性。能够按时保质地完成项目，是每一位项目管理者最希望做到的事情。因此，项目时间管理就需要管理者能够合理地安排项目起止时间和子任务开展周期。这其中可以分为 5 个过程：活动定义、活动排序、活动工期估算、安排进度表、进度控制。

（4）项目成本管理。项目成本管理需要管理者能够在给定的预算内，合理科学地调度各项成本已完成任务。项目成本管理需要依靠 4 个过程来完成：制定成本管理计划、成本估算、成本预算和成本控制。

（5）项目质量管理。项目质量可以分为狭义和广义两种定义。狭义的项目质量是指经过项目加工生成的产品的质量，它具有一定的使用价值和附带属性。广义的项目质量还包括项目管理工作的质量。狭义的项目管理质量的过程包括：质量计划、质量保证、质量控制。

（6）项目沟通管理。项目开展不是一个人的事情，而是需要整个项目组成员的共同协作。这其中就需要项目组成员之间不断地沟通合作，沟通的重要性不言而喻。项目沟通管理的工作内容可包括：沟通计划、信息传播、执行报告和行政总结。

（7）项目人力资源管理。在项目管理中，人力是驱动项目进行的根本，合理设置各人员的工作也是一项重要的管理工作。项目管理者在设置人力资源分配时，需要完成一些步骤：角色和职责分配、人员配备管理计划和组织结构图。

（8）项目风险管理。项目风险管理可以分为两个部分，一部分是识别风险，另一部分是处置风险。在项目开展的过程中，难免会遇到各种各样的问题，而项目风险管理就是尽最大可能规避风险，以保证项目可以正常地开展下去。项目风险管理的工作包含 4 个过程：风险输出、风险量化、对策研究、实施控制。

（9）项目采购管理。项目采购是项目组从外部获取的必备的加工材料或者服务的一种方式，充分且合理的项目采购既可以保证项目按时保质完成，也可以避免不必要的浪费。项目采购管理分为 4 个过程：规划采购、实施采购、控制采购和结束采购。

3. 项目管理的价值和意义

（1）对个体而言：①反映项目管理者的个人综合素养，以及证明个人的能力、智慧与技巧；②提高了个人的职业能力，也从工作中找出不足；③树立起信心，赢得领导层的重视。

（2）对企业而言：①能够帮助企业在制订的日程内完成指定的任务；②能够帮助企业用合理的费用完成项目内容；③团结内部员工，提高合作意识；④项目能够带给企业更多的创收机会。

三、项目管理的环境和过程

1. 工程项目管理的环境

工程项目是在一个比工程项目本身大得多的相关范畴中进行的，工程项目管理处于多种因素构成的复杂环境中，因此工程项目管理团队对于这个扩展的范畴必须要有正确的了解。特别是国际工程项目，其参与各方来自不同的国家和地区，其技术标准、规范和规程相当庞杂，同时国际工程的合同主体是多国的，因此，国际工程项目必须按照严格的合同条件和国际惯例进行管理。国际工程项目也常常产生矛盾和纠纷，此外，国际工程由于是跨国的经济活动，工程项目受到社会经济、文化、政治、法律影响因素明显增多，风险相对增大，所以管理者不仅要关心工程项目本身的问题，也要关注工程项目所处的国际环境变化可能给工程项目带来的影响。

事实上，任何一个工程项目管理团队仅仅对工程项目本身的日常活动进行管理是不够的，必须考虑多方面的影响。

（1）上级组织的影响。工程项目管理团队一般是一个比自身更高层次组织的一部分。这个组织不是指工程项目管理团队本身，即使当管理团队本身就是这个组织时，该管理团队仍然受到组建它的单个组织或多个组织的影响。管理团队应当敏感地认识到上级组织管理系统将对本工程项目产生的影响，同时，还应重视组织文化常常对管理团队起到的约束或激励作用。

（2）社会经济、文化、政治、法律等方面的影响。工程项目管理团队必须认识到社会经济、文化、政治、法律等方面的现状和发展趋势可能会对他们的工程项目产生重要的影响。有时，工程项目中一个很小的变化经过一段时间可能会对工程项目产生巨大影响。

（3）标准、规范和规程的约束。各个国家和地区对于项目的建设都有许多标准、规范和规程，在项目建设过程中必须遵循。咨询工程师必须熟悉这些标准、规范和规程。

2. 工程项目管理的过程

工程项目管理主要包含以下过程：

（1）业主的项目管理（建设监理）。业主的项目管理是全过程的，包括项目决策和实施阶段的各个环节，即从编制项目建议书开始，经可行性研究、设计和施工，直至项目竣工验收、投产使用的全过程管理。

（2）工程建设总承包单位的项目管理。在设计、施工总承包的情况下，业主在项目决策之后，通过招标择优选定总承包单位全面负责工程项目的实施过程，直至最终交付使用功能和质量标准符合合同文件规定的工程项目。由此可见，总承包单位的项目管理是贯穿于项目实施全过程的全面管理，既包括工程项目的设计阶段，也包括工程项目的施工安装阶段。

（3）设计单位的项目管理。设计单位的项目管理是指设计单位受业主委托承担工程项目的设计任务后，根据设计合同所界定的工作目标及责任义务，对建设项目设计阶段的工作所进行的自我管理。设计单位通过设计项目管理，对建设项目的实施在技术和经济上进行全面而详尽的安排，引进先进技术和科研成果，形成设计图纸和说明书，以便实施，并在实施过程中进行监督和验收。由此可见，设计项目管理不仅仅局限于工程设计阶段，而是延伸到了施工阶段和竣工验收阶段。

（4）施工单位的项目管理。施工单位通过投标获得工程施工承包合同，并以施工合同所界定的工程范围组织项目管理，简称为施工项目管理。施工项目管理的目标体系包括工程施工质量（Quality）、成本（Cost）、工期（Delivery）、安全和现场标准化（Safety），简称 QCDS 目标体系。显然，这一目标体系既和整个工程项目目标相联系，又带有很强的施工企业项目管理的自主性特征。

3. 工程项目管理的知识体系

工程项目管理知识体系正处于不断完善和发展的过程中，目前最为流行的主要有项目管理知识体系、受控环境下的项目管理和国际项目管理资质标准三种。

（1）项目管理知识体系（Project Management Body of Knowledge，PMBOK）（图 2-3）。PMBOK 是成立于 1969 年的美国项目管理协会（Project Management Institute，简称 PMI）编写的，已经成为美国项目管理的国家标准之一。PMBOK 的主要目的在于系统地定义和描述项目管理知识体系中那些已被普遍接受的知识体系，另一个目的是希望提供一个项目管理专业通用的词典，以便于对项目管理进行讨论，并为那些对项目管理专业有兴趣的人员提供一本基本参考书。在 PMBOK 中，将项目管理划分为 9 个知识领域：范围管理、时间管理、质量管理、成本管理、人力资源管理、沟通管理、采购管理、风险管理和整体管理。其中，"范围、时间、质量和成本"是项目管理的四个核心领域。

（2）受控环境下的项目管理（Projects in Controlled Environments，PRINCE）。PRINCE 是一项着眼于组织、管理与控制的结构化项目管理方法，是一套科学完整的项目管理知识体系，该方法最初由英国中央计算机与电信局（Central Computer and Telecommunications Agency，CCTA）于 1989 年建立。为适应对所有的项目而不单纯是信息系统项目管理进行管理的要求，CCTA（现为英国商务办公室）基于众多项目成功的经验和失败的教训进一步开发了 PRINCE2（图 2-4），于 1996 年发布。PRINCE2 是基于过程（process-based）的结构化的项目管理方法，适合于所有类型项目（不管项目的大小和领域，不再局限于项目）的易于剪裁和灵活使用的管理方法。

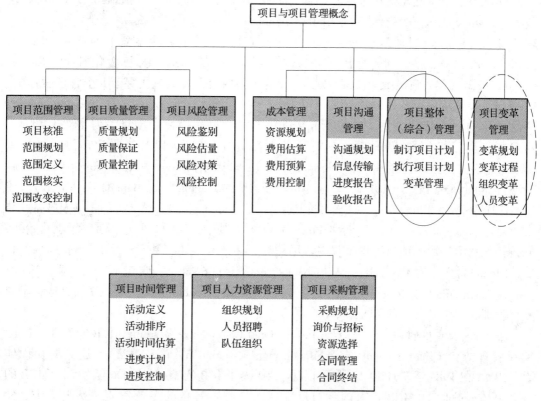

图 2-3　PMBOK 项目管理知识体系

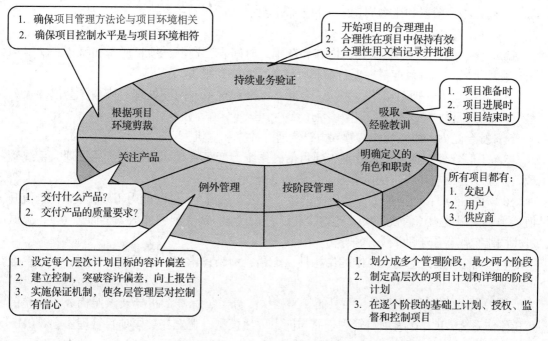

图 2-4　PRINCE2 项目管理知识体系

　　PRINCE2 中涉及 8 类管理要素（Component）、8 个管理过程（Process）以及 4 种管理技术（Technology）。管理要素包括组织（Organization）、计划（Plans）、控制（Controls）、项目阶段（Stages）、风险管理（Management of Risk）、在项目环境中的质量（Quality in Project Environment）、配置管理（Configuration Management）以及变化控制（Change Control）等。8 类管理要素是 PRINCE2 管理的主要内容，其管理贯穿于 8 个管理过程中。PRINCE2 提供从项目开始到项目结束覆盖整个项目生命周期的基本过程（process-based）的结构化的项目管理方法，共包括 8 个过程，每个过程描述了项目为何重要（Why）、项目的预期目标何在（What）、项目活动由谁负责（Who）以及这些活动何时被执行（When）。它们是指导项目 Direct a Project（DP）、开始项目 Starting up a Project（SP）、启动项目 Initiating a Project（IP）、管理项目阶段边线 Managing Stage Boundaries（MSB）、控制一个阶段 Controlling a Stage（CS）、管理产品交付 Managing Product Delivery（MPD）、结束项目 Closing a Project（CP）、计划 Planning（PL）。其中，DP 和 PL 过程贯穿于项目始终，支持其他六个过程。项目管理过程中常用到的一些技术主要有基于产品的计划（Product-based Planning）、变化控制方法（Change Control Approach）、质量评审技术（Quality Review Technique）以及项目文档化技术（Project Filing Techniques）。有效使用这些技术为项目管理的成功提供了有力的保障。

　　（3）国际项目管理资质标准（International Competence Baseline，ICB）。ICB 是国际项目管理协会（International Project Management Association，简称 IPMA）建立的知识体系。IPMA 在 1987 年 7 月 14 日的会议上，确认了 ICB 的概念，2006 年发布了 ICB 的最新版本——ICB3。ICB 要求国际项目管理人员必须具备的专业资质包括七大类、60 细项：

　　1）基本项目管理：项目和项目管理，项目管理实施，项目化管理，系统方法整合，项目范畴，项目阶段和生命周期，项目发展和评估，项目目标和战略，项目成功和失败标准，项目启动，项目结束。

　　2）方法和技术：项目结构，内容和范围，时间表，资源，项目成本和财务，配置和调整，项目风险，绩效度量，项目控制，信息、文件和报告。

　　3）组织能力：项目组织，采购、合同，标准和规章，问题处理，谈判、会议，永久组织，业务流程，个人发展，组织学习。

　　4）社会能力：团队合作，领导力，沟通，冲突和危机。

　　5）一般管理：项目质量管理，项目信息系统，变革管理，营销和产品管理，系统管理，安全、健康与环境，法律事务，金融和会计。

　　6）个人态度：沟通能力，动机（主动、积极、热情），关联能力（开放度），价值升值能力，说服能力（解决冲突、论辩文化、公正性），解决问题能力（全面思考），忠诚度（团结合作、乐于助人），领导力。

　　7）一般印象：逻辑，思维的结构性，无错，清晰，常识，透明度，简要，中庸，经验视野，技巧。

　　每一细项的评判分为高、中、低三个档次。分类、标准、指导及参照构成了完整的 ICB 评估系统。ICB 作为项目管理资质与能力评估模型，建立在美国项目管理协会（PMI）的方法论及道德伦理基础之上。然而，与 PMI 关注于项目流程，PRINCE2 关注于项目产品不同的是，ICB 关注点是项目管理者的资质与能力。

本书结合我国工程项目管理的特点，把工程项目管理的知识归纳为以下几个方面：工程项目主要参与各方的项目管理、工程项目综合管理、范围管理、组织管理、人力资源管理、招标投标管理、合同管理、进度管理、费用管理、质量管理、风险管理以及健康、安全、环保管理。

四、项目成功的关键因素

1. 项目经理必须关注项目成功的三个标准

简单地说，一是准时，二是预算控制在既定的范围内，三是质量得到经理和用户们的赞许。项目经理必须保证项目小组的每一位成员都能对照上面三个标准进行工作。

2. 任何事都应当先规划再执行

就项目管理而言，很多专家和实践人员都同意这样一个观点：需要项目经理投入的最重要的一件事就是规划。只有详细而系统的由项目小组成员参与的规划才是项目成功的唯一基础。当现实的世界出现了一种不适于计划生存的环境时，项目经理应制订一个新的计划来反映环境的变化。规划、规划、再规划就是项目经理的一种工作方式。

3. 项目经理必须以自己的实际行动向项目小组成员传递一种紧迫感

由于项目在时间、资源和经费上都是有限的，项目最终必须完成。但项目小组成员大多有自己的爱好，项目经理应让项目小组成员始终关注项目的目标和截止期限。例如，可以定期检查，可以召开例会，可以制作一些提醒的标志置于项目的场所。

4. 成功的项目应使用一种可以度量且被证实的项目生命周期

标准的信息系统开发模型可以保证专业标准和成功的经验能够融入项目计划。这类模型不仅可以保证质量，还可以使重复劳动降到最低程度。因此当遇到时间和预算压力需要削减项目时，项目经理应确定一种最佳的项目生命周期。

5. 所有项目目标和项目活动必须生动形象地得以交流和沟通

项目经理和项目小组在项目开始时就应当形象化地描述项目的最终目标，以确保与项目有关的每一个人都能记住。项目成本的各个细节都应当清楚、明确、毫不含糊，并确保每个人对此都达成了一致的意见。

6. 采用渐进的方式逐步实现目标

如果试图同时完成所有的项目目标，只会造成重复劳动，既浪费时间又浪费钱。俗话说"一口吃不成胖子"。项目目标只能一点一点地去实现，并且每实现一个目标就进行一次评估，确保整个项目能得到控制。

7. 项目应得到明确的许可，并由投资方签字实施

在实现项目目标的过程中获得明确的许可是非常重要的。应将投资方的签字批准视为项目的一个出发点。道理很简单：任何有权拒绝或有权修改项目目标的人都应当在项目启动时审查和批准这些项目目标。

8. 要想获得项目成功必须对项目目标进行透彻的分析

研究表明，如果按照众所周知记录在案的业务需求来设计项目的目标，则该项目多半会成功。所以，项目经理应当坚持这样一个原则，即在组织机构启动项目之前，就应当为该项目在业务需求中找到充分的依据。

9. 项目经理应当责权对等

项目经理应当对项目的结果负责,这一点并不过分。但与此相对应,项目经理也应被授予足够的权利以承担相应的责任。在某些时候,权利显得特别重要,如获取或协调资源,要求得到有关的中小企业的配合,做相应的对项目成功有价值的决策等。

10. 项目投资方和用户应当主动介入,不能被动地坐享其成

多数项目投资方和用户都能正确地要求和行使批准(全部或部分)项目目标的权力。但伴随这个权力的是相应的责任——主动地介入项目的各个阶段。例如,在项目早期要帮助确定项目目标;在项目进行中,要对完成的阶段性目标进行评估,以确保项目能顺利进行。项目投资方应帮助项目经理去访问有关的中小企业和目标顾客的成员,并帮助项目经理获得必要的文件资料。

11. 项目的实施应当采用市场运作机制

在多数情况下,项目经理应将自己看成是卖主,以督促自己完成投资方和用户交付的任务。项目计划一经批准,项目经理应当定期提醒项目小组成员该项目必须满足的业务需求是什么,以及该怎样工作才能满足这些业务需求。

12. 项目经理应当获得项目小组成员的最佳人选

最佳人选是指受过相应的技能培训,有经验,素质高。对于项目来说,获得最佳人选往往能弥补时间、经费或其他方面的不足。项目经理应当为这些最佳的项目成员创造良好的工作环境,如帮助他们免受外部干扰,帮助他们获得必要的工具和条件以发挥他们的才能。

第二节　EPC 项目组织模式

一、EPC 总承包企业组织的基本结构

EPC 总承包企业的组织模式设计需要体现建筑业企业的产业特征和企业自身的产业定位,及其对工程项目的组织实施方式。从目前项目实践看,企业总部的组织结构模式总体上体现了职能式设计思想。职能结构也称为专家结构,是一种标准化与分权化相结合的组织结构模式,通过职能性专业分工的管理方式弥补直线结构中高层管理者的专业能力局限。在企业总部设置市场营销、财务资金、人力资源、采购以及审计监察等业务部门的目的是保证总承包企业内部核心业务流程的高效运转,及时为项目实施提供资源、管理和技术支持。

企业总部职能部门的运行绩效通过对项目的指导、监督和服务业务反映,协调企业总部职能部门和工程现场项目部的管理业务活动的基本组织机构是矩阵结构。矩阵模式的运行特点具体表现为通过总部专家支持中心机构和知识导向的信息系统中心对企业的所有项目的实施提供资源和技术保障。

1. 矩阵式结构新含义

施工总承包企业也普遍采用矩阵式组织结构,主要体现在项目组成员仅仅在编制上属于某一职能部门,实际上随着某一个建设项目的开始和结束而固化在项目上,尽管项目结束后也会被安排在新的项目中,但总是固定在一个项目上。在我们构想的 EPC 企业组

织模式中，矩阵式管理是指协调企业总部的专家支持中心和所有项目（尽管分属各区域公司）之间的业务关系，以完成工程总承包项目的人才和资源支持需求。这种组织结构形式能够适应项目实施环境的变化性特征，能够根据项目的实际需求安排合理的技术人才，消除专业技术人才在某一个项目积聚过多或者沉淀于某一个项目而产生人才浪费现象，也可以避免某个项目因专业技术人才缺乏而形成工期的延误，从而提高企业人力资源配置效率。EPC 企业组织的矩阵模式的设计理念主要体现在各个专家支持系统对项目的专业技术支持上，当首席技术总监在信息平台接受专家支持请求时，可以在专家支持中心调配合适的技术人才派往特定项目，专家库支持的组织技术能够有效地消除专家多可能出现人浮于事和专家少可能又无法满足现实需要的现象。

在企业总部设置类似项目执行中心之类的专门部门负责单项目的多阶段管理和多项目协调工作，以实现不同区域公司同类型项目之间的资源共享目标。设立首席技术总监之类岗位的主要目的是维护和协调公司专家资源系统运行，根据项目的不同需求将所拥有的专家资源划分为不同的专家支持中心，如石化专家中心、机电专家中心、市政专家中心等。

2. 首席技术总监及专家支持系统

EPC 企业组织的矩阵模式强调专家支持系统对于项目运营的支持作用，对我国大型施工企业转型时期具有特别重要的意义。在传统建筑企业的组织结构中，专家及技术人才没有专业部门组织协调，出现专家资源随机零散的分布在某些项目中或者沉淀在个别项目上，容易产生专家资源配置效率很低的问题。专家支持系统的建立首先将不同类型的技术人才进行划分归类，形成不同领域的专家组，设立技术总监对这些专家中心进行统一的安排和管理，当具体项目部门对某个特定领域的专业技术人才产生需求时，则由分公司向技术总监层提出用人要求，技术总监层则根据专家中心人员与项目的配置情况做出人员安排，尽快满足项目对技术专业人才的需求，而专家中心技术人员在企业专家资源库和项目之间流通，有利于消除专家资源冗余和缺乏并存的现象。

对专家资源的集中管理，目前我国大型施工企业已经存在组织基础，一般都有专家委员会。在总承包项目要求模式下，原有专家委员会的职能需要进一步扩展和加强，需要能够满足项目对专家资源的正常需求。目前总工程师的职责除了对重大方案的审核，应增加对项目专家资源和技术资源配置职能，才能实现首席技术总监职能。

3. 首席信息总监及信息管理系统

目前企业的信息中心或者类似部门基本局限于对企业网络和计算机系统的技术支持，这些部门并没有充分认识到信息平台对于企业各职能部门之间相互协调的支持作用，还没有能够充分发挥信息管理系统对公司组织能力和资源配置能力的提升作用。因此，在信息平台的构建中要充分考虑企业主营业务工作流程中各个节点的协调性以及组织运行中纵向和横向界面的融合性。比如，企业的市场部门及财务部门实现与地区分公司的信息对接，通过信息集成把握市场需求和项目资金需求情况，发挥融投资对开发市场和获取项目的支持功能。首席信息总监是企业和行业的知识管理的主要负责人。信息型组织中的指令基本上是专门技术，总承包企业组织是知识型的组织，总部积聚了大量的管理和技术专家。目前，美、日等发达国家大力建设信息化产业的核心内容是：以项目的全生命周期为对象，全部信息实现电子化；项目的有关各方利用网络进行信息的提交、接收；所有电子化信息均储存在数据库便于共享、利用。这样的最终目的是降低成本、提高质量、提高效率，最终增强行业的竞争力。美国、日本的建筑业正在向这一趋势发展，组织的信息化将给企业带来很大的经济效益。

二、EPC 项目组织的基本模式

项目组织是为了完成某个特定的项目任务而由不同部门、不同专业的人员组成的一个临时性工作组织，通过计划、组织、领导、控制等过程，对项目的各种资源进行合理协调和配置以保证项目目标的成功实现。项目组织机构、各岗位的具体职责、人员配备等根据项目技术要求、复杂程度、规模以及工期等因素而有所不同。建设项目实施过程中，项目参与者都有自身的利益出发点，如何协调各个参与者之间的利益关系直接关系到项目目标的实现。与施工总承包项目相比，在 EPC 项目实施过程中，设计、采购和施工各个阶段之间的交叉协调为发挥总承包的技术和管理优势增加了更大的空间。因此，EPC 项目的组织模式和管理环境具有很多新的特征。

1. EPC 项目组织组建时面临的挑战

在 EPC 总承包项目中，业主对承包商的组织管理能力提出了很高的要求。目前，大型施工企业在 EPC 总承包项目组织的组建过程中面临的主要挑战包括以下几个方面：

（1）企业现有的技术力量和各种资源有限，在承接和实施 EPC 总承包项目时需要和企业内部的其他项目共享资源；

（2）EPC 总承包项目的组织管理能力比较薄弱，需要依靠职能部门（纵向结构）短期内提供优势资源并形成长期的知识和技术积累；

（3）工程总承包项目的本质要求是实现集成化管理，需要企业无论在项目内部还是部门内部都必须具有较高的协调能力和信息处理能力，以提升企业实力，增加竞争优势。

2. 项目管理组织结构的选择

组织结构是反映生产要素相互结合的形式，即管理活动中各种职能的横向分工与层次划分。由于生产要素的相互结合是一种不断变化的活动，所以，组织也是一个动态的管理过程。就项目这种一次性任务的组织而言，客观上同样存在着组织设计、组织运行、组织更新和组织终结的寿命周期。要使组织活动有效进行，就需要建立合理的组织结构，项目组织结构形式对项目的成败有很大影响。项目的组织结构通常受项目的目标、项目的任务、项目所能获得的资源多少、项目的各种制约条件、项目所处的环境等各种条件的影响和限制。

3. EPC 项目组织基本模式

根据国际工程项目管理模式，企业最终要建立"大总部、小项目"的事业部商务模式以实现项目实施和企业发展之间的良性互动。矩阵组织理念已经为业主和总承包企业普遍接受，在企业总部还没有形成适应总承包项目管理的组织模式的情况下，EPC 项目组织基本模式包括三个层次和两个矩阵结构。

（1）企业支持层、总承包管理层和施工作业层。企业总经理及总部职能部门构成企业支持层，向总包管理层提供管理、技术资源并行使指导监督职能；总承包管理层是指 EPC 项目的实施主体——总承包项目部，总承包项目部的团队组建和资源配置由工程总承包企业总部完成，代表企业根据总承包合同组织和协调项目范围内的所有资源实现项目目标；施工作业层由各专业工程分包的项目部组成，根据分包合同完成分部分项工程。

　　企业支持层和总承包管理层之间的主要组织问题是企业法人和项目经理部之间的责、权和利的分配关系，企业组织是永久性组织，项目组织是临时性组织，企业为项目经理部提供资源支持，项目经理部为企业创造利润，并且经过项目实施过程积累经验，为提升企业管理水平和专业技术优势做出贡献。

　　（2）资源配置矩阵和业务协同矩阵。企业支持层和总承包管理层之间除了业务上的指导和监督外，存在资源配置矩阵。具体而言，项目上人力资源和物质资源都是企业配置的，项目部只拥有使用权。管理视角的矩阵组织机构就是指项目部的管理人员和专业技术人员要接受双重领导：职能部门经理和项目经理。资源配置矩阵结构有效运行的目的就是保证项目实施的资源需求和为企业发展积累人才资源以及管理、专业技术经验。

　　总承包管理层和施工作业层之间存在业务协同矩阵，各专业工程分包商的施工作业在总承包系统管理下展开。从理论上讲，业主方、总承包商和分包商的目标是一致的，都是为了完成项目目标。但是，在工程实践中，由于各参与方来自不同的经济利益主体，会因各自的短期利益目标而产生矛盾和冲突。因此，业务协调矩阵的有效运行取决于总承包商的协调管理能力。EPC 项目组织结构见图 2-5。

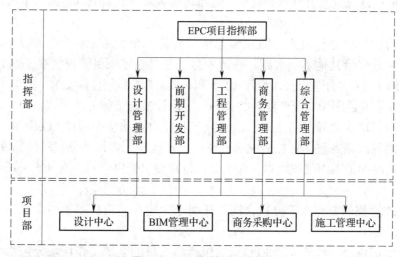

图 2-5　EPC 项目组织结构

三、中国 EPC 发展历程

　　起步阶段。自 20 世纪 80 年代起中国仅有中国建筑工程公司、中国公路桥梁工程公司、中国土木工程公司和中国成套设备进出口公司在中东、西亚等地区的少数国家开展业务。

　　逐步发展阶段。截至 1999 年底，中国 EPC 累计完成 540 亿美元，签订合同额 750 亿美元。有对外承包工程权和劳务合作经营权的公司增加到 1 000 余家。

　　2000 年到 2008 年是快速发展阶段。一方面，中国 EPC 企业在竞争激烈的国际市场中不断提高经营水平；另一方面，政策支持体系给对中国 EPC 的发展注入了新动力。EPC 逐渐成为主流业务形式。

　　2008 年至今为升级阶段。在国际金融危机的影响下，中国 EPC 企业更加重视项目的质量和效益，开始谋求业务的转型升级。很多企业不断进行新模式的探索。

自"一带一路"倡议被提出并逐渐落地展开后，中国 EPC 产业得到了系统化的战略性助推，实现了更加高速的发展。

四、海外 EPC 总承包的三种常见组织模式

目前，海外工程项目逐渐趋向大型化、复杂化、多专业、全产业链化，这不仅对工程承包企业提出了更高的资质要求，还对企业的资金承受能力及风险承受能力提出了挑战。

单个企业要想独自完成这样一个大型复杂的 EPC 总承包项目，难度非常大，因此大多数企业会选择与其他企业合作的模式，即便是具备全产业链一体化的集团企业，面对项目所在国法律法规强制的本土化比例要求，也不得不选择与当地企业合作实施项目。

海外 EPC 项目组织模式经过多年不断探索和实践，已呈现出了多种合作模式，最为常见的有总包分包模式、联营体模式和联合体模式等。

1. 总包分包模式

EPC 总承包商通过整合分包商资源、适当转移风险并获取利润，已成为海外工程流行的经营方式。常见的总包分包模式有以下三种：

（1）自营加切块分包模式。即 EPC 总承包商将本单位可承担实施的工作自营实施，其余部分切块分包给其他单位实施，并纳入总承包商总体项目管理之中，如 EPC 总承包商将项目的施工（C）分包出去，设计（E）和采购（P）部分自营实施。

这种模式主要适用于非全产业链的具有一定设计或施工能力的工程公司，以及专业工程分包。优点是取人之长补己之短，以部分产业能力撬动整个项目 EPC 产值。缺点是分包单位有可能脱离项目整体管控造成项目履约出现问题，如设计分包只顾完成设计任务，不考虑总承包商的施工困难和成本，施工分包经常提出变更索赔，拖延施工进度甚至"撂挑子"等。

这种模式管控的要点在于分包合同责任明晰，建立奖罚机制和约束机制，预留反制手段。

（2）全部切块分包模式。即 EPC 总承包商将项目的全部工作切块分包给不同的单位实施，总承包商对各分包商进行管理实施项目，如 EPC 总承包商把项目的设计工作分包给某设计单位，施工工作分包给一家或若干家施工单位，设备从若干供应商处分别采购。

这种模式主要适用于具有工程项目管理能力的平台公司或工程公司。优点是分包价格自控，潜在利润高。缺点是分包单位多，工作接口界面多，协调管控事项多，对总承包单位管理人员的管控能力要求较高。

这种模式管控的要点在于 EPC 总承包商要具有强大的项目管控能力和资源协调能力，各分包合同工作接口界定清晰，预留分包单位替换方案和应急机制。

（3）总分包模式。即 EPC 总承包商将主合同项下的全部设计、采购和施工工作分包给一家具有相应资质的单位实施，总承包商主要负责合同商务管理和对外关系沟通协调等工作。

这种模式主要适用于没有设计和施工队伍的商务型平台公司。优点是人员配置需求少、管控协调事项少、管理费利润相对固定。缺点是履约风险大，名义上是将主合同风

险全部转嫁给总分包单位，但是一旦履约出了问题，首先承担主合同责任的还是总承包单位。

这种模式风险管控的要点在于选择合格的、具有相应资质和能力的分包单位，并且能够提供相应的履约担保作为保障，这种模式曾经在国际工程承包领域有较多应用，但在合规性方面存在瑕疵，应用的范围已大大缩小。

2. 联营体模式

联营体模式一般包括法人型联营体、合伙型联营体和合同型联营体。对于海外承包工程项目，主要采用的是合同型联营体模式，即两个或多个承包商缔结联营体合同，联合承包一个项目，按照联营体各方比例承担相应工作责任和分配利润，并对业主方和联营体承担连带责任。一般国家会要求登记和税务注册联合体共同账户，有些联营体会成立项目管理委员会对项目重大事项进行决策。

该模式目前在海外项目中应用越来越多，其优势在于通过联营可以提高资信能力，强强联合，优势互补，发挥联营体的整体优势，提高中标概率。但其缺点也很明显，联营体各方需要时间磨合，容易产生矛盾，管理协调比较复杂，决策效率较低，一旦联营体一方出现履约问题，其他方需要承担连带责任，履约风险较大。

这种模式管控的要点在于选择具有一定资信的合作伙伴作为联营方，联营体协议中联营体各方的责、权、利要清晰对等，牵头方要有相应的权利，避免非牵头方签字权过多制约牵头方的履约工作，要着眼于建立战略合作伙伴关系，长期合作，互利共赢。

联营体模式有一个变种模式，即对外名义是联营体，为了提高资信获取项目，但内部实际是总分包模式，联营体牵头方是总承包商，非牵头方是分包商，联营体通过内部协议约定联营体牵头方对业主方承担总承包责任，非牵头方只承担分包合同责任。

3. 联合体模式

联合体模式有时亦称松散型联营体，是指两个或多个承包商缔结合作合同联合承包一个项目，按照合同分工完成该项目中各种承担的工作内容和分配利润，并按合同分工对业主方和联合体各自承担责任，具有联合投标、独立经营的特点。

该模式主要适用于各包功能相互独立、合同界面清晰的项目。其优点是强强联合、提高中标概率，联合体各方矛盾较少，管理协调相对容易。缺点是合同界面接口多，工作关系紧密的工作包采用这种模式就会存在互相推诿扯皮的现象，协调难度增大。

这种模式管控的要点在于切分好各包的工作内容，尽量使各包功能相互独立，简化工作界面接口，建立沟通协调和争议解决机制。

合理的组织模式可以促进承包商利用各自优势充分发挥 EPC 模式的优点，实现缩短工期和节约成本的目的，而不合理的组织模式会导致承包商内部出现各种问题，严重的内耗会带来工期的延误和成本的增加，导致项目陷入困境。

在近年来海外工程承包市场竞争不断加剧的大环境下，工程承包企业强强联合实施项目已成为提高竞争力的杀手锏，但同时也是一把双刃剑。

没有哪一种组织模式完美无缺适用于所有项目，总承包企业要根据具体项目的特点和企业自身的整合管理能力和风险管控能力，选择合适的组织模式，无论选择哪种组织模式实施项目，均应确保合作各方的职责明确，权利义务对等，沟通渠道畅通，同时要重视内部争议协调解决机制的建立，并确保能高效运行，避免争议长拖不决。

五、EPC 总承包模式的基本特征

在 EPC 总承包模式下，发包人（业主）不应该过于严格地控制总承包人，而应该给总承包人在建设工程项目建设中较大的工作自由。譬如，发包人（业主）不应该审核大部分的施工图纸，不应该检查每一个施工工序。发包人（业主）需要做的是了解工程进度、了解工程质量是否满足合同要求，建设结果是否能够最终满足合同规定的建设工程的功能标准。

发包人（业主）对 EPC 总承包项目的管理一般采取两种方式：过程控制模式和事后监督模式。

（1）过程控制模式。发包人（业主）聘请监理工程师监督总承包商"设计、采购、施工"的各个环节，并签发支付证书。发包人（业主）通过监理工程师各个环节的监督，介入对项目实施过程的管理。FIDIC 编制的《生产设备和设计－施工合同条件（1999 年第一版）》即是采用该种模式。

（2）事后监督模式。发包人（业主）一般不介入对项目实施过程的管理，但在竣工验收环节较为严格，通过严格的竣工验收对项目实施总过程进行事后监督。FIDIC 编制的《设计采购施工（EPC）/ 交钥匙工程合同条件》即是采用该种模式。

EPC 总承包项目的总承包人对建设工程的"设计、采购、施工"整个过程负总责，对建设工程的质量及建设工程的所有专业分包人履约行为负总责，也即总承包人是 EPC 总承包项目的第一责任人。

六、项目经理的素质要求

项目经理需要具备四种基本素质及八大管理技能。

1. 四种基本素质

（1）品德素质。项目经理对外与供应商、客户打交道，对内需要跨部门整合资源，诚信的品德素质是基础。

（2）能力素质。项目经理需要具备较强的综合管理能力。

（3）知识结构。如今的项目经理不再仅仅是个技术专家，在办公室画画图就可以了，需具备一般的管理知识（如市场营销、人力资源管理等），项目管理专业知识，应用领域知识（如 IT、金融、房地产等行业知识）。

（4）身体素质。没有一天只干 8 个小时的项目经理。项目管理工作经常赶周期，赶进度，工作起来没日没夜，业内戏称"体力活"，需要具备良好的身体素质。

2. 八大管理技能

（1）项目管理与专业知识技能。项目经理需要制订项目计划，控制项目成本，确保项目质量，具备项目管理专业知识。

（2）人际关系技能。这是项目经理面临的最大挑战，项目经理对上需要向老板汇报进展，对下需要给项目成员分配任务，对外要与供应商、承包商打交道，耳听八方，眼观六路，需要具备良好的人际关系技能。

（3）情境领导技能。项目经理需要不断激励项目员工，努力冲锋陷阵。管理因人而异，需要针对项目组不同成员的不同需求，在不同情境下因需而变。

（4）谈判与沟通的技能。无论是与客户相处还是与员工相处，项目经理 85% 的时间都在谈判、沟通。

（5）客户关系与咨询技能。现在的项目经理不仅是技术专家，还需要走到客户端，根据客户需求，为客户量身定做项目方案。

（6）商业头脑和财务技能。企业目标是通过项目管理实现的，项目经理需要把项目放在整个企业战略中考虑。比如由于 IT 行业竞争激烈，IBM 转型为 IT 服务商，IBM 的项目经理就必须跟上企业转型。另外，项目经理需要了解项目的投资回报率、净现值等财务指标。

（7）解决问题和处理冲突的技能。项目经理每天都会碰到无穷无尽的问题，如安全事故、成本超支或项目人员携款潜逃，作为项目经理，需要具备较强的应变能力及化解冲突的能力。

（8）创新技能。很多项目都是前无古人、后无来者的事业，需要项目经理具备创新能力。

第三节　建设项目管理组织模式

一、建设项目组织管理机构设置原则

项目管理组织的设置没有固定的模式，根据项目的不同生产工艺技术特点，不同的内外部条件，设置不同的组织形式。总的要求是从项目的实际出发，选择和确定项目的管理组织，保证项目稳定、高效、经济地运行。项目管理组织机构设置原则主要有以下几点：

1. 必须与生产力发展水平相适应，必须能动地适应社会环境的变化

中华人民共和国成立初期，我国商品经济很不发达，生产力水平相对低下，专业化分工程度很低，工程项目的组织多采用建设单位自行组织设计和施工的自营方式。随着生产力水平的提高，专业化分工逐渐深化，同时，工程项目日益大型化、复杂化，对技术和管理的要求也越来越高。这时，自营的方式已不能适应生产力发展的需要，于是出现了其他类型的项目管理组织，如"一五"时期以建设单位为主的管理组织，"二五"时期的投资大包干型的管理组织和后来的工程指挥部的管理组织等。随着改革开放的深入，在社会主义市场经济条件下，工程项目管理组织形式逐步过渡到工程承包公司、设备成套公司、项目经理制等新的形式。

对于建设单位来说，建立项目管理组织本身并非目的，而是达到目的的手段。由于工程项目的性质不同、规模大小不同、建设内容及技术复杂性程度不同、建设地点不同，各地区经济发展水平、建设条件、社会文化乃至风俗习惯等都有很大区别。因此，工程项目管理组织形式也应因地制宜，甚至多种形式并存，不能模式化或强求一律。

2. 有效的管理幅度原则

管理幅度是指一个主管能够直接有效地指挥下属的数目。项目管理的组织必须做到机构简化，人员少而精，以人员、资金的最优结合收到最大效果。

3. 权责对应原则

领导人员率领隶属人员去完成某项工作，必须拥有包括指挥、命令等在内的各种权力。而在接受职位、职务后必须履行的义务，在任何工作中，权利与责任必须大致相当。

4. 命令统一原则

项目组织形式必须有利于加强项目建设各环节的统一管理，一个机构不能受到多头指挥。上下级之间的上报下达都要按层次进行，一般情况下不得越级，严格实行"一元化"的层次联系。

5. 才职相称原则

（1）管理人员的才智、能力与担任的职务应相适应；

（2）机构的设置应尽可能使才职相称，人尽其才，才得其用，用得其所；

（3）组织机构必须具有灵活性，具备调整的可能性。

6. 效果与效率原则

效果是指组织机构的活动要有成效，效率是指组织机构在单位时间内取得成果的速度。在单位时间内取得成果的过程中，各种物质资源的利用程度、工作人员的工作效率、操作者的劳动效率、整个组织机构的工作效率等方面，都反映出组织机构的效率。

7. 项目管理由人治走向法治

一个工程项目应通过发包、承包的经济合同，运用经济手段和法律手段，调节施工及整个建设过程中，上、下、左、右，甲（一般指建设单位）、乙（一般指施工单位）、丙（一般指设计单位）、丁（一般指金融机构）各方面的关系，明确各方面的责、权、利，严格执行国家颁布的各项法规，减少扯皮现象，使项目组织管理高效化。

8. 既要有独立性，又要有合作精神

一个工程项目，参与的单位很多，如地质勘探部门、设计院、施工队、金融机构、设备供应公司等，各单位内部又有许多工作部门与该项目有关，各部门的利益目标又各不相同，各有各的打算与要求。因此项目组织必须做到使各参加单位既合作又有分散权，使群体合作和个别努力之间达到平衡状态，在各自的工作岗位上既独立发挥作用又密切配合。

二、建设项目管理模式

1. 设计采购施工总承包（EPC—Engineering Procurement Construction）

EPC 总承包是指承包商负责工程项目的设计、采购、施工安装全过程的总承包，并负责试运行服务（由业主进行试运行）。EPC 总承包又可分为两种类型：EPC（max s/c）和 EPC（self-perform construction）。

EPC（max s/c）是 EPC 总承包商最大限度地选择分承包商来协助完成工程项目，通常采用分包的形式将施工分包给分承包商。

EPC（self-perform construction）是 EPC 总承包商除选择分承包商完成少量工作外，自己要承担工程的设计、采购和施工任务。

2. 交钥匙总承包（LSTK—Lump Sum Turn Key）

交钥匙总承包是指承包商负责工程项目的设计、采购、施工安装和试运行服务全过程，向业主交付具备使用条件的工程。

交钥匙总承包也可分为两种类型，其一是总承包商选择分承包商分包施工等工作，其二是总承包商自行承担全部工作，除少数必须分包的内容外，一般不进行分包。交钥匙总承包的合同结构与 EPC 工程总承包的合同结构是相同的。

3. 设计、采购、施工管理承包（EPCM—Engineering Procurement Construction Management）

设计、采购、施工管理承包是指承包商负责工程项目的设计和采购，并负责施工管理。施工承包商与业主签订承包合同，但接受设计、采购、施工管理承包商的管理。设计、采购、施工管理承包商对工程的进度和质量全面负责。

4. 设计、采购、施工监理承包（EPCS—Engineering Procurement Construction Superintendence）

设计、采购、施工监理承包是指承包商负责工程项目的设计和采购，并监督施工承包商按照设计要求的标准、操作规程等进行施工，并满足进度要求，同时负责物资的管理和试车服务。施工监理费不含在承包价中，按实际工时计取。业主与施工承包商签订承包合同，并进行施工管理。

5. 设计、采购承包和施工咨询（EPCA—Engineering Procurement Construction Advisory）

设计、采购承包和施工咨询是指承包商负责工程项目的设计和采购，并在施工阶段向业主提供咨询服务。施工咨询费不含在承包价中，按实际工时计取。业主与施工承包商签订承包合同，并进行施工管理。

三、建设项目管理组织的形式

1. 直线性组织结构模式

直线制是一种最早也是最简单的组织形式。其优点：结构比较简单，责任分明，命令统一；缺点是：它要求行政负责人通晓多种知识和技能，亲自处理各种业务。这在业务比较复杂、企业规模比较大的情况下，把所有管理职能都集中到最高主管一人身上，显然是难以胜任的。

2. 职能组织结构模式

职能制组织结构是各级行政单位除主管负责人外，还相应地设立一些职能机构。其优点：能适应现代化企业生产技术比较复杂，管理工作比较精细的特点；能充分发挥职能机构的专业管理作用，减轻直线领导人员的工作负担。缺点：它妨碍了必要的集中领导和统一指挥，形成了多头领导；不利于建立和健全各级行政负责人和职能科室的责任制等。现代企业一般都不采用职能制。

3. 矩阵组织结构模式

在组织结构上，把既有按职能划分的垂直领导系统，又有按产品（项目）划分的横向领导关系的结构，称为矩阵组织结构。矩阵结构适用于一些重大攻关项目，特别适用于以开发与实验为主的单位。其优点：加强了各职能部门的横向联系，具有较大的机动性和适应性，实行了集权与分权的结合，有利于发挥专业人员的潜力，有利于各种人才的培养，可随项目的开发与结束进行组织或解散。缺点：由于这种组织形式是实行纵向、横向的领导，存在两个指令源，处理不当会由于意见分歧而造成工作中的相互扯皮的现象。

第四节　建设项目法人组织形式

一、项目法人责任制

项目法人是指由项目投资代表人组成的建设项目全面负责并承担投资风险的项目法人机构，它是一个拥有独立法人财产的经济组织。

项目法人责任制是一种由明确的项目法人对投资项目的策划、资金筹措、建设实施、生产经营、债务偿还和资产的保值增值全过程全面负责的管理制度。

新建重大建设项目在项目建议书被批准后，应及时确定项目法人，并让其具体负责项目的筹建工作。项目法人应由项目的出资方代表组成。项目建设单位在上报项目可行性研究报告时，须同时提出项目法人的组建方案，待项目可行性研究报告批准后，即可正式成立项目法人。

二、项目法人责任制的出台背景

改革开放以来，我国先后试行了各种方式的投资项目责任制度。但是，责任主体、责任范围、目标和权益、风险承担方式等都不明确。为了改变这种状况，建立投资责任约束机制，规范项目法人行为，明确其责、权、利，提高投资效益，依照《中华人民共和国公司法》，原国家计划委员会于 1996 年 1 月制定了《关于实行建设项目法人责任制的暂行规定》（以下简称《规定》）。根据《规定》要求，国有单位经营性基本建设大中型项目必须组建项目法人，实行项目法人责任制。《规定》明确了项目法人的设立、组织形式和职责、任职条件和任免程序及考核和奖惩等要求。

项目法人责任制的前身是项目业主责任制，但业主责任制存在着诸多问题：①项目业主身份不清；②项目业主班子不规范；③项目业主难以行使法律权力。

三、项目法人责任制的特点

项目法人责任制的特点是：产权关系明晰，具有法人地位，有利于责、权、利相一致，有利于保证工程项目实行资本金制度。

实行项目法人责任制是适应发展社会主义市场经济，转换项目建设与经营体制，提高投资效益，实现我国建设管理模式与国际接轨，在项目建设与经营全过程中运用现代企业制度进行管理的一项具有战略意义的重大改革措施。

项目法人责任制是一种现代企业制度，现代企业制度的特征是"产权清晰，权责明确，政企分开，管理科学"。公益性项目的投资人是国家，政府负责项目的前期工作（立项、可行性研究、初步设计等），项目法人负责建设管理，公益性项目的这种特殊性，制约了公益性项目法人责任制的推行。公益性项目法人责任制的核心和本质均还不明确。

由于公益性项目投资人是国家，项目法人的本质在于落实责任制，明确"责、权、利"和以下两种责任：①明确项目法人对项目投资人应负的经济和法律责任；②明确项目法人和法定代表人尽职尽责应取得的奖励和玩忽职守应受的惩罚。

项目法人责任制在管理上存在以下 3 个问题需要解决：①缺乏个人利益的界定和保护；

②缺乏高效竞争机制的引入；③利润较低且缺乏保障。

在我国现阶段，要加强对项目法人的监管，确保投资效益的发挥，应建立项目法人资格和资质的认证制度，严格市场准入。项目法人单位要具有基本的专业素质和必备的基本条件；项目法定代表人要具备相应的政治、业务素质和组织能力，具备项目管理的实践经验；法人单位的人员素质、内部组织机构能满足工程管理的技术要求，建立健全内控制度，不同规模的公益性项目应有不同资质的项目法人承担。

四、项目法人责任制的基本内容

项目法人对工程建设的全过程管理负责，保证按照项目建设需要组织完成项目建设，对项目建设的工程质量、工程进度、资金管理和生产安全负总责，并接受上级主管部门和项目主管部门监督，其主要内容有：

（1）根据工程项目建设需要，负责组建项目管理的组织机构，任免行政、技术、财务、质量安全等负责人。

（2）组织初步设计文件的编制、审核、报批等工作，并负责组织施工图设计审查和设计交底。

（3）依法对工程项目的设计、监理、施工和材料及设备等组织招标。与中标单位签订合同，履行合同约定的权利和义务。

（4）负责办理工程质量监督手续和主体工程开工报告报批手续。

（5）遵守工程项目建设管理的相关法规和规定，按批准的设计文件和基本建设程序组织工程项目建设。

（6）负责筹措工程建设资金、制订年度资金计划和施工计划，对工程质量、进度、工期、安全生产、资金进行管理，监督和检查各单位全面履行工程建设合同。

（7）负责组织制定、上报在建工程安全生产预案，完善各种安全生产措施，监督检查参建单位完善工程质量和安全管理体系，落实施工安全和质量管理责任，对在建工程安全生产负责。

（8）负责与项目所在地人民政府及有关部门协调，创造良好的工程建设环境。

（9）负责组织工程完工结算、编制工程竣工财务决算，完善竣工前各项工作，申报工程竣工审计和竣工验收，负责工程竣工验收后的资产交付使用。

（10）负责通报工程建设情况，按规定向主管部门报送计划、进度、财务等统计报表。

（11）负责工程建设档案资料收编整理工作，检查验收各参建单位档案资料的收集、整理、归档。负责申请工程竣工前的档案资料报验工作，负责竣工资料的移交和备案。

五、项目法人的设立

1. 新建项目

新建项目在项目建议书被批准后，应及时组建项目法人筹备组，具体负责项目法人的筹建工作。项目法人筹备组主要由项目的投资方派代表组成。

项目法人筹备组在上报可行性研究报告时，应同时提出并上报项目法人组建方案，该项目的可行性研究报告被批准后，正式成立项目法人。按有关规定确保资本金按时到位，同时及时办理项目法人登记手续。

2. 扩建项目

（1）生产能力超过原有生产能力三倍以上的建设项目，即作为新建项目，设立项目法人。

（2）生产能力没有超过原有生产能力三倍的建设项目，原有企业即作为该项目的项目法人。

（3）原有企业负责建设的基本建设项目：①设立子公司的，需要新设立项目法人；②只设分公司或分厂的，原有企业即作为该项目的项目法人。

六、项目法人的权责

（1）负责筹措建设资金；

（2）审核、上报项目初步设计和概算文件；

（3）审核、上报年度投资计划并落实年度资金；

（4）提出项目开工报告；

（5）研究解决建设过程中出现的重大问题；

（6）负责提出项目竣工验收申请报告；

（7）审定偿还债务计划和生产经营方针，并负责按时偿还债务。

七、项目法人的组织形式

由政府出资的新建项目。如交通、能源、水利等基础设施工程，可由政府授权设立工程管理委员会作为项目法人。

由企业投资进行的扩建、改建、技改项目，企业董事会（工厂制的企业领导班子）是项目法人。

由各个投资主体以合资的方式投资建设的新建、扩建、技改项目，则由出资各方代表组成的企业（项目）法人作为项目法人。

（1）有限责任公司。是指由 2 个以上、50 个以下股东共同出资，每个股东以其认缴的出资额为限对公司承担责任，公司以其全部资产对债务承担责任的项目法人。其特点是不对外公开发行股票，股东之间的出资额不要求等额，而由股东协商确定。

（2）国有独资公司。国有独资公司也称国有独资有限责任公司，它是由国家授权投资的机构或国家授权的部门为唯一的出资人的有限责任公司。国有独资公司不设股东会。

（3）股份有限公司。股份有限公司是指全部资本由等额股份构成，股份以其所持股份为限对公司承担责任，公司以其全部资产对债务承担责任的项目法人。股份有限责任公司是指由 2 个以上、200 个以下为发起人，其突出特点是有可能获准在交易所上市。

八、项目法人与项目有关各方的关系

在建设项目的整个建设期和生产经营期，将与许多有关部门发生众多的经济关系和领导与被领导关系，如政府、银行、设计、施工、监理等单位或部门。这些关系大多数以经济合同形式予以处理。

（1）项目法人与政府部门的关系。项目法人是独立的经济实体，要承担投资风险，要对项目的立项、筹资、建设和生产运营、还本付息及资产的保值增值进行全过程负责。

政府部门的主要职责是依法进行监督、协调和管理。

（2）项目法人与金融机构的关系。项目法人和金融机构是平等的民事主体。一方面，项目法人要取得金融机构的支持，以保证资金的供给；另一方面，项目法人也可根据贷款条件，自主选择金融机构。

（3）项目法人与投资方的关系。投资方是项目法人的股东。各投资方必须按照组建项目法人时签订的投资协议规定的方式、数量和时间足额出资，且出资后不得抽回投资。项目法人享有各投资方出资形成的全部法人财产权，对法人财产拥有独立支配的权利。

（4）项目法人与承包方的关系。项目法人与承包方是地位平等的民事主体，承包方通过投标竞争获得工程任务，项目法人通过招标方式选择中标单位。

（5）项目法人与监理等单位的关系。项目法人与监理等单位也是地位平等的民事主体，双方通过签订经济合同明确其权利和义务。

第五节　项目管理组织制度及类型

一、项目管理组织概念

项目管理组织是指为了完成某个特定的项目任务而由不同部门、不同专业的人员所组成的一个特别工作组织，它不受既存的职能组织构造的束缚，但也不能代替各种职能组织的职能活动。根据项目活动的集中程度，它的机构可以很小，也可以很庞大。项目管理组织职能是项目管理的基本职能。

项目管理制度即针对项目范畴和项目特点所规范的管理制度，也就是为了达到"做正确的事，正确地做事，获取正确的结果"而制订的，需要项目团队成员遵循的、有度去衡量且有法去奖惩和激励的一些程序或规程。

二、项目管理组织制度主要原则

1. 规范性

管理制度的最大特点是规范性，呈现在稳定和动态变化相统一的过程中。对项目管理来说，长久不变的规范不一定是适应的规范，经常变化的规范也不一定是好规范，应该根据项目发展的需要而进行相对的稳定和动态的变化。在项目的发展过程中，管理制度应是具有相应的与项目生命周期对应的稳定周期与动态的时期，这种稳定周期与动态时期是受项目的行业性质、产业特征、团队人员素质、项目环境、项目经理的个人因素等相关因素综合影响的。

项目管理制度的规范性体现在两个方面：一是客观事物、自然规律本身的规范性和科学性；二是特定管理活动所决定的规范性。

2. 层次性

管理是有层次性的，制订项目管理制度也要有层次性。通常的管理制度可以分为责权利制度、岗位职能制度和作业基础制度三个层次。各层次的管理制度包含不同的管理要素，前两个制度包含更多的管理哲学理念与管理艺术的要素，后一个属于操作和执行层面，强调执行，具有更多的科学和硬技术要素的内容。

3. 适应性

实行管理制度的目的是多、快、好、省地实现项目目标，是使项目团队和项目各个利益相关方尽量满意，不是为了制度而制订制度。制订制度要结合项目管理的实际，既要学习国际上先进的理论，又要结合我国的国情，要适应我国先进的文化。项目管理制度应该简洁明了，便于理解和执行，便于检查考核。

4. 有效性

制订出的制度要对管理有效，要注意团队人员的认同感。在制订制度的时候，是上级定了下级无条件执行，还是在制订的时候大家一起参与讨论，区别很大。制度的制订是为了项目管理的效率，而非简单地制约员工。管理制度必须在社会规范、国际标准、人性化尊重之间取得一个平衡。

管理制度如果不能获得大家的认可，就失去了对员工行为约束的效力；管理制度如果不能确保组织经营管理的正常有序和效率，就说明存在缺陷。管理制度没有明确的奖惩内容，员工的差错就不能简单地由员工承担责任，主要责任在管理者。反过来，尊重也不是放任，制度的存在价值在于其具有权威性与合理性，不合理可以修改，但不能形同虚设。尊重，是要面对人性和社会规范的。我们提倡人性化管理，但不是人情化管理。该管的一定要管，该遵守的原则一定要遵守，管理者不能将破坏组织的规章制度、损坏组织利益作为换取人情的筹码。即使组织现有的制度确实不合理，也要通过正当途径反馈给决策者，严格按照程序变更或废除。将不合理的制度置若罔闻而我行我素，这种危害远大于不合理制度存在所产生的危害，这将直接导致员工对整个制度的不重视，从而使组织上下缺乏执行力。

5. 创新性

项目管理制度的动态变化需要组织进行有效的创新，项目本身就是创新活动的载体，也只有创新才能保证项目管理制度具有适应项目的相对稳定性、规范性，合理、科学、把握好或利用好时机的创新是保持项目管理制度规范性的重要途径。

项目管理制度是管理制度的规范性实施与创新活动的产物。有人认为，管理制度 = 规范 + 规则 + 创新，有一定的道理。这是因为：一方面，项目管理制度的编制需按照一定的规范来编制，项目管理制度的编制在一定意义上讲，是项目管理制度的创新，项目管理制度创新过程就是项目管理制度的设计、编制，这种设计或创新是有其相应的规则或规范的；另一方面，项目管理制度的编制或创新是具有规则的，起码的规则就是结合项目实际，按照事物的演变过程依循事物发展过程中内在的本质规律，依据项目管理的基本原理，实施创新的方法或原则，进行编制或创新，形成规范。

项目管理制度的规范性与创新性之间的关系是一种互为基础、互相作用、互相影响的关系，是一种良性的螺旋式上升的关系，规范与创新是能够使两者保持统一、和谐、互相促进的关系，非良性的关系则会使两者割裂甚至出现矛盾。

三、项目相关利益主体

1. 项目主要的相关利益主体

一个项目会涉及许多组织、群体或个人的利益，这些组织、群体或个人都是这一项目的相关利益主体或叫相关利益者。在项目的管理中，一个项目的主要相关利益主体通常包括以下几个方面：

（1）项目的业主。项目的投资人和所有者，最终决策者。

（2）项目的客户。使用项目成果的个人或组织。

（3）项目经理。负责管理整个项目的个人。一个项目的领导者、组织者、管理者和项目管理决策的制定者，也是项目重大决策的执行者。

（4）项目实施组织与项目团队。完成一个项目主要工作的组织或团队，一个项目可能会涉及多个项目实施组织或团队。

（5）项目团队。从事项目全部或部分工作的组织或群体。是由一组个体或几组个体作为成员，为实现项目的一个或多个目标而协同工作的群体。

（6）项目的其他相关利益主体。项目的供应商、贷款银行、政府主管部门，项目直接或间接涉及的市民、社区、公共社团等。

2. 项目相关利益主体之间的利益关系

（1）项目业主与项目实施组织之间的利益关系。二者的利益关系中相互一致的一面使项目业主与项目的实施组织最终形成一种委托和受托，或者委托与代理的关系。但是双方的利益有一定的对立性和冲突性，如果处理不好会给项目的成功带来许多不利的影响。这种利益冲突一般需要按照互利的原则，通过友好协商，最终达成项目合同的方法解决。

（2）项目实施组织与项目其他相关利益主体之间的利益关系。现代项目管理的实践证明，不同项目相关利益主体之间的利益冲突和目标差异应该以对各方负责的方式，通过采用合作伙伴式管理（Partnering Management）和其他的问题解决方案予以解决。

四、项目管理组织作用

1. 为项目管理提供组织保证

建立一个完善、高效、灵活的项目管理组织，可以有效地保证项目管理组织目标的实现，有效地应付项目环境的变化，有效地满足项目组织成员的各种需求，使其具有凝聚力、组织力和向心力，以保证项目组织系统正常运转，确保施工项目管理任务的完成。

2. 便于形成统一的权力系统集中统一指挥

项目管理组织机构的建立，首先是以法定的形式产生权力。权力是工作的需要，是管理地位形成的前提，是组织活动的反映。没有组织机构，也就没有权力和权力的运用。组织机构建立的同时还伴随着授权，以便围绕项目管理的目标有效地使用权力。要在项目管理规章制度中把项目管理组织的权力阐述清楚，固定下来。

3. 有利于形成责任制和信息沟通体系

责任制是项目组织中的核心问题。项目组织的每个成员都必须承担一定的责任，没有责任也就不称其为项目管理机构，更谈不上进行项目管理了。一个项目组织能否有效地运转，关键在于是否有健全的岗位责任制。信息沟通是组织力形成的重要因素，信息产生的根源在组织活动之中，下级（下层）以报告的形式或其他形式向上级（上层）传递信息，同级不同部门之间为了相互协调而横向传递信息。只有建立了组织机构，这种信息沟通体系才能形成。

五、项目管理组织类型

（1）工作队式项目组织。工作队式项目组织是按照对象原则组织的项目管理机构，它可以独立地完成任务，企业职能部门处于服从地位，只提供一些服务。

（2）部门控制式项目组织。部门控制式项目组织是按职能原则建立的项目组织，并不打乱企业现行的建制，而是把项目委托给企业某一专业部门或某一施工队，由被委托的部门（施工队）领导，在本单位选人组合负责实施项目组织，项目终止后恢复原职。

（3）矩阵式项目组织。矩阵式项目组织是现代大型项目管理中应用最广泛的新型组织形式，把职能原则和对象原则结合起来，使之兼有了部门控制式和工作队式两种组织的优点，既能发挥职能部门的纵向优势，又能发挥项目组织的横向优势。该组织形式的构成方式是：项目组织机构与职能部门的结合部同职能部门数相同，多个项目与职能部门的结合呈矩阵状。

（4）事业部式项目组织。事业部式项目组织是企业成立的职能部门，但对外享有独立的经营权，可以是一个独立单位。事业部可以按地区设置，也可以按工程类型或经营内容设置。事业部能迅速适应环境变化，提高企业的应变能力，调动部门积极性。当企业向大型化、智能化发展并实行作业层和经营管理层分离时，事业部式是一种很受欢迎的选择，既可以加强经营战略管理，又可以加强项目管理。

六、项目管理组织要求

（1）要求。适应项目的一次性特点，使生产要素的配置能够按项目的需要进行动态的优化组合，实现连续、均衡地施工。

①有利于建筑施工企业总体经营战略的实施。面对复杂多变的市场竞争环境和社会环境，项目管理组织机构应有利于企业走向市场，提高企业任务招揽、项目估价和投标决策的能力；②有利于企业内多项目间的协调和企业对各项目的有效控制；③有利于合同管理，强化履约责任，有效地处理合同纠纷，提高企业的信誉；④有利于减少管理层次，精干人员，提高办事效率，强化业务系统化管理。

（2）建立项目组的必要性。①多功能的团队力量大于个人力量；②项目成员职责明确；③项目经理易于协调；④消除了信息屏障，利于信息沟通、集中交流，信息传递直接方便；⑤项目实施效率高。

（3）项目小组的角色。①控制建立清晰的目标；②控制项目目标的实际实施；③按会议要求确定小组任务或超越目标。

（4）组织机构对项目的影响。组织机构对项目的影响见表2-1。

表2-1　组织机构对项目的影响

项目特点	职能型组织	矩阵型组织			项目型组织
		弱矩阵型组织	平衡矩阵型组织	强矩阵型组织	
项目经理权威	很少或没有	有限	小到中等	中等到大	大到几乎全权
执行组织中，全时为项目工作的人员百分比	几乎没有	0 ~ 25%	15% ~ 60%	50% ~ 95%	85% ~ 100%

续表 2-1

项目特点	职能型组织	矩阵型组织			项目型组织
		弱矩阵型组织	平衡矩阵型组织	强矩阵型组织	
项目经理的角色	部分时间	部分时间	全时	全时	全时
项目经理角色的常用头衔	项目协调员／项目主管	项目协调员／项目主管	项目经理／项目主任	项目经理／计划经理	项目经理／计划经理
项目管理行政人员	部分时间	部分时间	部分时间	全时	全时

第六节　项目团队

一、项目团队的定义与特点

1. 项目团队的定义

项目团队不同于一般的群体或组织，它是为实现项目目标而建设的，一种按照团队模式开展项目工作的组织，是项目人力资源的聚集体。按照现代项目管理的观点，项目团队是指项目的中心管理小组，由一群人集合而成并被看作是一个组，他们共同承担项目目标的责任，兼职或者全职地向项目经理进行汇报。

从项目管理过程来对项目团队进行定义：项目团队包括被指派为项目可交付成果和项目目标而工作的全职或兼职的人员，他们负责：理解完成的工作；如果需要，对被指派的活动进行更详细的计划；在预算、时间限制和质量标准范围内完成被指派的工作；让项目经理知悉问题、范围变更和有关风险和质量的担心；主动交流项目状态，主动管理预期事件。项目团队可以由一个或多个职能部门或组织组成。一个跨部门的团队有来自多个部门或组织的成员，并通常涉及组织结构的矩阵管理。

2. 项目团队的特点

项目团队主要有以下几个特点：

（1）项目团队具有一定的目的。项目团队的使命就是完成某项特定的任务，实现项目的既定目标，满足客户的需求。此外项目利益相关者的需求具有多样性的特征，因此项目团队的目标也具有多元性。

（2）项目团队是临时组织。项目团队有明确的生命周期，随着项目的产生而产生，随着项目任务的完成而结束，即可解散。它是一种临时性的组织。

（3）项目经理是项目团队的领导。

（4）项目团队强调合作精神。

（5）项目团队成员的增减具有灵活性。

（6）项目团队建设是项目成功的组织保障。

二、项目团队的创建与发展

项目团队从组建到解散，是一个不断成长和变化的过程，一般可分为五个阶段：组建阶段、磨合阶段、规范阶段、成效阶段和解散阶段。在项目团队的各阶段，其团队特征也各不相同。

1. 组建阶段

在这一阶段，项目组成员刚刚开始在一起工作，总体上有积极的愿望，急于开始工作，但对自己的职责及其他成员的角色都不是很了解，他们会有很多的疑问，并不断摸索以确定何种行为能够被接受。在这一阶段，项目经理需要进行团队的指导和构建工作。应向项目组成员宣传项目目标，并为他们描绘未来的美好前景及项目成功所能带来的效益，公布项目的工作范围、质量标准、预算和进度计划的标准和限制，使每个成员对项目目标有全面深入的了解，建立起共同的愿景。明确每个项目团队成员的角色、主要任务和要求，帮助他们更好地理解所承担的任务。与项目团队成员共同讨论项目团队的组成、工作方式、管理方式及一些方针政策，以便取得一致意见，保证今后工作的顺利开展。

2. 磨合阶段

这是团队内激烈冲突的阶段。随着工作的开展，各方面问题会逐渐暴露。成员们可能会发现，现实与理想不一致，任务繁重而且困难重重，成本或进度限制太过紧张，工作中可能与某个成员合作不愉快。这些都会导致冲突产生、士气低落。在这一阶段，项目经理需要利用这一时机，创造一个理解和支持的环境。①允许成员表达不满或他们所关注的问题，接受及容忍成员的任何不满；②做好导向工作，努力解决问题、矛盾；③依靠团队成员共同解决问题，共同决策。

3. 规范阶段

在这一阶段，团队将逐渐趋于规范。团队成员经过震荡阶段逐渐冷静下来，开始表现出相互之间的理解、关心和友爱，亲密的团队关系开始形成，同时，团队开始表现出凝聚力。另外，团队成员通过一段时间的工作，开始熟悉工作程序和标准操作方法，对新制度也开始逐步熟悉和适应，新的行为规范得到确立并为团队成员所遵守。在这一阶段，项目经理应：①尽量减少指导性工作，给予团队成员更多的支持和帮助；②在确立团队规范的同时，要鼓励成员的个性发挥；③培育团队文化，注重培养成员对团队的认同感、归属感，努力营造出相互协作、互相帮助、互相关爱、努力奉献的精神氛围。

4. 成效阶段

在这一阶段，团队的结构完全功能化并得到认可，内部致力于从相互了解和理解到共同完成当前工作上。团队成员一方面积极工作，为实现项目目标而努力；另一方面成员之间能够开放、坦诚、及时地进行沟通，互相帮助，共同解决工作中遇到的困难和问题，创造出很高的工作效率和满意度。在这种一阶段，项目经理工作的重点应是：①授予团队成员更大的权力，尽量发挥成员的潜力；②帮助团队执行项目计划，集中精力了解掌握有关成本、进度、工作范围的具体完成情况，以保证项目目标得以实现；③做好对团队成员的培训工作，帮助他们获得职业上的成长和发展；④对团队成员的工作绩效做出客观的评价，并采取适当的方式给予激励。

5. 解散阶段

在这一阶段，项目走向终点，团队成员也开始转向不同的方向。这个阶段的视角在于团队的福利，而不是像其他四个阶段那样在于团队成长。任何能达到阶段四"成熟"的团队，因为已经成为了一个密切合作的集体，其成员都可能在今后也保持联络。在这一阶段，项目经理需要做到：①确保团队有时间庆祝项目的成功，并为将来总结实践经验；

②在项目不成功的情况下，评估项目失败的原因，并为将来的项目总结教训。

三、团队精神与团队绩效

组建一支基础广泛的团队是建立高效项目团队的前提，在组建项目团队时，除考虑每个人的教育背景、工作经验外，还需考虑其兴趣爱好、个性特征以及年龄、性别的搭配，确保团队队员优势互补、人尽其才。

项目经理要为个人和团队设定明确而有感召力的目标，阐明实现项目目标的衡量标准，让每个成员明确理解他的工作职责、角色、应完成的工作及其质量标准。设立实施项目的行为规范及共同遵守的价值观，引导团队行为，鼓励与支持参与，接受不同的见解，珍视和理解差异，进行开放性的沟通并积极地倾听，充分授权，民主决策。营造以信任为基础的工作环境，尊重与关怀团队成员，视个人为团队的财富，强化个人服从组织、少数服从多数的团队精神。根据队员的不同发展阶段实施情境领导，正确地运用指导、教练、支持与授权四种领导形态，鼓励队员积极主动地分担项目经理的责任，创造性地完成任务以争取项目的成功。

1. 团队精神

项目团队的士气依赖队员对项目工作的热情及意愿，为此，项目经理必须采取有效措施激发成员的工作热情与进一步发展的愿望，创造出信任、和谐而健康的工作氛围，让每个成员都知道，如果项目成功了，每个人都是赢家，个人的价值也得到了实现，否则便是双输，而且任何人都没有比团队更聪明、更有战斗力。鼓励成员相互协调、彼此帮助，开诚布公地表达自己的思想，设身处地地提供反馈来帮助自己和队员与项目一道成长。提倡与支持不断学习的气氛，使团队成员有成长和学习新技术的机会，能够获得职业和人生上的进步。庆祝团队达到的里程碑，肯定与赏识个人与团队的成功。

灵活多样而丰富多彩的团队建设活动，如组织项目队员周末聚会、室外拓展、团队旅游等，是培养和发展个人友谊、鼓舞团队士气的有效方式。另外，通过定期召开项目团队会议，也能充分讨论关于建设高效团队的有益话题。

2. 团队绩效

建设高效项目团队的最终目的是提高团队的工作效率，项目团队的工作效率依赖于团队的士气和合作共事的关系，依赖于成员的专业知识和掌握的技术，依赖于团队的业务目标和交付成果，依赖于依靠团队解决问题和制订决策的程度。高效项目团队必定能在领导、创新、质量、成本、服务、生产等方面取得竞争优势，必定能以最佳的资源组合和最低的投入取得最大的产出。加强团队领导，鼓舞团队士气，支持队员学习专业知识与技术，鼓励队员依照共同的价值观去达成目标，依靠团队的聪明才智和力量去制订项目计划、指导项目决策、平衡项目冲突、解决项目问题，是取得高效项目成果的必由之路。

四、影响团队绩效的因素

在管理咨询实践中，我们经常遇到这样一种现象，企业在进行绩效考核时，对项目团队的考核，往往强调因项目开发的周期较长、参与人员较多、涉及面较广、项目交叉作业、项目结果的不确定、项目效益的不可预测、项目投资回报的周期过长等因素的影响而难以进行，或即便进行考核，因考核指标不好确定而不能达到预期的目标，诸如此类。项目团队的考核一直是企业绩效考核的难点和困惑。猎头专家认为项目团队是指为完成某一业务目标，在一定时间内，由有关人员临时组成的，充分运用相关资源完成任务的有机整体，包括营销项目团队、研发项目团队、工程项目团队、管理项目团队等。随着企业的发展，项目团队的作用越来越重要，甚至项目团队的业绩在企业目标的实现中举足轻重。因而对项目团队的考核便在企业的绩效考核体系中变得越来越重要。

如何对项目团队进行考核，是决定企业绩效考核预期目标能否实现的关键。

当一个项目团队缺乏团队精神时就会直接影响到团队的绩效和项目的成功。在这种情况下，即使每个项目团队成员都有潜力去完成项目任务，但是由于整个团队缺乏团队精神，使得大家难以达到其应有的绩效水平，所以团队精神是影响团队绩效的首要因素。除了团队精神以外，还有一些影响团队绩效的因素，这些影响因素以及克服它们的具体方法如下：

1. 项目经理领导不力

项目经理领导不力是指项目经理不能够充分运用职权和个人权力去影响团队成员，去带领和指挥项目团队为实现项目目标而奋斗的行为，这是影响项目团队绩效的根本因素之一。作为一个项目经理，一定要不时检讨自己的领导工作和领导效果，不时地征询项目管理人员和团队成员对于自己的领导工作的意见，努力去改进和做好项目团队的领导工作。因为项目经理领导不力不但会影响项目团队的绩效，而且会导致整个项目的失败。

2. 项目团队的目标不明

项目团队的目标不明是指项目经理、项目管理人员和全体团队成员未能充分了解项目的各项目标，以及项目的工作范围、质量标准、预算和进度计划等方面的消息。这也是影响项目团队绩效的一个重要因素。一个项目的经理和管理人员不但要清楚项目的目标，而且要向团队成员宣传项目的目标和计划，向团队成员描述项目的未来远景及其所能带来的好处。项目经理不但需要在各种项目会议上讲述这些，而且要认真回答团队成员提出的各种疑问，如有可能还要把这些情况以书面形式提供给项目团队中的每位成员。项目经理和管理人员一定要努力使自己和项目团队成员清楚地知道项目的整体目标。

3. 项目团队成员的职责不清

项目团队成员的职责不清是指项目团队成员们对自己的角色和责任的认识含糊不清，或者存在项目团队成员的职责重复、角色冲突的问题。这同样是一个影响项目团队绩效的重要因素。项目经理和管理人员在项目开始时就应该使项目团队的每位成员明确自己的角色和职责，明确它们与其他团队成员之间的角色联系和职责关系。项目团队成员也可以积极要求项目经理和管理人员界定和解决团队成员职责不清的地方和问题。在制订项目计划时要利用工作分解结构、职责矩阵、甘特图或网络图等工具去明确每个成员的职责，使每个团队成员不仅知道自己的职责，还能了解其他成员的职责，以及它们如何有机地构成一个整体。

4. 项目团队缺乏沟通

项目团队缺乏沟通是指项目团队成员们对项目工作中发生的事情缺乏足够的了解，项目团队内部和团队与外部之间的信息交流严重不足。这不但会影响一个团队的绩效，而且会造成项目决策错误和项目的失败。一个项目的经理和管理人员必须采取各种信息沟通手段，使项目团队成员及时地了解项目的各种情况，使项目团队与外界的沟通保持畅通和有效。项目经理和管理人员需要采用会议、面谈、问卷、报表和报告等沟通形式，及时公告各种项目信息给团队成员，还要鼓励团队成员之间积极交流信息，努力进行合作。

5. 项目团队激励不足

项目团队激励不足是指项目经理和项目管理人员所采用的各种激励措施不当或力度不够，使得项目团队缺乏激励机制。这也是很重要的一个影响团队绩效的因素，因为这会使项目团队成员出现消极思想和情绪，从而影响一个团队的绩效。通常，激励不足会使项目团队成员对项目目标的追求力度不够，对项目工作不够投入。要解决这一问题，项目经理和管理人员需要积极采取各种激励措施，包括目标激励、工作挑战性激励、薪酬激励、个人职业生涯激励等措施。项目经理和项目管理人员应该知道每个团队成员的激励因素，并创造出一个充分的激励机制和环境。

6. 规章不全和约束无力

规章不全和约束无力是指项目团队没有合适的规章制度去规范和约束项目团队及其成员的行为和工作。这同样是造成项目绩效低下的因素之一。一个项目在开始时，项目经理和管理人员要制订基本的管理规章制度，这些规章制度及其制订的理由都要向全体团队成员做出解释和说明，并把规章制度以书面形式传达给所有团队成员。同时，项目团队要有规章制度以约束团队成员的不良与错误行为。例如，不积极努力工作、效率低下、制造矛盾、挑起冲突或诽谤贬低别人等行为都需要采取措施进行约束和惩处。项目经理和管理人员要采用各种惩罚措施和强化措施，努力做好约束工作，从而使项目团队的绩效能够不断提高。

复习思考题

1. 简述 EPC 项目组织的基本模式。
2. 简述 EPC 总承包模式的基本特征。
3. 简述建设项目管理组织的形式。
4. 简述项目法人责任制的基本内容。
5. 简述项目法人与项目有关各方的关系。
6. 简述项目管理组织的类型。
7. 简述影响项目团队绩效的因素。

第三章　EPC 工程总承包进度控制

本章学习目标

通过本章的学习，可以初步掌握 EPC 工程总承包进度控制的基本概念与进度控制的措施方法，确定 EPC 工程总承包进度控制的目标与重点、难点。

重点掌握：EPC 工程总承包进度控制的基本概念、EPC 工程总承包进度控制的目标与重点、难点。

本章学习导航

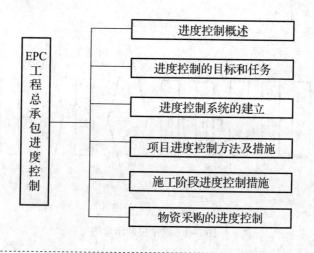

第一节　进度控制概述

一、进度控制的概念

建筑工程进度控制是指对工程项目建设各阶段的工作内容、工作程序、持续时间和衔接关系根据进度总目标及资源优化配置的原则编制计划并付诸实施，然后在进度计划的实施过程中经常检查实际进度是否按计划要求进行，对出现的偏差情况进行分析，采取补救措施或调整、修改原计划后再付诸实施，如此循环，直到建筑工程竣工验收交付使用。

建筑工程进度控制的最终目的是确保建设项目按预定的时间动用或提前交付使用，建筑工程进度控制的总目标是建设工期。

由于在工程建设过程中存在着许多影响进度的因素，这些因素往往来自不同的部门和不同的时期，它们对建筑工程进度产生着复杂的影响。因此，进度控制人员必须事先对影响建筑工程进度的各种因素进行调查分析，预测它们对建筑工程进度的影响程度，确定合理的进度控制目标，编制可行的进度计划，使工程建设工作始终按计划进行。进度计划不管编制得如何周密，一定会受到各种因素的影响，使工程无法按原计划进行，故进度控制必须遵循动态控制原理，在计划执行过程中不断检查，并将实际状况与计划安排进行对比，在分析偏差及其产生原因的基础上，通过采取纠偏措施，使之能正常实施。如果采取措施后不能维持原计划，则需要对原进度计划进行调整或修正，再按新的进度计划实施。这样在进度计划的执行过程中进行不断的检查和调整，以保证建设工程进度得到有效控制。进度控制示意见图3-1。

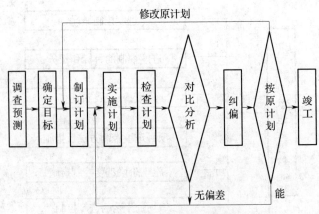

图 3-1　进度控制示意图

二、进度控制的原理

1. 动态原理

在工程项目进度控制过程中，主客观条件在不断变化，平衡也只是暂时的，控制工作在项目进行过程中随着情况变化不断地进行，因此整个过程是动态变化的。

动态控制是指项目进度控制符合动态控制基本理论，进度计划的编制、执行、跟踪检查、比较分析、调整过程形成一个动态的循环系统。动态控制的核心是在工程项目实施过程中，定期地对进度实际完成情况与计划完成情况做对比，如果发生项目目标偏离，及时采取纠偏措施，如果出现较大偏差或者发生重大项目变更时甚至要重新调整计划。

2. 系统原理

系统原理源自管理学中的相关理论，需要管理者在开展管理工作时，使用系统的观点、理论和方法解决管理工作中遇到的问题。每个工程项目都是一个庞大繁杂的系统，这个系统中很多工程活动都相互影响、相互制约，因此项目的进度控制必定要科学地运用系统原理。

进度计划是进度实施和控制的重要依据，进行进度控制必须先完成进度计划的编制。进度计划往往错综复杂，编制对象由大到小，施工阶段及部位逐一分解，范围涵盖所有整体及细部，层次由浅到深，内容由粗略到详细层层递进，形成一个完整的系统。而进度组织系统是进度计划的组织保证，工程项目中，管理人员众多，从项目经理到各级项目负责人直至组长等各级管理层组成一个进度组织系统，这个系统不但是工程项目进度的实施组织系统，而且是工程项目进度的控制组织系统。因为由各管理层形成的组织系统不仅需要严格地实施进度计划，履行自身的职责和任务，还需要不定期检查计划的实施情况，若实际进度与计划进度出现偏差，要能迅速地进行调整，找出解决方案。换言之，进度组织系统不仅肩负着进度计划实施赋予的生产管理和施工任务，而且肩负着进度控制的工作，这样方可实现总进度目标。

3. 封闭循环原理

在进度计划实施过程中，存在着各种复杂和不可预测的影响因素，从而需要连续地追踪核查，不断将实际进度与计划进度进行比对，如果符合目标计划可继续进行；如果出现偏差，必须找出造成偏差的原因，并制订有效的解决方案，对进度计划做出调整与修正，接着再进入一个新的计划执行过程。因此进度控制总是依托计划、实施、检查、衡量、比较、纠正等程序反复进行，构成了一个封闭循环的系统，在这个过程中如果实际进度计划与计划进度发生偏差，可以迅速地得到反馈，并通过控制手段使进度回归正常。

4. 弹性原理

工程项目的工期较长且实施过程中影响因素多，而且进度计划是对未来工作的规划，未来的事件往往充满变数，进度计划无法做到精准、面面俱到，因此在制订进度计划时要预留调整空间，使进度计划具有一定的弹性。预留调整空间，其一表现在编制进度计划时，各项指标不宜定得过高，使进度计划在实际实施时能够完成；另外，在安排调配资源和使用资源方面，留有一定的余量，以免出现资源不足的情况。这样才能在进度计划控制过程中取得主动权，根据进度计划的波动区间，在不大幅影响总进度的情况下减少非关键工作的持续时间，或适当调整部分工作间的逻辑关系，或减少施工内容、工程量，或对施工工艺、施工方案进行改进，从而能缩短剩余计划工期以弥补延误的工期，按时完成进度目标。

5. 信息反馈原理

进度的控制依赖于信息的获取，管理者的所有决策都是依据完备的信息进行的。反馈是将信息传送出去，然后将其作用结果再传送回来，并对信息的再输出进行干预，起到控制作用，从而达到预期目的。项目进度控制的过程实际上就是不断地对进度信息进行搜集、加工、汇总、反馈，使项目进度根据预定目标运行的过程。项目的进度及相关信息经过分析整理后反馈给高层管理者，高层管理者经过分析后做出决策，然后向下逐级传达指令，用以指导施工或初始进度计划的调整；下级作业组织依据进度计划和指令安排施工活动，不定期将实际进度和遇到的问题上报。由于在这一过程中会有海量的内、外部及纵、横向信息流进和流出，所以需要建立一个完善的进度控制的信息网络，使信息及时、准确、畅通、反馈高效，能够对工程活动进行有效的控制。

三、工程进度影响因素分析

由于建筑工程具有规模庞大、工程结构与工艺技术复杂、建设周期长及相关单位多等特点，决定了建筑工程进度将受到许多因素的影响。要想有效地控制建筑工程进度，就必须对影响进度的有利因素和不利因素进行全面、细致的分析和预测。这样，一方面可以促进对有利因素的充分利用和对不利因素的妥善预防；另一方面也便于事先制订预防措施，事中采取有效对策，事后进行善后补救，以缩小实际进度与计划进度的偏差，实现对建筑工程进度的主动控制和动态控制。

影响建筑工程进度的不利因素有很多，如人为因素，技术因素，设备、材料及构配件因素，机具因素，资金因素，水文、地质与气象因素，以及其他自然与社会环境等方面的因素。其中，人为因素是最大的干扰因素。从产生的根源看，有的源于建设单位及其上级主管部门，有的源于勘察设计、施工及材料、设备供应单位，有的源于政府、建设主管部门、有关协作单位和社会，有的源于各种自然条件，也有的源于建设监理单位本身。在工程建设过程中，常见的影响因素如下：

（1）业主因素。如业主使用要求改变而进行设计变更；应提供的施工场地条件不能及时提供，或所提供的场地不能满足工程正常需要；不能及时向施工承包单位或材料供应商付款等。

（2）勘察设计因素。如勘察资料不准确，特别是地质资料错误或遗漏；设计内容不完善，规范应用不恰当，设计有缺陷或错误；设计对施工的可能性未考虑或考虑不周；施工图纸供应不及时、不配套，或出现重大差错等。

（3）施工技术因素。如施工工艺错误、施工方案不合理、施工安全措施不当、不可靠技术的应用等。

（4）自然环境因素。如复杂的工程地质条件，不明的水文气象条件，地下埋藏文物的保护、处理，洪水、地震、台风等不可抗力等。

（5）社会环境因素。如外单位临近工程施工干扰，节假日交通、市容整顿的限制，临时停水、停电、断路，以及在国外常见的法律及制度变化，经济制裁、战争、骚乱、罢工、企业倒闭等。

（6）组织管理因素。如向有关部门提出的各种申请审批手续的延误；合同签订时遗漏条款、表达失当；计划安排不周密，组织协调不力，导致停工待料、相关作业脱节；领导不力，指挥失当，使参加工程建设的各个单位、各个专业、各个施工过程之间交接、配合上发生矛盾等。

（7）材料、设备因素。如材料、构配件、机具、设备供应环节的差错，品种、规格、质量、数量、时间不能满足工程的需要；特殊材料及新材料的不合理使用；施工设备不配套，选型失当，安装失误，出现故障等。

（8）资金因素。如有关方拖欠资金，资金不到位、资金短缺，汇率浮动和通货膨胀等。

四、进度控制的措施和主要任务

1. 进度控制的措施

为了实施进度控制，监理工程师必须根据建筑工程的具体情况，认真制定进度控制措施，以确保建筑工程进度控制目标的实现。进度控制的措施应包括组织措施、技术措施、经济措施及合同措施。

（1）组织措施。进度控制的组织措施主要包括：①建立进度控制目标体系，明确建筑工程现场监理组织机构中的进度控制人员及其职责分工；②建立工程进度报告制度及进度信息沟通网络；③建立进度计划审核制度和进度计划实施中的检查分析制度；④建立进度协调会议制度，包括协调会议举行的时间、地点，协调会议的参加人员等；⑤建立图纸审查、工程变更和设计变更管理制度。

（2）技术措施。进度控制的技术措施主要包括：①审查承包商提交的进度计划，使承包商能在合理的状态下施工；②编制进度控制工作细则，指导监理人员实施进度控制；③采用网络计划技术及其他科学适用的计划方法，并结合电子计算机的应用，对建筑工程进度实施动态控制。

（3）经济措施。进度控制的经济措施主要包括：①及时办理工程预付款及工程进度款支付手续；②对应急赶工给予优厚的赶工费用；③对工期提前给予奖励；④对工程延误收取误期损失赔偿金。

（4）合同措施。进度控制的合同措施主要包括：①加强合同管理，协调合同工期与进度计划之间的关系，保证合同中进度目标的实现；②严格控制合同变更，对各方提出的工程变更和设计变更，监理工程师应严格审查后再补入合同文件之中；③加强风险管理，在合同中应充分考虑风险因素及其对进度的影响，以及相应的处理方法；④加强索赔管理，公正地处理索赔。

2. 进度控制的主要任务

业主方进度控制的任务是控制整个项目实施阶段的进度，包括控制设计准备阶段的工作进度、设计工作进度、施工进度、物资采购工作进度以及项目动用前准备阶段的工作任务。

设计方进度控制的任务是依据设计任务委托合同对设计工作进度的要求控制设计工作进度，这是设计方履行的合同义务。另外，设计方应尽可能使设计工作的进度与招标、施工和物资采购等工作相协调。在国际上，设计进度计划主要确定各设计阶段的设计图纸的出图计划，表明图纸的出图日期。

施工方进度控制的任务是依据施工任务委托合同对施工进度的要求控制施工工作进度，这是施工方履行合同的义务。

第二节 进度控制目标和任务

建设工程项目总进度目标指的是整个项目的进度目标，它是在项目决策阶段进行项目定义时确定的，项目管理的主要任务是在项目的实施阶段对项目的目标进行控制。建设工程项目总进度目标的控制是业主方项目管理的任务（若采用建设项目总承包的模式，协助业主进行项目总进度目标的控制也是建设项目总承包方项目管理的任务）。在进行建设工程项目总进度目标控制前，首先应分析目标实现的可能性。

1. 进度管理的目的

预测不同阶段所需的资源，以满足不同阶段的资源需求。协调资源，使资源在需要时可以被利用。满足严格的开工、完工时间约束。

2. 进度管理的主要任务

根据合同文件、资源条件与内外部约束条件，通过建立项目的工作分解结构、活动定义、活动排序、活动时间估算制订项目进度计划。在实施中进行跟踪检查并纠正偏差，必要时对进度计划进行调整更新。编制进度报告，报送有关部门。

建筑工程进度控制是我国建筑工程监理的一项主要任务。进度控制贯穿于建筑工程各个阶段，而在项目决策完成之后，项目进度控制的重点在于实施阶段，包括设计准备阶段、设计阶段和施工阶段。

（1）设计准备阶段进度控制的任务：①收集有关工期的信息，进行工期目标和进度控制决策；②编制工程项目总进度计划；③编制设计准备阶段详细工作计划，并控制其执行；④进行环境及施工现场条件的调查和分析。

（2）设计阶段进度控制的任务：①编制设计阶段工作计划，并控制其执行；②编制详细的工作计划，并控制其执行。

（3）施工阶段进度控制的任务：①编制施工总进度计划，并控制其执行；②编制单位工程施工进度计划，并控制其执行；③编制工程年、季、月实施计划，并控制其执行。

3. 进度管理的工作程序

总承包项目进度管理工作流程（图3-2）包括了进度计划编制、实施、控制的各个过程。

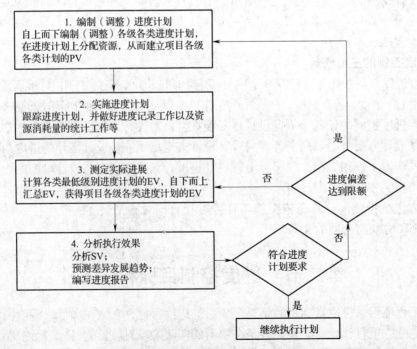

图 3-2　总承包项目进度管理工作流程

为了有效地控制建筑工程进度，监理工程师要在设计准备阶段向建设单位提供有关工期的信息，协助建设单位确定工期总目标，并进行环境及施工现场条件的调查和分析。在设计阶段和施工阶段，监理工程师不仅要审查设计单位和施工单位提交的进度计划，更要编制监理进度计划，以确保进度控制目标的实现。

第三节　进度控制系统的建立

一、进度控制计划系统的建立

为了确保建筑工程进度控制目标的实现，参与工程项目建设的各有关单位都要编制进度计划，并且控制这些进度计划的实施。建筑工程进度控制计划体系主要包括建设单位的计划系统、监理单位的计划系统、设计单位的计划系统和施工单位的计划系统。

1. 建设单位计划系统的建立

建设单位编制（也可委托监理单位编制）的进度计划包括工程项目前期工作计划、工程项目建设总进度计划和工程项目年度计划。

（1）工程项目前期工作计划。工程项目前期工作计划是指对工程项目可行性研究、项目评估及初步设计的工作进度安排，它可使工程项目前期决策阶段各项工作的时间得到控制。工程项目前期工作计划需要在预测的基础上编制，其格式如表3-1所示。其中"建设性质"是指新建、改建或扩建，"建设规模"是指生产能力、使用规模或建筑面积等。

表 3-1　工程项目前期工作进度计划

项目名称	建设性质	建设规模	可行性研究		项目评估		初步设计	
			进度要求	负责单位负责人	进度要求	负责单位负责人	进度要求	负责单位负责人

（2）工程项目建设总进度计划。工程项目建设总进度计划是指初步设计被批准后，在编报工程项目年度计划之前，根据初步设计，对工程项目从开始建设（设计、施工准备）至竣工投产（动用）全过程的部署。其主要目的是安排各单位工程的建设进度，合理分配年度投资，组织各方面的协作，保证初步设计所确定的各项建设任务的完成。工程项目建设总进度计划对于保证工程项目建设的连续性，增强工程建设的预见性，确保工程项目按期动用，都具有十分重要的作用。

工程项目建设总进度计划是编报工程项目年度计划的依据，其主要内容包括文字和表格两部分。

1）文字部分。说明工程项目的概况和特点，安排建设总进度的原则和依据，建设投资来源和资金年度安排情况，技术设计、施工图设计、设备交付和施工力量进场时间的安排，道路、供电、供水等方面的协作配合及进度的衔接，计划中存在的主要问题及采取的措施，需要上级及有关部门解决的重大问题等。

2）表格部分。包括工程项目一览表、工程项目总进度计划、投资计划年度分配表、工程项目进度平衡表等。

①工程项目一览表。工程项目一览表将初步设计中确定的建设内容按照单位工程归类并编号，明确其建设内容和投资额，以便各部门按统一的口径确定工程项目投资额，并以此为依据对其进行管理。工程项目一览表如表 3-2 所示。

表 3-2　工程项目一览表

单位工程名称	工程编号	工程内容	概算额（千元）					
			合计	建筑工程费	安装工程费	设备工程费	工器具购置费	工程建设其他费用

②工程项目总进度计划。工程项目总进度计划是根据初步设计中确定的建设工期和工艺流程，具体安排单位工程的开工日期和竣工日期，其格式如表 3-3 所示。

表 3-3　工程项目总进度计划

工程编号	单位工程名称	工程量		××年				××年			
		单位	数量	一季	二季	三季	四季	一季	二季	三季	四季

③投资计划年度分配表。投资计划年度分配表是根据工程项目总进度计划安排各个年度的投资，以便预测各个年度的投资规模，为筹集建设资金或与银行签订借款合同及制订分年用款计划提供依据，其格式如表 3-4 所示。

表 3-4　投资计划年度分配表

工程编号	单位工程名称	投资额		投资分配（万元）			
		单位	数量				
				××年	××年	××年	××年
合计 其中： 建筑安装工程投资 设备投资 工器具投资 其他投资							

④工程项目进度平衡表。工程项目进度平衡表用来明确各种设计文件交付日期、主要设备交货日期、施工单位进场日期、水电及道路接通日期等，以保证工程建设中各个环节相互衔接，确保工程项目按期投产或交付使用，其格式如表 3-5 所示。

表3-5　工程项目进度平衡表

工程编号	单位工程名称	开工日期	竣工日期	要求设计进度				要求设备进度			要求施工进度			协作配合进度					
				单位			设计单位	数量	交货日期	供货单位	进场日期	竣工日期	施工单位	道路通行日期	供电		供水		
				技术设计	施工图	设计清单									数量	日期	数量	日期	

在此基础上，可以分别编制综合进度控制计划、设计进度控制计划、采购进度控制计划、施工进度控制计划和验收投产进度计划等。

（3）工程项目年度计划。工程项目年度计划是依据工程项目建设总进度计划和批准的设计文件进行编制的。该计划既要满足工程项目建设总进度计划的要求，又要与当年可能获得的资金、设备、材料、施工力量相适应。应根据分批配套投产或交付使用的要求，合理安排本年度建设的工程项目。工程项目年度计划主要包括文字和表格两部分。

1）文字部分。说明编制年度计划的依据和原则，建设进度、今年计划投资额及计划建造的建筑面积，施工图、设备、材料、施工力量等建设条件的落实情况，动力资源情况，对外部协作配合项目建设进度的安排或要求，需要上级主管部门协助解决的问题，计划中存在的其他问题，以及为完成计划而采取的各项措施等。

2）表格部分。包括年度计划项目表、年度竣工投产交付使用计划表、年度建设资金平衡表和年度设备平衡表等。

①年度计划项目表。年度计划项目表将确定年度施工项目的投资额和年末形象进度，并阐明建设条件（图纸、设备、材料、施工力量）的落实情况，其格式如表3-6所示。

表3-6　年度计划项目表

工程编号	单位工程名称	开工日期	竣工日期	投资额	投资来源	年初完成			本年计划						建设条件落实情况			
						投资额	建筑安装投资	设备投资	投资			建筑面积			施工图	设备	材料	施工力量
									合计	建筑安装	设备	新开工	续建	竣工				

②年度竣工投产交付使用计划表。年度竣工投产交付使用计划表将阐明各单位工程的建筑面积、投资额、新增固定资产、新增生产能力等建筑总规模及本年计划完成情况，并阐明其竣工日期，其格式如表3-7所示。

表 3-7　年度竣工投产交付使用计划表

工程编号	单位工程名称	总规模				本年计划完成					
		建筑面积	投资	新增固定资产	新增生产能力	竣工日期	建筑面积	投资	新增固定资产	新增生产能力	竣工

③年度建设资金平衡表。年度建设资金平衡表格式如表 3-8 所示。

表 3-8　年度建设资金平衡表

工程编号	单位工程名称	本年计划投资	动用内部资金	储备资金	本年计划需要资金	资金来源			
						预算拨款	自筹资金	基建贷款	国外贷款

④年度设备平衡表。年度设备平衡表格式如表 3-9 所示。

表 3-9　年度设备平衡表

工程编号	单位工程名称	设备名称规格	要求到货		利用	自制		已订货		采购数量
			数量	时间		数量	完成时间	数量	到货时间	

2. 监理单位计划系统的建立

监理单位除对被监理单位的进度计划进行监控外，自己也应编制有关进度计划，以便更有效地控制建筑工程实施进度。

（1）监理总进度计划。在对建筑工程实施全过程监理的情况下，监理总进度计划是依据工程项目可行性研究报告、工程项目前期工作计划和工程项目建设总进度计划编制的，其目的是对建筑工程进度控制总目标进行规划，明确建筑工程前期准备、设计、施工、动用前准备及项目动用等阶段的进度安排。

（2）监理总进度分解计划。

1）按工程进展阶段分解。按工程进展阶段分解，监理总进度分解计划包括：设计准备阶段进度计划、设计阶段进度计划、施工阶段进度计划、动用前准备阶段进度计划。

2）按时间分解。按时间分解，监理总进度分解计划包括：年度进度计划、季度进度计划、月度进度计划。

3. 设计单位计划系统的建立

设计单位的计划系统包括设计总进度计划、阶段性设计进度计划和设计作业进度计划。

（1）设计总进度计划。设计总进度计划主要用来安排自设计准备开始至施工图设计完成的总设计时间内所包含的各阶段工作的开始时间和完成时间，从而确保设计进度控制总目标的实现。

（2）阶段性设计进度计划。阶段性设计进度计划包括：设计准备工作进度计划、初步设计（技术设计）工作进度计划和施工图设计工作进度计划。这些计划用来控制各阶段的设计进度，从而实现阶段性设计进度目标。在编制阶段性设计进度计划时，必须考虑设计总进度计划对各个设计阶段的时间要求。

1）设计准备工作进度计划。设计准备工作进度计划中一般要考虑规划设计条件的确定、设计基础资料的提供及委托设计等工作的时间安排。

2）初步设计（技术设计）工作进度计划。初步设计（技术设计）工作进度计划要考虑方案设计、初步设计、技术设计、设计的分析评审、概算的编制、修正概算的编制以及设计文件审批等的时间安排，一般按单位工程编制。

3）施工图设计工作进度计划。施工图设计工作进度计划主要考虑各单位工程的设计进度及其搭接关系。

（3）设计作业进度计划。为了控制各专业的设计进度，并作为设计人员承包设计任务的依据，应根据施工图设计工作进度计划、单位工程设计工日定额及所投入的设计人员数编制设计作业进度计划。

4. 施工单位计划系统的建立

建立施工单位的进度计划，包括施工准备工作计划、施工总进度计划、单位工程施工进度计划及分部分项工程进度计划。

（1）施工准备工作计划。施工准备工作的主要任务是为建筑工程的施工创造必要的技术和物资条件，统筹安排施工力量和施工现场。施工准备的工作内容通常包括：技术准备、物资准备、劳动组织准备、施工现场准备和施工场外准备。为落实各项施工准备工作、加强检查和监督，应根据各项施工准备工作的内容、时间和人员，编制施工准备工作计划。

（2）施工总进度计划。施工总进度计划是根据施工部署中施工方案和工程项目的开展程序，对全工地所有单位工程做出时间上的安排。其目的在于确定各单位工程和全工地性工程的施工期限及开竣工日期，进而确定施工现场劳动力、材料、成品、半成品、施工机械的需要数量和调配情况，以及现场临时设施的数量、水电供应量和能源交通需求量。因此，科学、合理地编制施工总进度计划，是保证整个建设工程按期交付使用，充分发挥投资效益，降低建设工程成本的重要条件。

（3）单位工程施工进度计划。单位工程施工进度计划是在既定施工方案的基础上，根据规定的工期和各种资源供应条件，遵循各施工过程的合理施工顺序，对单位工程中的各施工过程做出时间和空间上的安排，并以此为依据，确定施工作业所必需的劳动力、施工机具和材料供应计划。因此，合理安排单位工程施工进度，是保证在规定工期内完成符合质量要求的工程任务的重要前提。同时，为编制各种资源需要量计划和施工准备工作计划提供依据。

（4）分部分项工程进度计划。分部分项工程进度计划是针对工程量较大或施工技术比较复杂的分部分项工程，在依据工程具体情况所制订的施工方案基础上，对其各施工过程所做出的时间安排，如大型基础土方工程、复杂的基础加固工程、大体积混凝土工程、大型桩基工程、大面积预制构件吊装工程等，均应编制详细的进度计划，以保证单位工程施工进度计划的顺利实施。此外，为了有效地控制建筑工程施工进度，施工单位还应编制年度施工进度计划、季度施工进度计划和月（旬）施工进度计划，逐层细化，形成一个旬保月、月保季、季保年的计划体系。

二、进度控制实时系统的建立

建设项目进度控制实时系统可用图3-3表示。图中系统关系是：建设单位委托监理单位进行进度控制；监理单位根据建设监理合同分别对建设单位、设计单位、施工单位的进度控制实施监督；各单位都按本单位编制的各种计划进行实施，并接受监理单位的监督；各单位的进度控制实施又相互衔接和联系，进行合理而协调地运行，从而保证进度控制总目标的实现。

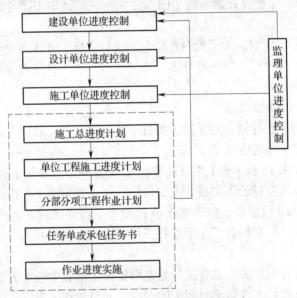

图 3-3　项目进度控制实时系统

1. 项目进度监测的系统过程

在项目的实施过程中，要求监理工程师经常地、定期地对进度执行情况跟踪检查，发现问题，及时采取有效措施加以解决。就项目进度的监测过程而言，主要应包括以下工作：

（1）跟踪检查进度执行情况。这一工作主要是定期收集反映实际项目进度的有关数据。收集的方式：一是以报表的形式；二是进行实地检查。收集的数据质量要高，不完整或不正确的进度数据将导致不全面或不正确的决策。为了全面而准确地了解进度的执行情况，监理工程师必须经常地、定期地收集进度报表资料，派监理人员长驻现场，检查进度的实际执行情况，定期召开现场会议。

究竟多长时间进行一次进度检查，这是监理工程师常常关心的问题。一般进度控制的效果与收集信息资料的时间间隔有关，如果不能经常地、定期地获得进度信息资料，就难以达到进度控制的效果。此外，进度检查的时间间隔还与项目的类型、规模、监理对象的范围大小、现场条件等多方面的因素有关。

（2）整理、统计和分析收集的数据。收集到有关的数据资料后，要进行必要的整理、统计和分析，形成与计划具有可比性的数据资料。例如，根据现场本期实际完成的工作量确定累计完成的工作量、本期实际完成工作量的百分比、累计完成工作量的百分比、进展状况等。

（3）对比实际进度与计划进度。这一工作主要是将实际的数据与计划的数据进行对比，通常可利用表格制作各种进度比较报表或直接绘制比较图形来直观地反映实际进度与计划进度的差距。通过比较了解实际进度比计划进度拖后、超前，还是与进度计划一致。项目进度监测的系统过程如图 3-4 所示。

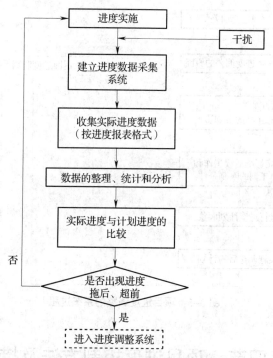

图 3-4　项目进度监测的系统过程

2. 项目进度调整的系统过程

在项目进度监测过程中，一旦发现实际进度与计划进度出现偏差，进度控制人员必须认真寻找产生进度偏差的原因，分析进度偏差对后续工作产生的影响，并采取必要的进度调整措施，以确保进度总目标的实现。具体过程如下。

（1）分析产生进度偏差的原因。进度控制人员通过对比收集的实际数据与计划数据发现进度偏差，了解实际进度比计划进度是提前还是拖后，但并不能从中发现产生这种偏差的原因。为了真正地了解实际状况，控制人员应深入现场进行调查，以查明原因。

（2）分析偏差对后续工作的影响。当实际进度与计划进度出现偏差时，在做必要的调整之前，需要分析由此产生的影响，例如对哪些后续工作产生影响，对总工期有何影响以及影响的大小。

（3）确定影响后续工作和总工期的限制条件。在分析了对后续工作的影响以后，需采取一定的调整措施。此时，应首先确定进度可调整的范围，而这种允许变化的范围往往与已订立的分包合同有关，只有通过认真的分析才能确定。任意改变关键控制点的时间往往会遭到后续分包单位的索赔要求。

（4）采取进度调整措施。此时应以关键控制点以及总工期允许变化的范围作为限制条件，并对原进度进行调整，以保证最终进度目标的实现。

（5）实施调整后的进度计划在后期的项目实施过程中，经过调整而形成的新的进度计划将被继续执行。在新的计划里一些工作的时间会发生变化，因此监理人员要及时协调好各后续承包单位的关系，并采取相应的经济措施、组织措施与合同措施。项目进度调整的系统过程如图 3-5 所示。

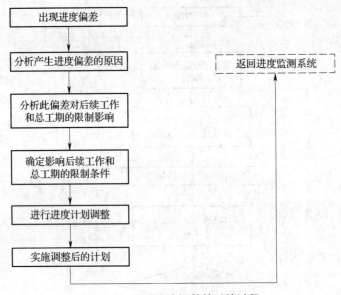

图 3-5　项目进度调整的系统过程

第四节　项目进度控制方法及措施

一、进度控制的方法

（1）组织手段。落实进度控制的责任，建立进度控制协调制度。

（2）技术手段。建立多级网络计划和施工作业计划体系；采用新工艺、新技术，缩短工艺过程时间和工序间的技术间歇时间。

（3）经济手段。对工期提前者或按时完成节点工期实行奖励；对应急工程实行较高的计件单价；确保资金的及时供应等。

（4）合同手段。按合同要求及时协调有关各方的进度，以确保项目形象进度。

（5）其他预控手段。质量是进度的保证和基础，从工序质量控制入手，对施工方法、工艺实施层层控制，把好工程质量关；督促施工单位采取合适的施工方法与工艺，加快工程进度。

二、进度控制的措施

1. 工程进度控制的总体措施

（1）工程进度控制的基本措施。包括前期准备工作、定期（不定期）检查、节点设置与检查等。

1）充分做好前期准备工作。监理单位中标签约后，监理人员一周内进驻现场协助业主做好各项前期工作，监理部会同业主方敦促承包商尽快建立健全项目组的管理机构，主要管理人员应在开工前 10 天进场，工程施工方案和资源计划应在开工前编制完成，并向监理部申报。施工临时设施，包括道路、水、电、作业棚等基本就位；前期施工所需的劳动力、材料、机具应进场，做开工前的准备；施工场地障碍物应清理出场。

2）定期（不定期）检查分包商的劳动力、机械设备和周转材料的配备。监理部每月（以及施工进度有滞后现象时）应对承包商在场的劳动力、机械设备和周转材料等资源进行统计，对照承包商的资源计划进行检查，分析其能否满足施工进度要求。当工程进度有滞后现象或资源配备不能满足预期要求时，监理部将向承包商提出增加资源和赶工措施的指令。当工程出现比较严重的进度滞后情况时，监理部将会替业主方对承包商的管理能力进行评估，并采取相应措施。

3）关键进度控制节点的设置与检查。设置中间进度控制目标，以便及时检查实际进度状态。通过阶段性目标的实现，从而确保工程总目标的实现。监理部将根据工期要求（包括阶段性的要求）、工程施工的合理程序、工程外部环境等条件，与施工承包商协商确定若干个关键进度控制节点，用于指导工程进度的安排与实施。

监理部按月（和按关键节点计划时间）检查、分析实际进度与计划进度的差异，确定影响进度的主要因素，以监理通知单的形式向承包商提出改进要求，并对反对意见进行评估。

4）关键材料和设备的进场时间。关键材料和设备的进场时间将直接制约着工程进度。因此工程中使用的关键材料和设备应及早进行商务谈判。商务谈判应选择多家供应商进行，要分别对其产品质量、社会信誉度、供货能力等进行综合评价，择优选定。材料和设备的进场时间应按进度计划确定，同时要有一定的提前量。

5）组织现场协调会。现场协调会主要解决协调总包不能解决的内、外关系问题；上次协调会执行结果的检查；现场有关重大事宜；布置下一阶段进度目标；现场协调会印发协调会纪要送各方，每周向建设单位报告有关工程进度情况，每月定期呈报监理月报。

（2）进度控制在组织、技术、经济、合同方面的监理措施。

1）组织措施。在监理部内部，由总监理工程师代表负责工程进度控制落实情况，专业监理工程师负责日常进度控制的监督和协调工作。落实进度控制的职责和制度，制订详细的进度控制工作流程。

定期组织现场进度协调会。主要协调和解决业主、施工单位、设计单位、物资供应资金、运输、供水供电等内外部制约的因素。

督促施工单位合理组织，增加作业人数、增加机械数量、合理配查、增加工作班次。对于关键部分的施工，在不增加造价的前提下，选择专业施工队伍进行突击，压缩关键工序的作业时间，以确保工程总工期不突破。

监理部根据工程进展的需要，加强对外联络，改善外部配合条件及劳动条件、实施强有力的管理，为工程的顺利实施创造良好的周边环境。

2）技术措施。协助制订由业主供应材料设备的需要量和供应时间，根据工程施工进度编制相关材料设备的采购供应计划。

采用先进的项目管理软件 P3 软件，编制监理工期控制计划；审查施工承包单位报送的总进度计划，提出改进建议，协助其进行工期优化、费用优化和资源优化。

优化施工组织设计，综合本工程特点和实际情况，实行平行、交叉作业，确保关键节点和关键施工路线项目的作业时间，加快施工进度。

严格工程变更管理，加强进度计划监控，对每项工程的变更都进行工期影响的评估，严格审批因工程变更造成的工程延期，监督承包单位创造条件按照已审批的计划进度组织实施。

定期召开进度协调会，月例会主要总结上月执行进度计划完成情况，分析出现差异的原因和调整方案，提出下月进度计划修正目标；周例会进度检查着重点在于协调各方关系，落实加快进度的各项措施，解决管理上的盲点，做好工序的交叉和搭接。

加强进度计划监控，监督承包单位创造条件按照已审批的计划进度组织实施。

事中检查控制，每月进行进度检查、动态控制和调整，并建立反映工程进度的监理日志、月报、进度曲线图或网络计划图。主要总结上月执行进度计划完成情况，分析出现差异的原因和调整方案，提出下月进度计划修正目标，每周进度检查着重点在于协调各方关系，落实加快进度的各项措施，解决管理上的盲点，做好工序的交叉和搭接。

对工程进度实行动态管理，定期对工程进度进行检查和评价，分析影响工程项目施工进度的因素。在实际进度比计划进度滞后的情况下，签发通知书，督促承包单位分析产生偏差的原因，及时提出切实可行的加快进度的调整措施和方案，落实与之相配套的材料设备供应计划、劳动力调度计划和资金供应计划，确保合同约定的进度目标得以实现。

督促承包单位针对本工程采用新工艺缩短工序时间、减少技术间歇期、实行平行流水立体交叉作业，组织专家进行技术论证，在保证工程质量的前提下加快施工进度。

3）经济措施。协助业主编制详细的资金使用计划，保证资金准时到位。按规定时间和要求支付工程进度款，确保工程按进度计划实施。

检查分包单位提交的赶工计划。签署合理的赶工措施费支付意见，供业主审批。

依据施工合同约定，督促承包单位履约施工。

强化施工承包单位的合同意识，将工程进度关键节点与经济合同紧密结合。工程进度款支付遵循进度、质量签证程序。督促承包单位采取如实行包干奖金、提高计件单价、提高奖金水平等措施。

做好施工进度情况监理记录，积累素材，为正确处理可能发生的工期延误责任提供依据。

4）合同措施。督促承包单位及时完成施工准备工作，按合同要求开工。

协助业主做好承包单位所需场地和施工场地的"三通一平"条件，防止业主承担补偿工期延误的责任。

按合同规定严格审批工程临时延期和工程最终延期。

5）进度滞后的补救措施。根据工程总进度计划的要求，指令承包单位重新制订后续工程的施工计划，督促承包单位按调整后的计划组织实施。

按调整后的施工组织计划落实业主提供的设备及材料按时供应，督促施工承包单位按调整后的计划组织施工人员、设备材料进场。加强合同管理，强化承包单位的合同意识，督促承包单位履行合同责任。

加强监理协调工作，合理组织所有承包单位进行紧密的配合与交叉作业，抢回被拖延的工期。

2. 工程进度控制的监理工作措施

（1）编制施工阶段进度控制工作细则。施工进度控制工作细则是在工程项目监理规划的指导下，由工程项目监理班子中进度控制部门的监理工程师负责编制的更具有实施性和操作性的监理业务文件。其主要内容包括：①施工进度控制目标分解图；②施工进度控制的主要工作内容和深度；③进度控制人员的具体分工职责；④与进度控制有关各项工作的时间安排及工作流程；⑤进度控制的方法（包括进度检查日期、数据收集方式、进度报表格式、统计分析方法等）；⑥进度控制的具体措施（包括组织措施、技术措施、经济措施及合同措施等）；⑦施工进度控制目标实现的风险分析；⑧与进度控制有关的问题。监理工程师对施工进度控制目标进行分解，确定施工进度控制目标：按项目组成分解，确定各工程开工及动用日期；按承包单位分解，明确分工条件和承包责任，确定各分包单位的进度目标、不同承包单位工作面交接的条件和时间；按施工阶段分解，划定进度控制分界点，根据工程项目特点，将工程施工分解，如土建工程可分为基础、结构和内外装修等阶段，明确各进度节点完成的时间；按计划期分解，将施工进度控制目标按季度、月（旬）、周进行分解，并用实物工程量、货币工作量及形象进度表示。

（2）审核施工进度计划。监理工程师负责审核施工总进度控制性计划，对各个承包单位的进度计划进行协调。施工总进度计划应确定分期分批的项目组成；各批工程项目的开工、装工顺序及时间安排；全场性准备工程，特别是首批准备工程的内容安排等。

施工进度计划审核的内容主要有：①进度安排是否满足工程项目建设总进度计划中总目标和分目标的要求，是否符合施工合同中开工、竣工日期的规定。②施工总进度计划中的项目是否有遗漏，分期施工是否满足分批动用的需要和动用的要求。③施工顺序的安排是否满足施工程序的要求。④劳动力、材料、构配件、机具和设备的供应计划或储备计划能否保证进度计划实现，供应是否均衡、需求高峰期是否有足够能力实现计划供应。⑤建设单位提供的场地条件及原材料和设备，特别是海外设备的到货与进度是否衔接。⑥施工进度的安排是否体现关键进度节点的完成时间，并与总体进度计划相吻合。⑦总分包单位分别编制的各项单位工程施工进度计划之间是否一致，专业分工衔接是否明确合理。⑧建设单位的资金供应能力是否能满足进度需要。⑨进度安排是否合理，是否有造成建设单位违约而导致索赔的可能存在。监理工程师在审查施工进度计划的过程中发现问题，应及时向承包单位提出书面修改意见及整改通知书，并协助承包单位修改。其中重大问题应及时向建设单位汇报。⑩承包单位的施工进度计划一经监理工程师确认，即被视为合同文件的一部分。在处理承包单位提出的工程延期或费用索赔时就将作为一个重要依据。

（3）按季、月、周编制分期工程综合计划。在分期进度计划中，监理工程师主要应解决各承包单位施工进度计划之间、施工计划与资源（包括资金、设备、机具、材料及劳动力）供应计划之间及外部协作条件计划之间的综合平衡与相互衔接问题。并根据前一期计划的完成情况对本期计划做必要的调整，从而作为承包单位近期执行的指令性计划。

（4）编制进度控制工作详细计划。进行环境和施工现场调查和分析，编制项目进度规划和总进度计划，进行项目进度目标分解，编制进度控制工作详细计划并控制其执行。

（5）下达工程开工令。监理工程师根据承包单位和建设单位双方关于工程开工的准备情况，适时发布工程开工令。工程开工令的发布要及时，因为从发布工程开工令之日算起加上合同工期后即为工程竣工日期。如果开工令发布拖延，就等于推迟了竣工时间，可能引起承包单位的索赔。

（6）监督与协助承包单位实施进度计划。在工程项目施工中，监理工程师要对施工进行跟踪，不仅要及时检查承包单位报送的施工进度报表和分析资料，同时还要进行必要的现场实地检查，核实所报送的已完项目时间及工程量，随时了解施工进度计划执行过程中所存在的问题，在工程进度出现偏差时，与承包单位一道分析偏差原因，采取调整纠正措施，或对进度计划进行调整。如果偏差是承包单位无力解决的内外关系协调问题引起，监理工程师要对有关情况进行记录，加强协调工作，或向建设单位汇报。

（7）组织监理例会，协调解决进度问题。在施工过程中总监理工程师应每月、每周定期主持召开由有关单位参加的不同层级监理例会，检查分析工程项目进度计划完成情况，提出下一阶段进度目标及其准备情况。在由有关单位高层人士参加的协调会上，监理工程师应通报工程项目建设的重大变更事项协商其后果处理，解决各个承包单位之间以及建设单位与承包单位之间的重大协调配合问题；在管理层协调会上，承包单位应通报各自进度状况、存在的问题及下周的安排，解决施工中的相互协调配合问题。项目监理机构要对每个问题做好详细记录，形成会议纪要。

在平行、交叉承包单位多，工序交接频繁且工期紧迫的情况下，监理工程师要缩短监理例会的间隔，甚至每天召开工地的现场协调会。在会上通报和检查当天的工程进度，确定薄弱环节，部署当天的赶工任务，以便为次日正常施工创造条件。

对于某些未曾预料的突发变故或问题，监理工程师可以通过发布紧急协调指令，督促有关单位采取应急措施维护工程施工正常秩序。

（8）进行工程计量，签发工程进度款支付凭证。在质量监理人员通过检查验收后，监理工程师对承包单位申报的已完分项工程量进行核实，计算相应的工程量，定期签发工程进度款支付凭证。

（9）审批工程延期。造成工程进度拖延的原因有两个方面：一是由于承包单位自身的原因；二是由于承包单位以外的原因。前者所造成的进度拖延称为工期延误，而后者所造成的进度拖延称为工程延期。如果由于承包单位以外的原因造成工期拖延，承包单位有权提出延长工期的申请。监理工程师应根据合同规定和工程拖延的实际情况，审批工程延期时间。工程拖延一旦被核实批准为工程延期，其延长的时间就应纳入合同工期，成为合同工期的一部分。即新的合同工期应等于原定的合同工期加上监理工程师批准的工程延期时间。

（10）对影响进度目标实现的干扰和风险因素进行分析，向建设单位提供进度报告，为建设单位提供确保实现工期目标的建议。监理工程师应随时整理进度资料，并做好工程进度记录，定期向建设单位提交工程进度报告。

（11）整理工程进度资料。在工程完工以后，监理工程师应将工程进度资料收起，进行归类、编目和建档，以便为今后其他类似工程项目的进度控制提供参考。

（12）处理进度索赔。通过审批承包单位的进度付款，对其进度实行动态控制。妥善处理承包单位的进度索赔。

（13）工程移交。工程施工结束，符合移交条件的，监理工程师应督促承包单位办理工程移交手续，发工程移交证书。在工程移交后的保修期内，还要处理验收后质量问题的原因及责任等争议问题，并督促责任单位及时修理。

第五节　施工阶段进度控制措施

一、施工进度控制的主要任务

施工进度控制的主要任务如表 3-10 所示。

表 3-10　进度控制的主要任务

序号	阶段	任　　务
1	设计准备阶段	收集有关工程工期的信息，进行工期目标和进度控制决策
		编制工程项目建设总进度计划
		编制设计准备阶段详细工作计划，并控制其执行
		进行环境及施工现场条件的调查和分析
2	设计阶段	编制设计阶段工作计划，并控制其执行
		编制详细的出图计划，并控制其执行
3	施工阶段	编制施工总进度计划，并控制其执行
		编制单位工程施工进度计划，并控制其执行
		编制工程年、季、月实施计划，并控制其执行

为了有效地控制建设工程进度，监理工程师要在设计准备阶段向建设单位提供有关工期的信息，协助建设单位确定工期总目标，并进行环境及施工现场条件的调查和分析。

在设计阶段和施工阶段，监理工程师不仅要审查设计单位和施工单位提交的进度计划，更要编制监理进度计划，以确保进度控制目标的实现。

二、影响施工进度的因素分析

影响建设工程进度的不利因素有很多，常见的影响因素有：

（1）建设单位建设资金不到位，施工相关许可手续不完善，导致施工条件不具备等，是影响项目进度的重要因素之一。

（2）设计单位没能及时完整提供施工图或相关资料，导致施工单位不能按时开工或中断施工。

（3）施工单位实际施工进度的施工计划脱节，错误估计住宅工程项目的特点和客观施工条件，缺乏对项目实施中困难的估计，以及管理单位审批手续的延误等造成工程进度滞后。施工单位在实施施工过程中，由于人力、物力和技术力量上安排不当或工序安排不妥，采取的某些技术措施失误，或材料设备供应不及时，对市场变化趋势了解不够，都会造成施工单位的实际施工进度与计划进度发生偏差。

（4）专业配套单位没按计划及时进场，或按时进场后，由于土建施工单位没能按要求做好配合工作，未能为配套施工创造必要的条件，造成配套施工不能如期完成，以致影响整个工程建设项目的总进度。

（5）施工配套工程质量问题，造成工程不同程度的返工、返修，或返工、返修不及时，以致影响工程竣工验收和交付使用。

（6）监理单位没有按规定及时组织分部分项的验收和办理有关手续，以致影响下道工序的及时跟进。

（7）建设单位提出的随意性修改和管理失误，导致工程返工或供料不及时造成进度失控。

（8）发生不可预见的突发事件，如台风、洪水、海啸、地震等天灾，战争、企业倒闭、重大安全事故等人祸，致使工程停顿或停工等。

三、施工阶段进度管理方法

进度管理主要是通过落实各层次的进度管理人员，有组织地采取技术措施、合同措施、经济措施和信息管理措施等对施工进度进行规划、控制和协调。其具体操作是各级项目管理人员编制施工总进度计划并控制其执行，按期完成整个施工项目任务，编制分部分项工程施工进度计划，并控制其执行，按期完成分部分项工程的施工任务，编制季度、月（旬）作业计划，并控制其执行，完成规定的目标等。

为了保证施工项目进度计划的实施，尽量按编制的计划时间逐步进行，保证进度目标实现，要做好如下几项工作：

（1）施工项目进度计划的贯彻。检查各层次的计划，形成严密的计划保证系统；层层签订承包合同或下达施工任务书；计划全面交底，发动群众实施计划。

（2）施工项目进度计划的实施。编制月（旬）作业计划；签发施工任务书；做好施工进度记录，填好施工进度统计表；做好施工中的调度工作。

（3）施工进度比较分析。施工进度比较分析与计划调整是施工进度检查与控制的主要环节，其中施工项目进度比较是调整的基础。施工进度比较方法如表 3-11 所示。

表 3-11　施工进度比较方法

序号	施工进度比较方法	内　　容
1	匀速施工横道图比较法	匀速施工是施工项目中每项工作的施工进展速度都是匀速的，在单位时间内完成的任务量都是相等的，累计完成的任务量与时间成直线变化
2	双比例单侧横道图比较法	适用于工作进度按变速进展的情况，是工作实际进度与计划进度进行比较的一种方法。它是在表示工作实际进度的涂黑粗线同时，在表上标出某对应时刻完成任务的累计百分比，将该百分比与其同时刻计划完成任务累计百分比相比较，判断工作的实际进度之间的关系的一种方法

续表 3-11

序号	施工进度比较方法	内　容
3	S 形曲线比较法	S 形曲线比较法与横道图比较法不同，它不是在编制的横道图进度计划上进行实际进度与计划进度比较。它是以横坐标表示进度时间，纵坐标表示累计完成任务量，而绘制出一条按计划累计完成任务量的 S 形曲线，将施工项目的检查时间实际完成的任务量与 S 形曲线进行实际进度与计划进度相比较的一种方法。对项目全过程而言，一般是开始和结尾阶段，单位时间投入的资源量较少，中间阶段投入的资源量较多，与其相关，单位时间完成的任务量也是呈同样变化的，而随时间的进展累计完成的任务量则应该呈 S 形变化
4	"香蕉" 形曲线比较法	"香蕉" 形曲线比较法是两条 S 形曲线组合成的闭合曲线。从 S 形曲线比较法中得知，按某一时间开始的施工项目的进度计划，其计划实施过程中进行时间与累计完成任务量的关系都可以用一条 S 形曲线表示。对于一个施工项目的网络计划，在理论上总是分为最早和最迟两种开始与完成时间的。一般情况下，任何一个施工项目的网络计划，都可以绘制出两条曲线。其一是计划以各项工作的最早开始时间安排进度而绘制的 S 形曲线，称为 ES 曲线；其二是计划以各项工作的最迟开始时间安排进度而绘制的 S 形曲线，称为 LS 曲线。两条 S 形曲线都是从计划的开始时刻开始和完成时刻结束，因此两条曲线是闭合的。一般情况下，ES 曲线上的各点均落在 LS 曲线相应点的左侧，形成一个形如 "香蕉" 的曲线，故称为 "香蕉" 形曲线
5	前锋线比较法	施工项目的进度计划用时标网络计划表达时，还可以采用实际进度前锋线进行实际进度与计划进度比较。前锋线比较法是从计划检查时间的坐标点出发，用点划线依次连接各项工作的实际进度点，最后到计划检查时的坐标点为止，形成前锋线。按前锋线与工作箭线交点之间的位置来判定施工实际进度与计划进度偏差。简单而言，前锋线法是通过施工项目实际进度前锋线，判定施工实际进度与计划进度偏差的方法
6	列表比较法	当采用无时间坐标网络计划时也可以采用列表分析法。是一种记录检查时正在进行的工作名称和已进行的天数，然后列表计算有关参数，根据原有总时差和尚有总时差判断实际进度与计划进度的比较方法

四、施工进度控制的措施

施工进度控制措施应包括的内容如图 3-6 所示。

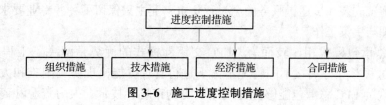

图 3-6　施工进度控制措施

（1）组织措施。①建立进度控制目标体系，明确工程项目现场监理组织机构中的进度控制人员及其职责分工；②建立工程进度报告制度及进度信息沟通网络；③建立进度计划审核制度和进度计划实施中的检查分析制度；④建立进度协调会议制度，明确协调会议举行的时间、地点，协调会议的参加人员等；⑤建立图纸审查、工程变更和设计变更管理制度。

（2）技术措施：①审查承包商的进度计划，使承包商能在合理的状态下施工；②编制进度控制监理工作细则，指导监理人员实施进度控制；③采用网络计划技术及其他科学方法，并结合电子计算机的应用，对建设工程进度实施动态控制。

（3）经济措施：①按合同约定，及时办理工程预付款及工程进度款支付手续；②对应急赶工给予优厚的赶工费用；③对工期提前给予奖励；④按合同对工程延误单位进行处罚；⑤加强索赔管理，公正地处理索赔。

（4）合同措施：①推行 CM 承发包模式，对建设工程实行分段设计、分段发包和分段施工；②加强合同管理，合同工期应满足进度计划之间的要求，保证合同中进度目标的实现；③严格控制合同变更，对参建单位提出的工程变更和设计变更，监理工程师应严格审查方可实施，并明确工期调整情况；④加强风险管理，在合同中应充分考虑风险因素及其对进度的影响，以及相应的处理方法。

项目施工部应依据项目总进度计划编制施工进度计划，经控制部确认后实施。施工部应对施工进度建立跟踪、监督、检查、报告的管理机制；当采用施工分包时，施工分包商严格执行分包合同规定的施工进度计划，并接受施工部的监督，做到不拖项目总进度计划的后腿。

根据现场施工的实际情况和最新数据，施工进度计划管理人员每月都要修订施工逻辑网络图，并且将据此编制的 3 个月滚动计划下达给施工分包商。①施工分包商根据 3 个月滚动计划编制 3 周滚动计划，报项目施工部，同时下达给施工作业组执行。②按项目 WBS 进行现场统计施工进度完成情况，以保证测量施工进展赢得值和实际消耗值的准确性。③以施工进度计划的检查结果和原因分析为依据，按规定程序调整施工进度计划，并保留相关记录，以备今后工期索赔。

第六节　物资采购的进度控制

一、EPC 总承包模式下物资采购的重要意义

1. EPC 总承包模式下的设计、采购和施工之间的逻辑关系

在国际工程承包市场，工程建设集成化管理模式的发展过程中 EPC 工程总承包模式所占的比例在大型国际工程中呈现出上升趋势。EPC 总承包模式下，总包商须对项目的设计、采购、施工安装和试运行服务的全过程负责，业主只保留了一些专业要求不高和风险小的宏观管理与决策工作。

与施工总承包模式相比较而言，EPC 交钥匙模式的优势是解决了工程项目中连续的项目管理过程相互分离在不同管理主体下进行管理可能出现协调困难和大量索赔的问题。具体表现为 EPC 总承包能够充分利用自身的市场、技术、人力资源和商业信誉、融

资能力等业务优势来缩短工程建设周期、提高工程运作效率、降低工程总造价。从项目全寿命周期的价值来看，EPC 项目总承包不仅实现了工程项目实施期间的高效率，而且工程的运行创造了潜在的价值。简而言之，EPC 模式通过创造项目全寿命周期的价值使总承包商获得了"超额利润"（相对于施工总承包而言）。EPC 承包模式的核心问题是施工和设计的整合，这种模式有效性的关键取决于项目实施过程中每个环节的协调效率，尤其是采购在设计和施工的衔接中起非常重要的作用。大型设备和大宗材料或特殊材料的供货质量和工作效率直接影响到项目的目标控制，包括成本控制、进度控制和质量控制等。

采购工作在 EPC 总承包模式下发挥着重要作用，在设计、采购和施工之间逻辑关系中居于承上启下的中心位置（图 3-7）。设计、采购和施工有序地深度交叉，在进行设计工作（寻找适当的产品）的同时也展开了采购工作（了解产品的供货周期和价格），采购纳入设计程序，对设计进行可施工性分析，设计工作结束时采购的询价工作也同时基本结束。在 EPC 工程的项目管理中将设计阶段与采购工作相融合，不仅在保证各自合理周期的前提下可以缩短总工期，而且在设计中就需要确定工程使用的全部大宗设备和材料，所以，深化设计的完成之日，项目的建造成本也就出来了，总承包商与分包商可事先对成本做到心中有数。因此尽管 EPC 总承包项目中设计是龙头，但工程设计的方案和结果最终要通过采购来实现，采购过程中发生的成本、采购的设备和材料的质量最终影响设计蓝图的实现和实现程度。土建施工安装的输入主要为采购环节的输出，它需要使用通过采购环节获得的原材料，需要安装所采购的设备和大型机械。采购管理在工程实施中起着承上启下的核心作用。

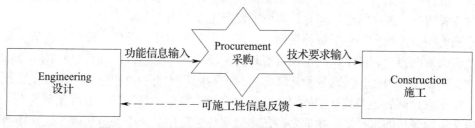

图 3-7　EPC 项目中设计、采购和施工之间的逻辑关系

工程项目管理中，采购和建造阶段是发生项目成本的主要环节，也是项目建造阶段降低（或控制）项目总成本的最后一个过程；项目实施过程是项目过程中投入最大的过程，而项目实施过程中的采购和建造则各自占有重要地位，其中设备和材料采购在 EPC 工程中占主要地位。

采购过程能否高效准确地进行，直接影响到项目成本和项目质量。如果采购过程出现问题或者问题未能得到及时纠正，在项目到移交或试运行的时候再纠正某错误，其代价将十分昂贵甚至无法挽回。国内某大型电站就是因为所采购设备的焊接质量问题，致使整体工程移交推迟 12 个月之久，严重影响了总承包商的声誉和业主的工程造价。简言之，在EPC 项目实施过程中，采购环节是需要给予特别关注的中心环节之一。

2. EPC 总承包模式下采购管理的价值

EPC 总承包模式下，总包商负责的工程设计、设备、材料的采购和施工安装之间存在着较强的逻辑制约关系，该承包模式对总包商也提出了更高的要求。设计、采购和施工在时间顺序上，上游环节为下游环节提供输入，如果执行不好则造成下游环节的延期，采购在整个 EPC 项目管理模式中起着承上启下的核心作用，而物资采购则是核心中的核心。

第一，工程物资采购是工程建设土建和安装调试实施的重要输入条件，是实现项目计划的枢纽环节；第二，大多数类型项目的主要成本是通过设备和材料采购而发生的，特别是那些设备价值较大，占工程造价比重较大的工程。降低采购环节的费用是降低项目总成本的重要途径；第三，工程设备的技术水平和原材料的各种性能从根本上将影响整个项目的产出或运行水平，并最终影响项目的经济效益；第四，EPC 模式下设备和材料采购的系统性要求很强，采购管理的重要性远远高于普通制造业的采购；第五，工程项目的动态性要求远高于普通制造业的要求，工程物资的采购面临的风险较大。

根据世界银行的定义，货物采购（即物资采购）属于有形采购范畴，它至少包括机械、设备、仪器仪表、办公设备、建筑材料（包括钢材、水泥等）和工程机械等，并包括与之相关的服务。一般情况下，货物供应商不参与工程的施工，但是对那些技术复杂、安装要求较高的设备，供货商往往既承担制造、供货，又承担安装和调试工作，如电梯、锅炉、空调机组、阻尼器、消防设备和大型变配电设备、发电机组等。对于一些特殊的设备和仪器，供应商还要提供具体的选型计算书、详细设计和制造图等，有的还要承担培训和维护指导等责任。货物采购可粗略地分为设备和材料。设备主要包括机械、设备、仪器、仪表、办公设备、照明系统和工程机械等。几乎所有的设备都是技术的载体，货物的比较和竞争背后其实是技术的竞争，货物的价格也是技术使用价格的表现形式之一。设备和材料本身的复杂性也决定其采购工作的复杂性，采购需要处理多维标准和多种接口。EPC 工程通常金额较大、工期很长，外部环境非常复杂，任何一个供应商采购合同如果出现履约不及时或者质量、进度问题，都会对整个工程产生重大影响。

广义的项目采购主要包括货物采购，施工和安装工程作业采购，设计、咨询服务采购等三个方面的内容，它几乎构成了项目管理的全部内容。总包商的项目成本几乎全部要通过采购支付出去，因此，采购过程是降低项目成本的最重要的过程之一。可以说，承包商在签订总承包合同后，尤其是主体设计最终确定后，整个项目能否盈利或盈利的大小几乎就取决于采购管理的水平了。物资采购是项目实施过程中的一个关键步骤，大多项目的物资采购支出一般要占项目造价的 80% 以上。

项目物资采购合同管理复杂。在大型工程建设项目中，对外合同主要以施工合同、安装和调试合同以及设备和材料的供应合同出现。施工和安装合同主要为工程承建类合同，合同履行地点主要在工程现场，合同管理考核的中心是衡量承包商的工程量，具有相对稳定的控制方法和成熟的合同条件，如 FIDIC 合同条款，主要是在一个既定的框架下处理工作的依据；而设备和材料采购合同管理主要是控制供应商的制造和供应过程，控制重点在供应商的工厂或合同履行地，合同地点分布范围广。综合性和复杂性较高的技术型项目，有成百上千家供应商，分布在国内和国外数十个地方，这些特殊的环境对合同管理提出了较高的要求。

物资采购是创造利润的最佳途径，通过采购可降低整体项目执行成本。而且，项目采购还不单纯是个成本的问题，它也是企业提高项目质量、塑造自身核心竞争力、取得竞争优势的关键过程之一。采购环节是工程计划实施的一个承上启下的环节，无论工程计划如何完善、工程设计如何优化、所采用的施工技术如何先进，都需要采购活动来实现，采购过程需要遵守并保证进度要求，获得设计环节所预期的产品，为施工提供原料和设备等。采购环节竞争性的增强可以节约预算成本，采购质量的提高可降低施工的成本，采购质量的稳定性和可靠性可以减少质量保证期内发生的费用，最终将提高总包商在该项目上的利润。

二、EPC 工程采购实施及合同模式

采购活动的实施，即选择设备和材料供应商是采购活动的中心工作环节。采购活动具有较强的经验性、实践性和独特性，它应该根据所采购货物的特点、技术要求、关键性和价值确定。例如，在工程公司采购中，钢材和主设备的采购模式通常不应该是一样的，重型钢结构和仪器仪表的采购模式通常也不一样。在工程物资采购中，通常可以划分为竞争性采购和非竞争性采购。竞争性采购通常包括招标采购和询价采购；非竞争性采购通常包括谈判采购、直接购买和紧急采购等非招标采购方式。无论采购何种货物，采用何种模式，其目的通常均为使采购结果和过程经济、有效和透明，为有能力的供应商提供公平竞争的机会，充分利用供应商之间的竞争，使总包商以合适的价格获得满足要求的设备或材料。

1. EPC 工程采购评价的主要原则

采购评价中需要多元的评价标准，不同的设备和材料应该有针对性的评价标准，但无论选择任何采购模式，该模式都应为总包商的设备和材料采购创造价值。采购评价除了考虑为适应不同情况的多元化标准外，具有普适性的主要评价原则至少应该包括以下几项：

（1）竞争性原则。所有采购设备应在尽可能的情况下通过竞争性采购实现，以达到获得质量和成本的最优，即使是由于可供选择的范围有限，设备和材料的客观技术要求造成供应商数量过少，也要利用供应商之间的博弈、上下游企业之间的博弈和外部环境的影响等因素，制造有效的竞争态势，为采购活动服务。

（2）本地化原则。本地化的设备供货有助于取得业主及其所在地政府的大力支持、降低大笔的运输费用、实现及时供货、得到便利的服务支持和快速反应等优势，从而能够有效地降低成本。

（3）专业化原则。专业化原则是将产品和行业结合考虑，考虑供应商是否具有在本行业或类似项目的经验和能力。例如，在某综合型超高层建筑项目建设中，英国约克公司负责空调机组的设备材料供货，德国的 IGG 公司负责应急发电机组及辅助设备材料的供应。上述安排就是充分利用了两个公司的专长和经验。

（4）性价比最优原则。这项原则的前提是满足项目技术规范要求，因为在很多时候项目的技术规范是刚性的，也是不能牺牲和折中的，单纯考虑价格会排除许多质量因素。如果忽视这项原则，就有可能干扰实际的决策流程，而且削弱了实施持续改进质量流程的能力，较低的质量或性能就阻碍了项目的整体技术水平及其产品的技术水平，放弃了提高技术水平的机会。

工程物资采购在遵守上述原则的前提下，应根据具体物资采用最适用的原则。如主设备采购的评价标准应是"价值导向型"，既注重技术的成熟度，又要在可能的情况下降低成本；对于关键点上的少数重要设备，虽然设备不多，但发挥着不可替代的关键作用，而

这类设备的供应商通常也非常少，很多时候比主设备供应商还少，在这种情况下，首先应追求技术的完善和可靠性，使之完全能够满足工作需要，此时不应过多地考虑价格因素，应遵循"技术导向型"；对于大路货的产品和不影响工程效率和运行的外围产品，则完全可以推行"成本导向型"原则。

整体而言，"价值导向型"的评价标准下，总包商可以获得较为满意的、具有综合实力的供应商，为后期的合同管理打下较好的基础，降低合同执行成本和合同执行的不可预见性；也容易获得满意的产品质量和工程进度，保证整体工程的顺利推进；最终，将提高项目投产运行后的产出和利润。而在后两种原则下，企业则应注意测算和衡量合同管理成本、供应商的合同管理能力，保证合同在预先设定的标准下平稳执行。

2. EPC 工程物资采购的策略

工程物资的采购中最基本的工作是对采购货物进行分析，这种分析可借助于过去类似的项目计划和执行数据以及本次采购目录和清单进行，把整个工程需要采购的所有设备和材料的数据进行搜集和对比，对采购货物进行分析，并保证通过数量较少但具有竞争力的供应商进行供货，在采购预算下，通过采用标准化的采购流程，尽量实施大规模采购和就近采购来完成采购任务，逐步合理地降低采购成本。工程物资采购的首要任务是应满足进度和质量要求，按时完成整个项目，以便获得预期利润，否则任何延期和质量问题都将抵消掉预期利润。

总包商在多数情况下是在事先和主要设备供应商确定供货成本并对相应设备和材料进行成本分析后才确定总承包价格的，因此，总包商应在尽可能短的时间内寻找和锁定所采购货物的成本，预防实际采购成本突破计划成本。工程管理工作需要针对具体采购项目进行具体分析，由于采购货物无论在其价值、重要性、技术复杂程度方面都是不均衡的，不可能通过一种方式进行采购，所以必须根据不同物资或设备的具体特点，制订有针对性的、差异化的采购策略。如火电站是一个系统，具有多专业，只有站在一个大专业、全生命周期的角度上考虑，才能做出科学判断。同时，设备采购还要根据调试经验、运行反馈、历史数据、设计推荐等多重评价择优而行。但受到采购经验和价格的限制，在工程建造中，所采购的相应的构成物是有优先顺序的，需要整体分析和策划，获得满意的采购结果。

工程物资主要有设备、主要部件和大宗材料等。其中，大宗材料的采购包括各种阀门、管道、管件、支吊架、电缆桥架和电缆等物资，由于种类繁多数量巨大，且种类、要求和特点决定了其采购模式不可能整齐划一；同时，又由于受到全球需求旺盛和目前国内建设高峰的影响，很多原来供应平稳的产品，在短时间内出现供不应求。而且多数重要工程物资逐渐向几个大型供应商集中，行业上游企业话语权的增大对总承包商的采购工作提出了挑战。针对这种外部环境的变化和发展，总承包商需要专门制订整体采购策略。

（1）增加关键路径设备和生产周期较长设备订货的提前期。关键路径设备和生产周期较长设备是任何工程项目管理的重点。工程中的大型设备，如锅炉机组、空调机组、高中压配电柜、特殊消防设备、发电机组等，生产周期较长、技术复杂、质量要求高，属于单件小批量生产。由于固定资产投资的周期和时间限制，供应商生产能力在短期增加的可能性很小，设备生产能力具有很强的刚性。材料采购、生产、试验和运输环节的不确定性较大。为了不影响依赖路径上的工作，应提前订货，防止其他同类工程的类似订货影响供应商的交货进度。

（2）捆绑订货。捆绑订货是将具有类似功能和类似要求的产品进行捆绑，充分利用供应商自有的采购渠道和合作伙伴，增加采购金额，以此获得供应商的报价优惠。这种做法可以让供应商更多地分担合同管理责任，减少总包商的人力资源占用，符合工程管理中"抓大放小"的思想。如将空调系统中的阀门、特殊管道等交给一家供货。但这种做法要根据供应商的意愿和设备可捆绑的程度而定，不可强行打包，搞硬性摊派，否则会降低供应商的积极性，也给后期合同执行埋下隐患。

（3）强制性的国内分包采购。工程中一些关键设备和大型设备需要从国外进口，从工程设备采购实践经验来看，国外设备价格通常为国内采购设备价格的2至3倍，有些设备价格差距甚至更大。如何降低设备采购的总费用是总包商需要解决的问题。同时，由于这些设备通常通过招标采购，投标价格又是各家供应商需要考虑的问题之一。通过采用国内分包策略可以实现供应商和总包商的双赢，也符合采购国际化和本地化相结合的原则。目前，这种做法也是国外设备公司在国内开展业务的一个重要策略。通过将非关键部件或子系统分包给国内具有生产能力和成本优势的企业而降低设备的报价成本、运输成本，缩减交货周期，从而使总体供货成本大幅降低。如某工程需要的自带能源包的巨型塔吊，就是采用塔吊主机由国外进口，将体积大、重量重的标准节安排在国内按照原厂的技术标准来生产的。但这种做法人为地增加了合同管理接口，增加了合同协调和沟通费用，存在一定的技术和生产风险，需要在合同管理中给予特别注意。

（4）保证重要原材料的及时供货。重要原材料，如某工程钢结构所需的厚板的供应，总包商就是与一家国内、一家海外大型进出口贸易企业联合，充分利用这两家公司多年积累的与国外钢铁厂商合作的优势和对运输、清关等环节的经验和渠道，保证在合理的价格内及时采购到工程所需的钢板，保证了该工程钢结构加工和安装的进度要求。

三、EPC工程采购进度管理

EPC工程一般是资金密集型的投资项目，项目投资巨大。工程如果延期，造成的损失非常巨大。因此，在工程开始时，必须事先制订合理而严密的进度计划。有效的进度计划能够避免因交货期紧张而增加的费用，能够避免因紧急采购而使采购活动失去竞争性，也能够避免因交货延期而影响整体工程进度。

设备和材料采购合同的输出和成果是现场施工和安装的最重要的先决条件之一，设备和材料的供货及其配套文件的交付进度直接影响下游工作的开展，因此，采购合同进度管理中的控制和根据实际情况进行优化工作是十分重要的。采购合同进度管理主要包括进度计划和进度控制两大部分。

进度控制是工程项目管理三大核心控制之一，是重要的项目管理过程。进度控制就是比较实际状态和计划之间的差异，并做出必要的调整使项目向有利的方向发展。进度控制可以分成四个步骤：Plan（计划）、Do（执行）、Check（检查）和Action（行动），即常说的PDCA循环，并通过PDCA循环做好瓶颈环节管理、异常事件管理及预测管理。

1. 进度计划

进度计划是项目整体管理的核心，进度计划管理也是采购合同管理的前提，也是总包商对整体项目进展进行全方位控制的工具和重要参照标准。首先，编制进度计划讲究科学性，执行进度计划强调严肃性，编制计划要科学、合理、可行，尽量留有余地，计划活动的未知数越多或可控性越差，留的余量要越多一些。其次，要维护进度计划的严肃性，认真贯彻执行。合理的计划是企业行为，是经过充分讨论的结果，不是编制者自己的设想，进度计划的执行和控制比编制计划更重要，即使进度安排很宽松，若不认真执行也会延误。

目前工程建设的进度计划通常采用分级管理，确立纵向分层，由粗及细计划等级。例如，一级进度计划也称为总进度，包含主进度和里程碑进度，它依据以前项目的实际周期，结合具体项目的特点和要求确定；二级进度计划通常称为控制与协调计划，是整体项目进行进度控制的一条主线，通常由总包商采用关键路径法编制而成，包括工期的设计、供货、制造、运输、建造、调试、验收和移交等过程，是重要合同接口文件，是确立不同专业之间逻辑关系的基础，也是工程进度控制的基础。

进度计划是靠资源来保障的，没有资源的进度计划是没有丝毫意义的。合同中必须详细规定合同适用的进度计划，各类工程管理文件、设计文件和设备材料等资源的交付时间，设立合理的、可考核的、富有挑战性的里程碑，通过支付和奖罚控制进度。合同条款中应列出设计文件大类或文件包和主要系统设备清单等内容，对于大宗材料，如采用分批交货方式，还要规定具体的交货批次和时间。而且应在合同文件专门章节中详细规定里程碑定义，规定各类文件或文件包的定义和内容深度要求，以免合同执行中产生争议。

起草和谈判合同中的进度控制条款十分重要。科学、合理、严密、完善的合同进度条款是实现工程进度的基本保证，总包商应要求供应商严肃认真对待，把好合同条款质量。合同需要确定实体接口、功能接口和关键接口清单及提供日期，这些是工程关键接口，也是后续控制的依据。

2. 进度控制

在进度控制中，执行环节的任务主要是按照合同要求和规范进行工作，如沟通问题、处理变更和应付意外等。检查可以在执行过程中的检查点进行，也可以在特定的时间点进行。检查的目的是比较实际情况与计划的差异，以确定当前的状态。

可通过交付物的质量和提交情况、变更记录等检查合同执行是否正常，防止出现瓶颈问题和不可控事件。如果确认必须对有关事件进行控制或解决问题，就要及时采取行动。例如，如果合同出现延期的情况，则需要通过增加投入、改变现有工作方法等进行及时的调整，防止风险后移，同时要全面评估对时间、质量、成本和风险等方面的影响，避免顾此失彼。

由于采购设备的数量有限，因此设备采购的控制点主要在制造进度和质量问题。大宗材料种类和规格繁多，其进度管理要求复杂，需要更细致的工作，需要更科学地运用PDCA循环的分析方法。每台设备或每批材料的按时交货对保证项目整体进度都是至关重要的。因此，在设备和材料采购合同中，除了规定严格的进度条款和违约罚金外，还应规定具体的合同进度控制措施。例如，供应商必须按照一级进度计划制订更详细的项目计划，总包商项目进度控制部门将按照已确认的计划对实际进度进行控制和测量，及时发现项目执行过程中的异常问题，特别要控制项目里程碑的实现情况；要根据项目金额的大小和项目执行的复杂程度，要求供应商按季、两个月、月或半月时间间隔提交项目进度；总包商项目进度控制部门要制订详细的现场见证和进度检查小组，以一定的时间间隔对供应商的实际生产情况进行检查，召开总包商和供应商的协调会，以便及时发现可能存在的虚假的进度报告，及时处理工程管理和生产中存在的问题，并监督整改措施的实施和落实，防止进度管理流于形式；同时，在进度控上控制早期进度，防止出现"前松后紧"的情况发生，防止后期赶工所带来的成本风险和质量风险。

（1）工程进度控制的中心环节是对关键路径上的作业活动进行控制。工程进度管理中的关键路径是指工程进度中没有时间预批的活动所连接成的工期最长的进度。工程建设是庞大的系统工程，涉及面广，接口多，技术复杂。要分析关键路径，相对比较困难。根据以往的经验和教训来看，工程设备和材料关键路径通常具有不唯一性和时变性特点。不唯一性是指关键路径往往有多条，不同区域，不同时间段，有局部关键路径；时变性是指工程某个环节出现问题，原来非关键路径也可能变成关键路径。例如某个设备因某个关键工序发生延误，而该延误如果无法在时间预算内完成，则可能直接影响该设备的交货时期，造成关键路径延长或者关键路径变化。因此进度动态控制的主要任务是及时、全面地分析工程采购某段时间（如某年、某月或某个里程碑实现之前）的关键路径及其进展状态，以便向采购管理部门报告，提出解决问题的建议，从而有利于进度控制。

进度控制通常可以分为动态控制、事前控制和分级控制三类。

1）动态控制。根据工程本身所具有的特点，工程进度需要采用动态控制。应该建立反应迅速、密切跟踪的管理机构和信息系统，及时检查督促，及时发现和分析问题，确定关键路径，采取有效措施，必要时制订赶工计划或调整上级计划，保证总进度和关键里程碑按期实现。通过专项协调委员会抓关键路径是进行动态控制的很好的形式。如果发生主要设备制造进度问题，应该及时沟通和分析问题，制订赶工计划解决进度延误，防止出现不可控的结果。

2）事前控制。工作要早计划，细安排，注意事前控制。计划人员一定要有预见性，对进度计划提前检查，有预见性地、主动地进行事前控制。例如，在进度控制中通常需要提前3个月以上，分析6个月滚动计划，检查安排的施工所需要的设备材料以及施工和安装图纸是否存在问题，或者出现后续进度提前的情况，应及早采取措施或催交，容易保证进度计划的按期实现。

3）分级控制。执行恰当及有效的进度控制是公司或项目部每位员工的责任。要使进度控制正常、完善运作，必须有一套合理的组织机构，确定各级、各功能部门和员工的职责、工作范围和权限。同时制订评价各项业务和工作成绩的标准，定期进行检查。各部门和员工必须对各自的业务及工作成绩负责。要有效地实现进度控制，每位员工必须能够在日常工作中明智地运用和执行有关规定。所有员工必须对其负责的工作具备合适的资格，及时得到对其任务的适当指示，并执行指定的程序或工作细则。某些工程进度计划管理实行里程碑责任制，分级控制。各级管理必须按照进度管理大纲所规定的职责分工和管理方法，履行岗位职责，密切配合。

（2）进度的动态分析及控制。根据每周完成的工作统计每周完成点数，生成实际完成的进度 S 形曲线。将实际进度曲线与计划曲线比较，可以直观地了解工程总体进度是落后还是超前于进度计划，是哪一个工作界面，以及超前或落后的工作量、天数和百分数，适时制订各项措施来调整计划，从而有效控制工程进度。在具体工作中要按照 PDCA 的原则持续进行绩效评估、差异分析、趋势分析和盈余量分析，连续控制项目相关指标的完成情况，并将相关量化指标输入数据库。在进度控制中应确定明确的管理制度和汇报机制，由进度控制人员和相关进度联系人对设计接口进行管理、建立检查制度、进行里程碑申报管理和进度月报制度。

1）重要设备和材料供应商和设计院的设计接口进度控制。工程设计通常由多家设计院和供应商承担，为了达到机组整体性能最优，设计合理，保证设计承包商之间及时提供必要的设计资料，顺利完成设计任务，必须严格设计接口管理。设计接口管理内容多、技术面广、难度高、时间性强，因此要求管理规范化、程序化、计算机化。要认真抓好接口管理程序的制订和执行；接口控制手册的编制和修订；接口信息按时交换、审核和关闭；并建立国际国内设计接口管理计算机网络数据库，使国内外供应商及时跟踪接口交换进展状态，避免因设计接口资料延误影响设计进度，进而影响供货进度。

2）控制预期目标。必须每月检查督促设计采购进度，及时发现问题，采取措施。对关键路径，应每周检查进度，以保证目标按期实现。

3）里程碑申报制度。里程碑申报书要附工作完成证明材料，业主认真审核，分析是否全面完成里程碑范围的工作，确认实际完成的日期，判断是否延误，延误多长时间，为商务处理提供依据。

4）月报制度。供应商要提交月报，业主要定期召开季度例会、月例会和周专业分会，及时检查设计、制造、供货进展，研究解决存在的问题。会议要有纪要，认真跟踪，重大问题要升级处理。对月报要审查，关注重点问题的进展，及时提出改进意见。

复习思考题

1. 影响 EPC 工程项目进度控制的因素有哪些？
2. EPC 工程项目进度控制的目标和任务是什么？
3. 施工阶段进度控制的主要任务是什么？

第四章 EPC 工程总承包质量控制

本章学习目标

通过本章的学习，可以初步掌握 EPC 工程总承包质量控制的基本概念与现阶段的发展状况，确定 EPC 工程总承包质量控制的目标与重点、难点。

重点掌握：EPC 工程总承包质量控制的基本概念、EPC 工程总承包质量控制的目标与重点、难点。

本章学习导航

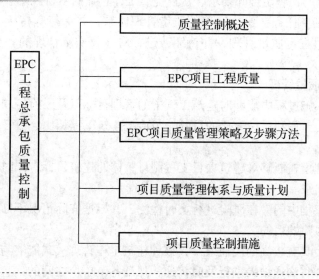

第一节 质量控制概述

质量管理是工程总承包项目管理工作的一项重要内容，总承包项目质量管理不能仅体现在项目施工阶段，还应体现在项目从设计到运营的整个过程中。集团公司的质量管理坚持"质量第一、用户至上、质量兴企、以质取胜"的方针，积极推行 ISO9000 管理体系，努力提高项目质量。

一、工程总承包项目质量管理概述

1. 质量管理

《质量管理体系 基础和术语》（GB/T 19000—2016）中对质量的定义是：质量是客体的一组固有特性满足要求的程度。该定义可理解为：质量不仅仅指产品的质量，还包括生产活动或过程的工作质量，以及质量管理体系运行的质量。产品质量的优劣以其固有特性满足质量要求的程度来衡量。

质量要求是指明示的、隐含的或必须履行的需要或期望。质量要求是动态的、发展的和相对的。

质量管理就是关于质量的管理，是在质量方面指挥和控制组织的协调活动，包括建立和确定质量方针和质量目标，并在质量管理体系中通过质量策划、质量保证、质量控制和质量改进等手段来实施全部质量管理职能，从而实现质量目标的所有活动。

2. 质量管理的目的和主要任务

质量管理的目的：满足合同要求、建设优质工程、降低项目风险。

质量管理的主要任务：建立完善的质量管理体系，并保持其持续有效；按照质量管理体系要求对项目进行质量管理，并持续改进；对涉及质量管理的各种资源进行有效的管理。

3. EPC 项目质量管理

EPC 项目在实施过程中能够对建筑工程中的管理目标以及风险控制进行全面管理，最终达到将建筑施工工程利益最大化的目的。与传统建筑工程相比，EPC 项目质量管理具有以下优点：

（1）该种管理模式能够对建筑项目工程制订整体的建筑目标，同时将工程中各个阶段的优势充分发挥出来。

（2）对建筑工程中的潜在风险进行实时检测，并根据实际情况不断调整施工计划，最终达到降低施工风险的目的。

（3）EPC 项目具有较高的沟通效率，该种建筑工程管理模式能够与业主以及施工单位进行实时沟通，并将沟通结果进行及时传递，保证各个单位之间的信息交流。这种方式能够避免出现最终施工结果不满足业主要求的情况，在施工过程中将业主的意见进行实时反馈，进而提高最终建筑工程管理质量。

4. 质量管理的职责分工

EPC 总承包商对项目质量的管理主要由 EPC 总承包商项目经理部的质量部来实施，其他相关部门配合。质量部的岗位设置由项目经理到项目质量经理，再到质量管理工程师。

（1）EPC 总承包商项目经理。其职责：①负责建立、实施、持续改进质量管理体系，并做出有效性承诺；②负责制订 EPC 总承包商项目经理部质量方针和目标，并应确保在 EPC 总承包商项目经理部内相关职能和层次上建立质量目标。即在总质量目标确定后应能在部门的层次上展开，各分部质量目标应与总质量目标相一致，并可测量和考核；③确保项目实施过程中各项质量活动获得必需的资源；④批准发布质量计划；⑤主持管理评审，对质量体系进行综合评价，发现体系的薄弱环节，不断改进质量管理体系，以保证体系持续运行的适宜性、充分性和有效性。

（2）质量部。

1）项目质量经理。协助项目经理建立和完善质量管理体系，保证其有效运转；负责项目质量手册和项目质量计划的编制和维护工作，以保证项目质量；计划和批准的程序实施并完成项目工作内容。

2）质量管理工程师。协助项目质量经理编制和维护项目质量手册和项目质量计划工作；协助编制、审查 EPC 总承包商项目经理部各部门和分包商的质量管理体系程序文件和详细的作业文件，以确保质量满足要求；负责管理质量文件、资料和各项标准、规范、检验报告、不合格报告、纠正措施报告及各部门提交的质量文件等；负责对项目的设计、采购、施工质量管理进行策划，并组织实施；制订质量控制程序，负责各项设备制造及现场安装期间的检验和试验，并负责签发检验报告；负责检查、监督、考核、评价项目质量计划的执行情况，验证实施效果；按照国家有关规定和合同约定，对设计、采购、施工质量进行检查，若有缺陷，督促有关部门改正；组织对质量事故进行调查、分析，并督促有关部门采取纠正措施，负责事故报告的编写；按照质量报告编制规定的要求编制质量报告。

（3）其他部门。

1）设计部按合同完成规定的设计内容，并达到规定的设计深度，对设计水平、设计质量和执行法规、标准全面负责，确保整个设计过程始终处于受控状态，对设计变更应严格控制并要记录存档。

2）采购部对设备、材料的质量负责，对设备、材料供应商进行评价和选择。有权拒绝不合格或质量证明文件不全的材料、设备与零配件，对甲方供材，严格按照合同规定进行查收、检验、运输、入库、保存、维护。

3）施工部应实施所有防止不合格品发生的质量控制工作，制订有效的纠正和预防措施，验明并改正施工中的不足，不得擅自提高或降低质量标准。

各部门应将分包工程纳入项目质量控制范围；维护质量管理体系运行；按质量管理体系文件要求填写、上报各种记录；开展质量管理活动，进行相关质量培训；在项目实施过程中互相协调，配合处理出现的质量问题。

二、工程总承包项目质量管理体系

1. 质量管理体系的总体要求

EPC 总承包商应建立质量管理体系，并形成文件，在项目实施过程中必须遵照执行并保持其有效性。EPC 总承包商负责其内部各个部门的协调，组织协调、督促、检查各分包商的质量管理工作。各分包商也应相应建立其质量管理体系，并接受 EPC 总承包商的审核，同时接受业主、PMC 监理的监督和审核。EPC 总承包商进行质量审核，及时发现质量管理体系的运行问题，并进行纠正、跟踪，确保质量管理能力不断提高。

2. 质量管理体系的文件要求

（1）文件要求。项目质量管理体系文件由以下三个层次的文件构成：质量手册；按项目管理需要建立的程序文件；为确保项目管理体系有效运行、项目质量的有效控制所编制的质量管理作业文件，如作业指导书、图纸、标准、技术规程等。工程总承包项目质量体系文件框架如图 4-1 所示。

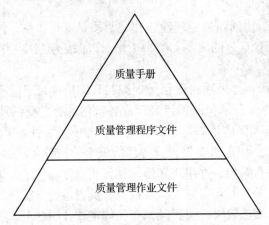

图 4-1　总承包项目质量体系文件框架

（2）文件控制。质量部对所有与质量管理体系运行有关和项目质量管理有关的文件都应予以控制。工程总承包项目信息文件控制管理流程如图 4-2 所示。

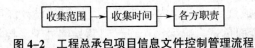

图 4-2　工程总承包项目信息文件控制管理流程

1）收集范围。凡是反映与项目有关的重要职能活动、具有利用价值的各种载体的信息都应收集齐全，归入建设项目档案。

2）收集时间。应按信息形成的先后顺序或项目完成情况及时收集。

3）各方职责。项目准备阶段形成的前期信息应由业主各承办机构负责收集、积累，并确保信息的及时性、准确性；EPC 总承包商负责项目建设过程中所需信息的收集、积累，确保信息的及时性、准确性，并按规定向业主档案部门提交有关信息；各分包商负责其分包项目全部信息的收集、积累、整理，并确保信息的及时性、准确性；项目 PMC 监理负责监督、检查项目建设中信息收集、积累和齐全、完整、准确情况；紧急（质量、健康、安全、环境）情况由发现单位迅速上报，具体按照 EPC 总承包商项目经理部质量管理体系文件和 HSE 管理体系文件中的相关程序执行。

（3）记录控制。为保证记录在标识、储存、保护、检索、保存和处理过程中得到控制，EPC 总承包商项目经理部信息文控中心编制并组织实施记录控制程序。

需要控制的质量记录有：各参与方、部门、岗位履行质量职能的记录；不合格处理报告记录；质量事故处理报告记录；质量管理体系运行、审核有关的记录；设计、采购、施工、试运行有关的记录。

记录要满足下列要求：所有记录都要求字迹工整、清晰、不易褪色；记录内容齐全、不漏项，数据真实、可靠，签证手续完备、满足要求；质量记录必须有专人记录、专人保管、定期存档，具有可追溯性；对于在计算机内存放的质量记录，要按照计算机管理的有关规定严格执行；记录应设保存期；记录的编号执行 EPC 总承包商项目经理部的"信息文控编码程序"。

3. 质量管理体系建立程序

（1）质量管理体系的建立过程。确定项目的质量目标；识别质量管理体系所需的过程与活动；确定过程与活动的执行程序；明确职责分工和接口关系；监测、分析这些过程。

（2）质量管理体系编制顺序。质量管理体系文件的编制顺序有三种：先编制质量手册，再编写程序文件及作业文件；先编写程序文件，再编写质量手册和作业文件；先编写作业文件，然后编程序文件，最后编写质量手册。

不同的编制方法有不同的特点，应该根据总承包项目的特点和编写人员的能力等各方面的因素来决定选用哪种方法。

（3）质量管理体系文件的编制流程。如图 4-3 所示，质量管理体系文件编制流程图详细描述了如何进行质量管理体系文件的编制，直至正式运行。

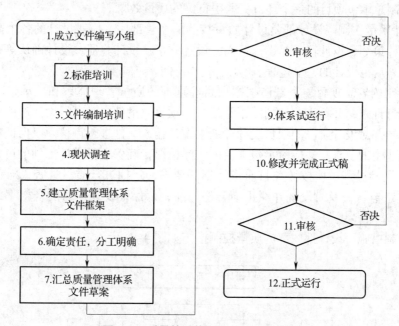

图 4-3　质量管理体系文件的编制流程

4. 工程总承包项目质量控制

（1）质量计划。

1）编制质量计划的目的。确定项目应达到的质量标准以及为达到这些质量标准所必需的作业过程、工作计划和资源安排，使项目满足质量要求，并以此作为质量监督的依据。EPC 总承包商项目质量经理应根据项目的特点，负责质量计划的编写、实施和维护。

2）质量计划编制依据。合同中规定的产品质量特性，产品应达到的各项指标及其验收标准；项目实施计划；相关的法律、法规及技术标准、规范；质量管理体系文件及其要求。

3）质量计划编制原则。质量计划是针对项目特点及合同要求，对质量管理体系文件的必要补充，体系文件已有规定的尽量引用，要着重对具体项目及合同需要新增加的特殊质量措施，做出具体规定；质量计划应把质量目标和要求分派到有关人员，明确质量职责，做到全过程质量控制，确保项目质量；质量计划编制应简明，便于使用与控制。

4）质量计划的内容。其内容如下：项目概况；项目需达到的质量目标和质量要求；编制依据；项目的质量保证和协调程序；以质量目标为基础，根据项目的工作范围和质量要求，确定项目的组织结构以及在项目的不同阶段各部门的职责、权限、工作程序、规范标准和资源的具体分配；说明本质量计划以质量体系及相应文件为依据，并列出引用文件及作业指导书，重点说明项目特定重要活动（特殊的、新技术的管理）及控制规定等；为达到项目质量目标必须采取的其他措施，如人员的资格要求以及更新检验技术、研究新的工艺方法和设备等；有关阶段适用的试验、检查、检验、验证和评审大纲；满足要求的测量方法；随项目的进展而修改和完善质量计划的程序。

（2）过程质量控制。总承包项目质量控制应贯穿项目实施的整个过程中，即包括设计质量控制、采购质量控制、施工质量控制、试运行质量控制等，只有采用全过程的质量管理，才能控制总承包项目的各个环节，取得良好的质量效果。

1）设计质量控制。设计部是设计质量控制的主管部门，应对设计的各个阶段进行控制，包括设计策划、设计输入、设计输出、设计评审、设计验证、设计确认等，并编制各种程序文件来规范设计的整个过程。

质量控制内容。项目质量部应根据项目经理部的质量管理体系和总承包项目的特点编制项目质量计划，并负责该计划的正常运行；项目质量部应对项目设计部所有人员进行资质的审核，并对设计阶段的项目设计计划、设计输入文件进行审核，以保证项目执行过程能够满足业主的要求，适应所承包项目的实际情况，确保项目设计计划的可实施性；设计部在整个设计过程中应按照项目质量计划的要求，定期进行质量抽查，对设计过程和产品进行质量监督，及时发现并纠正不合格产品，以保证设计产品的合格率，保证设计质量。

质量控制措施。设计部内部的质量控制措施如图4-4所示。

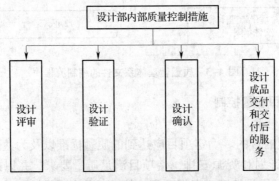

图4-4　设计部内部的质量控制措施

设计评审。设计评审是对项目设计阶段成果所做的综合的和系统的检查，以评价设计结果满足要求的能力，识别问题并提出必要的措施，设计经理在项目设计计划中应根据设计的成熟程度、技术复杂程度确定设计评审的级别、方式和时机，并按程序组织设计评审。

设计验证。设计文件在输出前需要进行设计验证，设计验证是确保设计输出满足设计输入要求的重要手段。设计评审是设计验证的主要方法，除此之外，设计验证还可采用校对、审核、审定及结合设计文件的质量检查、抽查方式完成。校对人、审核人应严格按照有关规定进行设计验证，认真填写设计文件校审记录。设计人员应按校审意见进行修改。完成修改并经检查确认的设计文件才能进入下一步工作。

设计确认。设计文件输出后，为了确保项目满足要求，应进行设计确认，该项工作应在项目设计计划中做出明确安排。设计确认方式包括：可研报告评估，方案设计审查，初步设计审批，施工图设计会审、审查等。业主、PMC监理和项目经理部三方都应参加设计确认活动。

设计成品交付和交付后的服务。设计部要按照合同和工程总承包企业的有关文件，对设计成品的放行和交付做出规定，包括设计成品在设计部内部的交接过程；出图专用章及有关印章的使用；设计成品交付后的服务，如设计交底、施工现场服务、服务的验证和服务报告。

2）采购质量控制。EPC总承包商采购部是采购的管理和控制部门，应编制"物资采购控制程序"来确保采购的货物满足采购要求。

采购前期。应根据不同的采购产品分析对EPC总承包商项目实现过程的影响，以及对最终产品的影响，将物资分类；应根据物资的重要性，采购部组织评价，拟定合格的供应商，然后根据合同约定，由业主或者自行确定供应商。对供应商的评价和选择应考察供应商单位资质、经验、履约能力、售后服务能力等，并应保持持续的跟踪评价，减少因采购导致的风险；EPC总承包商采购部负责确定采购要求，在与供应商沟通之前，确保规定的采购要求是充分和适宜的。

物资加工过程。要求供应商按照采购货物的特点建立并严格执行质量管理体系，采购部按照有关条款对各供应商的质量管理体系进行审核。对于供应商承担的质量职责，EPC总承包商项目经理部要在与供应商达成的采购合同中给予明确。EPC总承包商项目经理部委托驻厂监造，并授予监造人员一定的权利，以利于监督工作的正常开展，监造人员要针对加工制造的物资或设备，制订监造计划、监造实施细则并编制相应的程序以规范工作。

采购物资的验证。在采购合同中应明确物资验证方法，验证工作由采购部组织。根据国家、地方、行业对各种物资的规定，物资重要性的不同，确定对物资的抽样办法、检验方式、验证记录等。对验证中发现的不合格品，应编制"不合格品控制规定"进行处理。

（3）施工质量控制。

1）施工前管理。建立完善的质量组织机构，规定有关人员的质量职责；对施工过程中可能影响质量的各因素包括各岗位人员能力、设备、仪表、材料、施工机械、施工方案、技术等因素进行管理；对施工工作环境、基础设施等进行质量控制。

2）施工过程中管理。EPC总承包商项目经理部应编制"产品标识和可追溯性管理规定"，对进入现场的各种材料、成品、半成品及自制产品，应进行适当标识。进入施工现场的各种材料、成品、半成品必须经质量检验人员按物资检验规程进行检验合格后才可使用，EPC 总承包商项目经理部应编制"产品的监视和测量控制程序"进行规定。在施工过程中发现的不合格品，其评审处置应按"不合格品控制规定"执行。编制"监视和测量装置控制程序"，对检验、测量和试验设备进行有效控制，确保其处于受控状态。对参与项目的人员进行考核，对施工机械、设备进行检查、维修，确保能够满足施工要求。在施工过程中，对施工过程及各环节质量进行监控，包括各个工序、工序之间交接、隐蔽工程，并对质量关键控制点进行严密的监控。对于施工过程中出现的变更应制订相关的处理程序。应编制"施工质量事故处理规定"对发生的质量事故进行处理。

（4）试运行质量控制。逐项审核试运行所需原材料、人员素质以及其他资源的质量和供应情况，确认其满足试运行的要求。

1）检查、确认试运行准备工作已经完成并达到规定标准。

2）在试运行过程中，前一工序试运行不合格，不得进行下一工序的试运行。

3）应当编制有关试运行过程中出现质量事故的处理程序文件。

4）应实施试运行全过程的质量控制，监督每项试运行工作按试运行方案实施并确认其试运行结果，凡影响质量的每个环节都必须处于受控状态。

5）对试运行质量记录应按"记录控制程序"的有关规定收集、整理和组织归档，并提交试运行质量报告。

（5）测量、分析和改进。

1）总则。EPC 总承包商项目经理部、质量部负责策划并组织实施项目的测量、分析和改进过程，确保质量管理体系的符合性和有效性。

EPC 总承包商项目经理部应充分收集体系审核中发现的问题，以及过程、产品测量和监控、不合格等各方面的信息和数据，并运用统计技术，分析原因，采取纠正和预防措施，以达到持续改进的目的。

2）测量。

顾客满意度调查。质量部负责对顾客满意度的信息进行监视和测量，确保质量管理体系的有效性并明确可以改进的方面；对顾客信息进行分类并收集与顾客有关的信息，包括对顾客的调查、顾客的反馈、顾客的要求、顾客的投诉等；EPC 总承包商项目经理部其他部门应及时将收集到的信息传递到质量部，由质量部负责对信息进行整理汇总，进行统计分析，得出定性或定量的结果，对于顾客不满意的问题，质量部应组织相关部门进行原因分析，组织有关部门采取纠正或预防措施，并跟踪实施效果。

内部审核。质量部编制并组织实施"内部审核控制程序"，按照程序的规定进行内部审核，以确定质量管理体系是否满足标准的要求，能否有效地实施和保持；在内部审核前，应按照"内部审核控制程序"的要求组织内部审核小组，编制具体的内审计划，准备工作文件和记录表格，包括内部审核计划，检查表，不合格报告，内审报告，纠正、预防措施表，会议签到表等，在准备工作已经做好后，开始进行内部审核；审核员的选择和审核任务的安排应确保审核过程的客观性、公正性和独立性。审核员不能审核自己的工作；通过面谈、现场检查、查阅文件和记录、观看有关方面的工作环境和活动状况，收集证据，记录观察结果，评价与质量管理体系要求的符合程度，确定不合格项；汇总全部不符合项，进行评定，总结审核结果并编写审核报告，对质量管理体系运行的情况及实现质量目标的有效性提出审核结论，并提出纠正、改进建议。对于不合格项，分析不合格原因，制订纠正措施计划，经批准后实施。质量部对实施情况进行跟踪，发现问题时，及时协调解决。纠正措施完成后，对纠正措施的有效性进行验证；内部审核完成后，将审核的全部记录汇总整理后提交质量部，质量部按"记录控制程序"的有关规定收集和保存。

产品的监视和测量。质量部编制并组织实施"产品的监视和测量控制程序"，按照程序的规定对项目全过程进行测量和监视，保证项目每一道工序使用合格产品，以确保使用的过程产品从原材料进货到项目竣工时的项目质量，达到设计和合同要求的质量标准。对进场的各种材料都必须按物资检验规定进行验证，内容包括：观察材料的外观质量、产品标牌、规格、型号及数量，审核产品质量证明文件，如合格证、出厂证明、试验报告等，并进行登记、保管。使用前对必须进行复检的材料要及时进行复检，未经复检或复检不合格的材料禁止投入使用。施工前，施工部门制订监视和测量计划，规定监视和测量方法、评定标准、使用的设备。施工过程中，必须按质量监视和测量计划的内容进行工序监视和测量。未经监视和测量的工序和过程产品，不得进入下一道工序，除非有可靠追回程序的，才可例外放行，但必须随后补做检验。

3）数据分析。质量部负责编制并组织实施"数据分析控制程序"，确定、收集和分析相关数据以证实项目质量管理体系的适应性和有效性。这些数据包括在测量过程中得到的数据以及从其他渠道获得的数据。

质量部负责确定分析数据所使用的统计方法，对应用统计技术的人员，按有关要求进行培训，各部门根据使用要求选用适当的统计方法，质量部负责指导。

对于收集的质量数据用适当的统计技术进行处理后，质量部根据分析提供信息，通过这些信息可以发现问题，进而确定问题产生的原因，并采用相应的纠正、预防措施。同时，利用这些信息确定质量管理体系的适宜性和有效性，并确定改进的方向。

4）改进。EPC 总承包商项目经理部应利用质量方针、质量目标、审核结果、数据分析、纠正和预防措施以及管理评审等选择改进机会，持续改进质量管理体系的有效性，以便向顾客提供稳定的、满意的工程和服务。

质量部负责对日常改进活动的策划和管理，质量部负责组织各部门进行策划，编制质量改进计划，经审核批准后组织实施。

对质量管理体系运行和项目实施全过程中已发现的不合格的现象，EPC 总承包商项目经理部应采取纠正措施，并对纠正的有效性进行评定，直到有效解决问题。对此，质量部应制订并组织实施"纠正措施控制程序"。

为消除产生问题潜在原因，防止发生不合格，确保质量管理体系有效运行，质量部应制订并组织实施"预防措施控制程序"，质量部应按照规定组织其他部门分析产生潜在不合格的原因，确定采取的预防措施，预防措施实施后，各部门对预防措施的实施情况及其有效性进行评价，并上报质量部，由质量部组织有关人员进行验证，做出验证结论，确认预防措施是否有效。

采取纠正措施和实施预防措施记录由质量部负责按"记录控制程序"的规定收集、保存。引起的质量管理体系文件的修改，具体按质量文件控制规定的要求实施。

EPC 总承包商应建立并严格执行质量管理体系，加强过程控制，促进质量持续改进。根据体系文件的规定开展质量管理活动。

施工部应对施工技术管理工作向各施工分包商做统一要求：①监督材料质量的控制，包括供应商选择、验收标准、验证方式、复试检验、搬运储存等；②监督机械设备、施工机具和计量器具的配备检验和使用过程，确保其使用状态和性能满足施工质量的要求；③控制特殊过程和关键工序，按规定确认特殊工序，并对其连续监控情况进行监督；④进行变更时的质量管理，重大变更必须重新编制施工方案并按有关程序审批后实施；⑤必须按国家有关规定处理施工中发生的质量事故。

施工分包商应该在施工部组织监督下做好项目质量资料分阶段的收集、整理、归档工作。施工部应经常对项目质量管理状况分析和评价，识别质量持续改进的机会，确定改进目标。

三、全面质量管理

全面质量管理（Total Quality Management，TQM），其概念是由美国学者费根鲍姆在20世纪60年代初提出的。现代质量管理已是一个非常系统的学科，不同于传统的质量管理。科学技术的发展和企业管理的需要使质量管理越来越现代化。在全面质量管理的概念中，首先明确定义质量。质量是产品或服务的生命。全面质量管理是组织相关部门和员工参与产品质量控制的全过程，综合考虑各种因素，运用现代科学管理技术开发和生产满足客户需求的产品。

质量控制理论历经了五个阶段的发展历史：

第一阶段：20世纪30年代以前是事后检验，对产品质量实行事后把关，但是事后检验只能剔除不合格产品，并不能提高产品质量，因此存在弊端。这一阶段叫作质量检验阶段。

第二阶段：1924年休哈特发明了休哈特工序质量控制图，利用它进行质量控制。休哈特认为，产品质量不是检验出来的而是制造出来的，制造阶段才是质量控制的重点，休哈特理论将质量控制提前到了制造阶段，从而弥补了事后把关的不足。这一时期，质量控制从检验阶段逐渐地发展到了统计过程控制阶段。

第三阶段：1961年，全面质量管理理论由费根堡姆提出，他主张在产品寿命循环的全过程中贯穿落实质量控制。

第四阶段：日本学者田口玄一在20世纪70年代提出将重点放在产品设计阶段来进行质量控制，产品质量的保证首先在设计阶段，其次才是制造阶段。

第五阶段：20世纪80年代，随着先进信息技术的不断发展，质量管理转向了计算机方面，即利用计算机进行质量管理。CIMS 环境下质量信息系统（QIS）就在这时应运而生。

四、EPC 项目质量控制的特点

项目与普通产品不同，它们之间存在很大的差别。与产品质量相比，项目质量控制有以下几个方面的特点：

（1）影响质量的因素多。不同项目的具体情况不尽相同，项目质量影响因素根据不同项目的具体情况要进行具体分析；同一项目的不同阶段和环节，项目质量影响因素也会有变化。影响项目质量的因素中，各影响因素的影响程度也有差异，影响因素的突发性也会不同。因此，只有加强对这些因素的管控，才能保证项目质量管理工作的有效实施。

（2）质量控制具有阶段性。一个项目从开始到结项验收可以分为多个阶段，每个阶段的主要工作内容、标准和管理都有不同。因此在项目不同阶段的质量控制侧重点也会不同。

（3）易产生质量变异。突然原因或内部原因可能导致项目质量数据的变化，这些变化是由项目质量变化引起的。突发原因一般是属于偶然发生的，一般来说难以预防也难以避免，不过这类原因由于是不确定的，项目质量受其引起的变化的影响较小，这种变化是正常的；内在原因一般是属于稳定的，可以通过及时检查发现，采取积极的措施可以有效避免发生质量变异。因此虽然内部原因对项目质量有很大影响，但可以有效避免。由此可见，产生质量变异的原因是不同的，要仔细分析质量变异产生的原因。

（4）容易影响评价。在项目的实施过程中或者项目完成后，对项目质量在质量数据充分分析的基础上进行评价是质量控制的一项重要工作。在前述原因的影响下，项目变得复杂多变。正是因为这个原因，质量数据的采集会产生困难，质量数据的计算也会产生误差，这些都会对质量评价产生负面影响，难以得到准确评价。

（5）项目往往具有不可逆性。项目和普通产品的差别也体现在项目检验的不可逆性上。普通产品的检验可以通过拆分部件，通过对零部件进行相应的质量检验来检测普通产品的质量，从而达到质量控制的目的。然而，在项目的检验上，这种检验形式就变得难以操作或者不切实际，例如我们不能对已经埋入地下的钢筋混凝土进行质量检验。从这一点上可以看到，在项目施工过程中进行分阶段检验并做好相关记录就显得尤为必要。

第二节　EPC 项目工程质量

一、影响 EPC 项目工程质量的因素

工程质量的影响因素主要有五个，分别是人、材料、机械、施工方法以及环境。

1. 人的因素

"以人为本"的质量控制认为人是质量控制的动力，人是质量的创造者。只有发挥人的主观能力，才能实现良好的质量控制。施工首先考虑人为因素的控制，工程施工中涉及的工程技术干部、服务人员、操作人员等因素会影响工程质量。从这些影响因素可以看出，人是影响项目质量的关键因素和主要因素。首先要建立这些人的质量意识，建立质量第一，预控制，为用户服务和用数据说话的概念。这些基本观念是施工人员所必须树立的。其次是人的素质，从决策层面来讲，决策层要有很强的决策能力，要有目标规划；从技术角度来看，中层技术人员必须具备构建和组织技术指导的能力。工程质量的提高离不开决策层的正确组织决策和技术层的技术指导。

2. 材料的因素

项目建设的物质条件包括成品、半成品、原材料、零部件和配件。因此，首先要确保材料的质量。提高项目质量的一个重要部分是加强材料质量控制。材料成分、理化性质等是影响材料质量的主要因素。材料作为工程建设硬件，其质量高低关乎建设全局。施工过程中，材料验收要由施工方与监理公司共同完成，包括对送检材料现场抽检，保证材料质量，无法送检的以现场样本为准。

3. 机械的因素

选择合适的机械类型，合理使用机械设备，正确地操作也是保证质量管理的基础。在施工阶段，要结合建筑结构形式、施工工艺方法等现场条件对机械类型参数进行分析。施工过程中要按可行性、经济性和必要性的原则，对项目特点和工程量进行分析，确定机械类型及使用形式。

4. 施工方法的因素

施工方案指导施工过程中的技术方法与组织设计。施工过程中采取的各种方法贯穿整个建设周期。施工项目质量管理过程中保证正确的施工方案，是工程质量控制的关键前提，同时也是施工质量的关键所在。

5. 环境的因素

影响工程质量的又一重要因素就是环境。环境因素的影响具有复杂多变的特点，如气象条件等。环境因素的控制应根据项目的特点和具体情况，根据不同的特点和条件采取相应的对策。应根据季节的特点进行调整，制订季节性措施，确保施工质量，防止工程项目因冲刷、冻害和开裂而受损。在考虑季节特征的同时，还应考虑混凝土工程、土方工程或水下工程等工程特征。要充分考虑环境因素对施工过程的影响，尽量减小恶劣环境对建设施工的危害，同时健全管理制度。

二、质量控制原则

1. 坚持质量第一的原则

应自始至终地把"质量第一"作为对工程项目质量控制的基本原则。

2. 坚持以人为控制核心的原则

质量控制必须"以人为核心"，发挥人的积极性、创造性，增强人的责任感，以人的工作质量确保工序质量和工程质量。

3. 坚持以预防为主的原则

重点做好质量的事前、事中控制，同时严格对工作质量、工序质量和中间产品质量进行检查，确保工程质量。

4. 坚持质量标准的原则

数据是质量控制的基础，必须以数据为依据，按照合同规定对产品质量进行严格检查。

5. 贯彻科学、公正、守法的职业规范原则

质量控制人员在监控和处理质量问题过程中，应尊重事实、尊重科学、遵纪守法、坚持原则。

三、EPC 项目质量管理的要求

1. 对项目质量管理进行全面策划

针对 EPC 项目质量管理的特点，在项目实施初期，要对项目质量管理工作进行全方位策划，合理编制项目质量管理计划，明确各项规章制度，并对其实施过程进行设计，确保项目质量管理活动的有序开展。EPC 项目质量管理由于项目的特殊性，对质量管理计划和相关制度的依赖性较高，如果在项目初期制订的质量管理计划本身存在问题，会对质量

管理的实施产生严重影响。因此，要保证项目质量计划的全面性和详细性。

在EPC项目管理过程中，编制质量管理计划，主要以总承包合同为依据。通过建立完善的项目管理组织结果，合理设计质量管理的界面、接口关系，落实各项管理职责，为项目质量管理计划的实施提供保障。与此同时，采用科学的方法编制项目质量计划，生成各类质量管理文件，在相关规定下，详细编制质量管理的具体内容。质量管理计划应涵盖所有项目工作范围，在此基础上，结合项目建设的实际情况，建立适用性较高的质量管理体系，准确识别各个环节的质量控制要求，并确保质量管理计划的有效执行。通过项目质量管理技术的编制与实施，为实现项目建设目标提供保障。因此，在编制项目质量管理计划的过程中，要遵循全面性、系统性、规范性、科学性和适用性原则，确保项目质量管理符合要求。

2. 提高质量管理意识

EPC项目质量管理不仅需要对项目管理内容进行全面设计，在其实施过程中，还需要各方人员的共同参与。因此，在项目准备及实施阶段，应不断强化项目全体参与人员的质量管理意识，通过开展必要的宣传教育活动，提高人员质量控制意识和质量控制能力。EPC项目质量管理工作不仅是实现项目建设目标的基础保障，也是确保项目实施安全的重要措施。所有项目参与人员都要按照项目质量管理的要求，规范自身行为，按计划进行施工，从而消除因人员违规操作带来的项目风险问题。在项目实施过程中，应针对不同部门、不同专业的人员制订相应的培训计划，区分质量管理内容，确保培训活动的实效性。应树立质量管理是生产安全保障的基本理念，在项目设计、采购、施工过程中，全方位做好各项管理工作，确保设计的合理性、物资供应的流畅性以及施工的规范性。对于EPC项目使用到的各种设备材料，应对其质量进行严格检查，选择资质合格的材料供应商合作，并做好设备材料的进场检查和记录工作。这些基础质量管理内容应深化在每一名项目参与人员的脑海深处，通过各部门、各岗位人员的协调联动，确保项目质量管理的全面实施，不给项目质量问题留死角，最大限度地降低质量问题的发生。

第三节 EPC项目质量管理策略及步骤方法

一、EPC项目质量管理策略

1. 在设计过程中进行质量管理

EPC项目工程具有一定的系统化特点，综合包括市场分析、销售、项目评估、投标、工程设计、材料设备采购、施工等系列内容，在现阶段EPC项目实施过程中，总承包商的原身多为各地方勘察设计企业。因此，在设计过程中进行质量管理，需要明确EPC项目与纯设计工作之间的差异，并以此作为指导思想，才能进一步实现质量管理目标。

在EPC项目设计过程中进行质量管理，需要明确以下管理重点：基础文件、计算书、设计变更、设计审查、供应商图纸评价、项目终结评审等。EPC项目设计会受到多种因素的约束，因此就需要对受约束的条件进行相应的假设，依据假设条件，得出假设结果。而质量管理的作用，就是要避免此类假设结果在通过验证之前投入使用，以此为依据进行设备采购或直接施工建设。

另外，设计阶段的质量管理有设计工程师审核这一环节，在这一过程中，需要核实全部的供应商图纸及数据，在保证其自身合理性与可行性的同时，还要使其符合采购合同中的技术要求。在核实过程中要保证图纸与数据的结构处于合适状态，并判断其与实际是否存在矛盾。通过全面的审核，综合专业的审核意见之后，落实设计更改工作，以保证设计质量。

2. 在采购过程中进行质量管理

采购过程中的质量管理是 EPC 项目质量管理的重点之一，包括采购渠道管理、质量检验管理等。采购渠道方面，施工方将供应商信息作为管理的重点，针对当地供应商建立完备的资料库，在存在采购需求时，直接通过数据库检索即可了解供应商状况。我国信息社会建设尚不完善，EPC 项目的应用也不够成熟，可以在借鉴西方模式的同时发展自己的质量管理方式。可行的方式为数据库 + 细化检验双重管理模式，即建立供应商数据库的同时，在采购过程中将关乎质量要求的部分分条列项、逐一排查，确保目标质量合格、供应商具备资质。

3. 在施工过程中进行质量管理

施工过程中的质量管理是保证工程质量的关键，也有利于控制工程进度、降低工程成本。具体的管理内容包括设计方案、材料、进度、安全性等。设计方案是施工作业的指导文件，在方案的设计阶段，应保证能够为设计人员提供详实的数据资料，方案出具后，可以应用 BIM 技术对其进行模拟，不断优化和调整，确保方案的可行性。材料方面，应做到不同材料分门别类进行存储，木料、水泥、金属材料等应远离水源，机电设备要处于较为干燥的环境中，热工仪表等不能距离强大电磁场过近，以免指示失真。施工进度方面，需要确保工程按照计划有序进行，对于出现的意外情况也要做好应对准备，如大风、暴雨等，避免材料损失和工程完工部分被破坏。上述措施均可以直接或间接保证施工质量，使EPC 项目质量管理工作落到实处。

4. 建立完善的质量管理体系

重视内审工作。首先，工程项目所在的施工单位在开工前必须对工程质量形成的全过程进行质量目标分解。明确各部门的质量目标，责任明确，层层把关。项目技术部门在编制施工方案时，对容易产生质量问题的部位要重点编制，把各种可能出现的情况都要预想到，并写出明确的应对措施，方案报监理单位审批同意后方可组织实施。其次，工程项目现场管理人员要审查各分包施工单位的施工质量管理是否有相应的施工技术标准、健全的质量管理体系、施工质量检验制度、综合施工质量水平评定考核制度、施工组织设计和施工方案，确定现场管理的目标和标准，并制订出管理制度，使施工质量管理工作制度化、规范化。通过内部质量管理体系审核可以推动内部改革，发现和解决存在的问题，提高施工质量。

5. 明确质量目标、合理分配工作职责

为了确保施工质量达到合同的质量目标，在项目施工前必须让参与建设的所有人员都了解工程项目的质量目标，可以在项目宣传栏明示质量目标。质量目标制订之后，将目标分解，由项目部组织层上下层层签订质量目标责任书，直至落实到岗位和人；定出质量目标检查的标准，也定出实现目标的具体措施和手段，对质量目标的执行过程进行监督，检查工程质量状况是否符合要求，发现偏差，及时分析原因，进行协调和控制；强化现场施

工人员的质量意识，坚持质量第一的思想，增强全员质量意识，对施工质量做到质量标准起点要高，施工操作要严，并进行全过程监控，提高工程质量，创优质、出精品。

二、质量控制步骤及方法

1. 项目质量控制步骤

项目质量控制实际上是一个循环过程。在实际操作中，是将预先设定的质量目标与实际检验的质量结果相对比，找出其中的差别进行针对性分析，提出相应问题的解决措施，如此循环往复。详见以下步骤：

（1）确定控制对象。明确控制对象的标准或目标，即根据项目不同阶段的目标及特点，选取关键环节或者关键因素进行质量控制，才能有针对性有效地控制，这是质量控制的方向。

（2）制订计划。计划是质量控制能达到预期效果的前提条件，也是进行质量管理的关键步骤。

（3）贯彻实施。制订计划后在质量控制过程中按计划实施。

（4）检查记录。一方面检查质量控制效果，并做好数据记录；另一方面对所得数据进行分析。

（5）找出差别，进行分析。根据事先设置的质量目标对质量控制结果进行分析，找出其中的差别进行分析并总结原因。

（6）提出对策。对上述差别进行详细分析，逐条提出解决方法，从而完成质量控制。

上述六个步骤实际上是质量管理四阶段的内容，即计划、实施、检查和处理。所谓循环就是在质量控制过程中六个步骤的循环往复过程。

2. 项目质量控制方法

（1）控制图法。控制图法是以图示的形式对实施过程和实际结果进行描述，找出控制界限来判断项目过程和项目结果是否处于可控范围之内。若不在可控范围之内，就要根据具体情况及时调整；若在可控范围之内则不需调整。

（2）直方图法。直方图法是用每一栏作为一个变量，代表一个具体问题或者问题的特征属性。在图中，问题出现的频率通过每一栏的高度来反映，即高度越高说明该问题出现的频率越大；高度越低说明该问题出现的频率越小。问题的根源可以从图形的形状和宽度进行反映。

（3）趋势分析法。趋势分析法是运用数学方法，借助一定的数学工具对所得数据进行分析并预测其演化趋势的一种质量控制方法。这种方法是通过趋势图来反映预测的趋势，通过线性的趋势图反映一定的偏差趋势。

（4）散点图法。散点图法是以点的形式将变量反映在散点图上，由散点图判断两个变量之间存在的相关关系。若两个变量之间存在很强的相关关系，那么在图上的表现就越接近对角线。

（5）抽样统计法。抽样统计法是确定检测的总体样本之后，对总体进行部分抽样检测，通过对检测结果的分析可以得出在一定置信水平下的预测结果。抽样统计的优点是可以降低质量控制的成本。

（6）质量检验法。质量检验法依据检查人员的不同可分为自检、互检和专检，是根据项目开始前设定的质量目标对项目进行检查。质量检验法需要记录检验结果，分阶段进行测评。

第四节 项目质量管理体系与质量计划

一、项目质量管理体系

为确保项目按政府批准的项目内容、标准要求和设计文件建设完成，保证质量符合国家有关工程建设规范、标准和要求，项目建设管理单位应从总体上构建参建各方（监理、施工、材料供应商等）在内的工程质量保证体系，明确各方在各建设阶段的质量职责和义务，并建立健全本项目的质量管理体系，明确项目管理人员的岗位职责，由项目管理人员负责在各建设阶段督促、检查各方及其人员对其职责和义务的履行。项目质量管理体系见图 4-5。

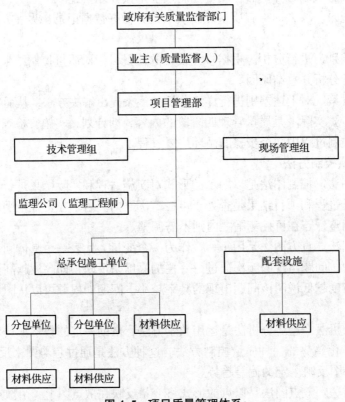

图 4-5 项目质量管理体系

二、项目质量管理计划

项目建设管理的质量目标是工程质量达到设计要求，因此，建设质量管理计划必须贯穿于整个项目建设全过程，作为对外质量保证和对内质量控制的依据。建设质量管理计划应充分体现从资源投入到完成工程质量最终检验和试验的全过程质量管理与控制要求；应针对项目的实际情况及合同要求，明确项目目标、范围，分析项目的风险以及采取的应对措施，确定项目管理的各项原则要求、措施和进程。项目建设质量管理计划应包括下列主要内容：①项目的质量目标、质量指标、质量要求；②业主对项目质量的特殊要求；③项目的质量保证与协调程序；④相关的标准、规范、规程；⑤实施项目质量目标和质量要求应采取的措施。

（1）设计阶段质量管理计划包括：①有关批准文件、合同文件、设计基础资料、国家及行业规定等；②项目费用控制指标、设计人工时指标和限额设计指标；③设计进度计划和主要控制点；④设计与采购、施工和试运行的接口关系及要求。

（2）施工阶段质量管理计划包括：①对施工准备工作的要求；②对施工质量、进度计划的要求；③对施工技术管理计划的要求；④对施工安全、职业健康和环境保护计划的要求；⑤对资源供应计划的要求；⑥对施工分包商的要求；⑦对施工过程中发生的工程设计和施工方案重大变更审批程序的要求。

（3）竣工阶段质量管理计划包括：①对竣工验收制度的要求；②对工程交接后的工程保修制度的要求；③对工程回访工作的要求。

第五节 项目质量控制措施

质量控制的措施包括组织措施、技术措施、合同措施、经济措施和信息管理措施等。

（1）组织措施。落实项目经理部中进度控制部门的人员、具体控制任务和管理职责分工；确定质量工作制度，包括质量协调会议举行的时间，协调会议的参加人员等；对影响质量目标实现的干扰和风险因素进行分析。

（2）技术措施。采用可行的技术方案或方法保证和提高工程质量。

（3）合同措施。拟定合同质量条款，确定质量标准和检查依据，确定质量责任和义务，以及质量奖罚条款。

（4）经济措施。严格按照不合格工程不进入进度款拨付项目，坚持只有监理检查或验收合格的项目才结算，对不合格的项目按照合同条款进行处罚或者扣减工程款。

（5）信息管理措施。进行项目分解并建立质量体系，将质量目标与实际质量状况进行动态比较，定期地向业主提供比较报告。

一、设计阶段质量控制措施

1. 设计阶段质量目标的事前控制

（1）比选设计单位。推行工程设计方案竞赛及招标是降低工程适价、提高设计质量的一个很好的途径，应将设计方案的优劣、设计进度的快慢、设计单位的资历、社会信誉等作为中标的依据，不能单纯仅以设计费的高低或设计方案的优劣来确定设计单位。在评选设计方案时，可邀请对当地情况比较熟悉的专家担任评审委员。评审时，尤其要注意在满足建筑的使用功能规划、环保和造型要求的基础上，还要充分考虑相应结构和设备等专业方案的合理性，因为工程设计可以说是一个系统工程，要在满足使用功能的前提下，使总体目标达到最优。在签订设计合同时，应按国家及各地方建设主管部门制订的工程设计标准合同进行。

（2）编制设计控制计划。设计控制计划应在项目初始阶段由负责设计管理的人员组织编制，经项目建设管理单位的总工程师办公室评审后，由项目经理批准并经业主确认后实施。设计控制计划必须充分体现业主的设计意图，满足业主的要求，它应包括以下内容：有关项目批准文件、设计基础资料、设计规模和质量标准，设计进度计划要求、技术经济要求，即设计人工时指标、限额设计指标和项目费用控制指标，根据具体工程设立项目设计执行效果测量基准。

（3）设置设计质量控制点。设计质量控制点主要包括：设计人员资格的管理，设计技术方案的评审。如从事本工程的设计人员是否具有一定经验和资格，软基处理方案是否合理，新工艺是否可靠并符合规范要求等。对这些目标控制点应预先提出，并制订预控措施，避免事后出现问题而引起返工。

2. 设计阶段质量目标的事中控制

（1）参与各专业设计方案的定案工作。首先应对总体设计方案进行审核，使其与设计纲要及设计目标相符，然后对各专业设计方案进行审核。在对各专业的设计方案进行审核比选时，不仅要从技术先进合理性方面审核，还要进行多方案的经济分析，要符合设计纲要的要求，各专业之间要相互协调，并积极鼓励设计人员采用新技术，充分发挥工程项目社会效益、经济效益和环境效益。初步设计的审核应侧重于工程采用的技术方案是否符合总体方案的要求，是否达到项目决策阶段确定的质量标准，审核项目设计概算是否超出设计任务书批准的投资限额，进一步落实投资的可能性。

（2）定期对各专业目标的推进情况进行检查。由于设计产品的可修复性，使得设计过程中间各专业子目标检查构成了"预防为主"的重要内容。进入施工图阶段后，监理人员按各自专业分别进行中间检查和监督，主要是分析检验各专业之间设计成果的配套情况，从建筑使用功能、工艺路线、设备选型，以及施工难易程度等方面综合评价所采用的设计成果；审查依据资料的可靠性、计算数据的正确性、与国家规范及标准的相容性；落实各专业出图计划，核查设计力量是否切实保证；根据专业或分项工程确定投资分配比例，进行造价估算。检查的方式有阶段性验收检查、半成品抽查及经常性检查。

（3）协调设计各部门和专业的工作。一般大中型工程项目往往由若干个单项工程组成，可能由多个设计单位参与设计，一个单项工程的设计又由若干个专业构成，因此做好各单位各专业之间的协调工作是保证设计任务顺利完成的重要条件。设计的组织与协调工作应根据设计的进展情况，通过定期召开设计协调会议来完成。在协调会议上落实任务和分工，确定重大设计原则，统一设计标准，研究控制投资的措施，明确各专业互提条件的深度及时间，进行各专业之间的进度协调。

此外，还要加强与外部的协调工作，配合设计进度，提供基础性资料，协调设计与主管部门的关系，主要协调与规划、消防、人防、防汛、环保、供电、供水和供气等部门的关系，协调设计与材料、设备供应商的关系。

3. 设计阶段质量目标的事后控制

项目建设管理人员应根据设计计划的要求，除督促设计单位按时完成全部设计文件外，还应准备或配合设计单位办理设计图纸和资料的提交工作，及时按照有关规定将施工图设计文件送审。

二、施工阶段质量控制措施

1. 施工质量控制

（1）施工前管理。建立完善的质量组织机构，规定有关人员的质量职责；对施工过程中可能影响质量的各因素，包括各岗位人员能力、设备、仪表、材料、施工机械、施工方案、技术等因素进行管理；对施工工作环境、基础设施等进行质量控制。

（2）施工过程中管理。EPC 总承包商项目经理部应编制"产品标识和可追溯性管理规定"，对进入现场的各种材料、成品、半成品及自制产品，应进行适当标识。进入施工现场的各种材料、成品、半成品必须经质量检验人员按物资检验规程进行检验合格后才可使用，EPC 总承包商项目经理部应编制"产品的监视和测量控制程序"进行规定。在施工过程中发现的不合格品，其评审处置应按"不合格品控制规定"执行。编制"监视和测量装置控制程序"，对检验、测量和试验设备进行有效控制，确保其处于受控状态。对参与项目的人员进行考核，对施工机械、设备进行检查、维修，确保能够符合施工要求。在施工过程中，对施工过程及各环节质量进行监控，包括各个工序、工序之间交接、隐蔽工程，并对质量关键控制点进行严密的监控。对于施工过程中出现的变更应制订相关的处理程序。应编制"施工质量事故处理规定"，对发生的质量事故进行处理。

2. 施工阶段质量控制措施

（1）施工阶段质量目标的事前控制。

1）比选承包商和材料设备供应商。在工程施工招标阶段，项目经理部应根据工程项目的范围、内容、要求和资源状况等，合理划分施工标段或按专业实行施工分包，委托招标代理机构组织招标工作。在评选设计方案时，可邀请对当地情况比较熟悉的专家担任评审委员。在投标评审时，代表业主参与评标的项目管理人员应认真审核投标单位的标书中关于保证工程质量的措施和施工方案，择优选择承建商，将能否保证工程质量作为选择承建商的重要依据。承包商确定后及时办理建设工程施工许可证、工程质量监督备案、施工安全监督备案、建设项目报建费审核工作。

2）编制施工控制计划。施工控制计划应在项目初始阶段由负责项目管理的人员组织编制，经项目建设管理单位的总工程师办公室评审后，由项目经理批准并经业主确认后实施。施工控制计划必须完全体现业主拟定的质量目标、投资目标和进度目标，并满足业主的特殊要求，应包括如下内容：对施工质保体系的要求，对施工质量计划、进度计划的要求，对施工技术、资源供应及施工准备工作的要求。当施工采用分包时，应在施工控制计划中明确分包范围、分包人的责任和义务，分包人在组织施工过程中应执行并满足施工计划的要求。

3）设置施工质量控制点。施工质量控制点主要包括：地基与基础工程、主体结构、建筑装饰装修、建筑屋面、建筑给排水及采暖、建筑电气、智能系统和电梯等分部工程的阶段性验收。每一分部工程的实体质量必须符合设计要求，必须达到建筑工程施工质量验收统一标准。在计划的分部工程阶段性验收时间之前，如果项目建设管理人员发现有的分部工程不能达到设计要求或施工质量要求，必须督促承包商立即整改，整改合格后方可进行施工交验。

4）组织设计会审。为了避免设计过程中可能存在的缺陷和失误，同时对建设工程的使用功能、结构及设备选型、施工可行性和工程造价等进行有效的预控，项目经理部应在施工正式开工之前组织设计会审，设计单位、监理单位、承包商以及有关施工监督管理和物资供应等人员参加。为了保证设计技术会审的质量，在设计会审前项目经理应组织管理人员先行预审，进一步理解设计意图和设计文件对施工的技术、质量和标准要求。首先核查设计人员选用规范、图集的时效性与适用性；其次核查设计图纸的正确性与准确性；最后核查设计采用新材料、新技术的合理性与经济性。

5）做好施工交接工作。交接工作主要包括：①场地红线及自然地貌情况、四邻各类原有建筑物的详细情况，如基础类型、埋置深度、持力层，施工时间及质量情况，建筑物主体结构类型、层数、总高、承包商及工程质量情况等。②水源、电源接驳点及其管径、流量、容量等，如已装有水表、电表的，双方应办理水表、电表读数认证手续。水准点、坐标点交接。占道及开路口的批准文件，具体位置及注意事项，地下电缆、水管等管线情况，交待指定排污点及市政对施工排水的要求，提醒承包商注意可能碰到的地下文物的保护。按合同规定份数向承包商移交施工图纸、地质勘察报告及有关技术资料。

6）确认施工组织设计。项目管理人员应及时确认经监理工程师批准的施工组织设计，对施工组织设计中的项目进度控制、质量控制、安全控制、成本控制、人力资源管理、材料管理、机械设备管理、技术管理、资金管理、合同管理、信息管理、现场管理、组织协调、竣工验收、考核评价及回访保修的内容提出优化改进意见。

7）核实工程开工条件。监理单位签发的开工报告由项目建设管理单位核实后转报业主批准。已具备如下开工条件的工程方可开工：项目法人已经设立、项目组织管理机构和规章制度健全、项目经理和管理机构成员已经到位；项目初步设计及总概算已经批复；项目资本金和其他建设资金已经落实；项目施工组织设计已经编制完成；项目主体工程（或控制性工程）的承包商已经通过招标选定，施工承包合同已经签订；项目业主与项目设计单位已签订设计图纸交付协议；项目征地、拆迁的施工场地"三通一平"工作已经完成，有关外部配套生产条件已签订协议；项目主体工程施工准备工作已经做好连续施工的准备；需要进行招标采购的材料，其招标组织机构落实，采购计划与工程进度相衔接。

（2）施工阶段质量目标的事中控制。监督检查经监理工程师批准的施工组织设计的执行情况，监督承包商按照《建设工程项目管理规范》（GB/T 50326—2017）施工，及时向业主汇报。

1）承包商在施工前应组织设计交底，理解设计意图和设计文件对施工的技术、质量和标准要求。

2）承包商应对施工过程的质量进行监督，并加强对特殊过程和关键工序的识别与质量控制，并应保持质量记录。

3）承包商应加强对供货质量的监督管理，按规定进行复验并保持记录。

4）承包商应监督施工质量不合格品的处置，并对其实施效果进行验证。

5）承包商应对所需的施工机械、装备、设施、工具和器具的配置以及使用状态进行有效性检查和（或）试验，以保证和满足施工质量的要求。

6）承包商应对施工过程的质量控制绩效进行分析和评价，明确改进目标，制订纠正和预防措施，保证质量管理持续改进。

7）承包商应根据项目质量计划，明确施工质量标准和控制目标。通过施工分包合同明确分包人应承担的质量职责，审查分包人的质量计划是否与项目质量计划保持一致性。

8）承包商应对工程的施工准备工作和实施方案进行审查，必要时应提出意见或发出指令，以确认其符合性。

9）承包商应组织施工分包人按合同约定完成并提交质量记录、竣工图纸和文件，并对其质量进行审查。

10）承包商应建立安全检查制度，按规定组织对现场安全状况进行巡检，掌握安全信息，召开安全例会，及时发现和消除安全隐患，防止事故发生。

11）承包商应建立和执行安全防范及治安管理制度，落实防范范围和责任，检查报警和救护系统的适应性和有效性。

12）承包商应建立施工现场卫生防疫管理网络和责任系统，落实专人负责管理并检查职业健康服务和急救设施的有效性。

13）承包商应根据总承包合同变更规定的原则，建立施工变更管理程序和规定，对施工变更进行管理。

监督检查监理规划的执行情况，监督监理单位按照《建设工程监理规范》（GB/T 50319—2013）实施监理，及时向业主汇报。

1）监理单位应审查并签认已批准的施工组织设计在实施过程中的调整、补充或变动。

2）监理单位应检查工程采用的主要设备及材料是否符合设计要求，防止不合格的材料、构配件、半成品等用于工程。

3）监理单位应按照现行规范、标准以及设计图纸检查施工过程中的工序质量，确保工程质量达到预控。

4）监理单位应主持召开工地例会，做好各方协调工作。

5）监理单位应督促检查承包商安全生产技术措施的实施，参与处理工程质量事故，督促事故处理方案的实施及效果检查。

（3）竣工及保修阶段质量目标的事后控制。

1）参与单位工程的预验收。当单位工程基本达到竣工验收条件后，承包商应在自审、自查、自评工作完成后，填写工程竣工报验单，并将全部竣工资料报送项目监理机构，申请竣工验收。项目建设管理人员应及时督促监理人员对承包商报送的竣工资料进行全面审查，同时对工程实体的质量要进行检查，针对这两个方面存在的问题，要求并监督施工承包商限时进行整改。

2）组织工程竣工验收。单位工程全面完工后，承包商应自行组织有关人员进行检查评定，并向项目建设管理单位提交工程验收报告。项目建设管理单位收到工程验收报告后，应组织勘测单位、设计单位、监理单位、承包商和质检部门进行工程竣工验收。单位工程实体质量达到建筑工程施工质量验收统一标准，观感质量综合评价和质量控制资料均符合要求，则单位工程质量验收合格。如果在竣工验收过程中还存在少数工程质量缺陷，应立即督促承包商限时整改。

3）参与保修阶段的工程质量问题的处理。督促监理企业要安排有关监理人员对业主提出的工程质量缺陷进行检查记录，并对施工承包商修复工程的质量进行验收和签认保修金的支付。

三、总包对分包商工程质量的管理

工程建设项目实施过程本身的质量决定了项目产品的质量，项目过程的质量是由组成项目过程的一系列活动所决定的。项目的质量策划包括了项目运行过程的策划，即识别和规范项目实施过程、活动和环节，规定各个环节的质量管理程序（包括质量管理的重点和流程）、措施（包括质量管理技术措施和组织措施等）和方法（包括质量控制方法和评价方法等）。

因为合同或其他原因，总包商在工程进行前需要制订一个质量目标，并在施工过程中去完成这个目标。总包商与业主签订合同中的质量标准是针对整个工程项目而言。即使其他子项再优，只要某子项未能达标，就全面否定了整个项目的质量目标。《建设工程施工合同管理办法》中规定，分包工程的质量、工期和分包方行为违反总包合同的，由承包方承担责任（文件中的"承包商"即"总包商"）。在 FIDIC 条款中规定即使经工程师同意后分包，也不应解除合同中规定的总包人的任何责任和义务，总包商不能只保证自己完成部分的质量，必须有能力、有权力全面管理、监督各分包商的工作，而总包商在分包商资格认定上应当有发表自己意见的权力。

为进行项目质量管理，需要建立相应的组织机构，配备人力、材料、设备和设施，提供必要的信息支持以及创造项目合适的环境。对于 EPC 总承包项目除了按照企业的质量体系中相关的程序文件严格进行各个环节的质量控制外，在质量管理规划中，还需要特别注意以下几个方面：

1. 设计部分

EPC 项目以设计为龙头，在设计阶段组织多次的设计评审工作，根据项目的合同、各阶段的设计要求以及与之相关的设计文件、有关的标准和规范，首先评审设计方案的先进性、适用性、可行性和经济性；重点评审设计中新技术、新材料、新设备的采用是否经过充分的论证、是否具有成熟可靠的经验。对评审中提出的问题，组织有关人员研究处理，制订改进措施，并实行跟踪管理，直到符合要求。

2. 使用严格的规范

当工程项目是在国外建造时，合同既可以约定使用项目实施所在国的标准规范，也可以使用中国的标准规范，还可以使用欧美的标准，虽然各个标准规范总的要求和方法基本相同，但在具体细节上仍然存在一些差异，因此，项目规定在保证费用计划不受到太大冲击的条件下，项目实施的各个阶段、各个环节尽量选用更加严格的标准执行。执行高标准的规范要求将为项目的质量提供更加充分的保证。

3. 成立专业的质量管理队伍

由于 EPC 总承包项目的大部分实施工作委托给分包商承担，EPC 总包商在项目质量控制中承担的主要任务是管理，总承包商需要在公司内部组织和向外聘请有相关环节工程经验和管理能力的专门人员，成立专业的质量管理队伍，对工程项目的设计工作、设备的制造、材料采购进场及施工安装等各个具体的实施环节进行全过程的质量控制和管理。

具体而言，总包商对分包商的工程质量的管理基本思路是根据工程的具体情况，从影响安全的关键因素入手，包括安全管理人员素质、施工设备、材料质量和施工方法等。对工程项目实施过程的输入要素和过程本身的质量进行了有效控制，才能为实现项目产品的质量目标奠定可靠的基础。

4. 人员的管理

首先，总包商成立由项目经理牵头的质量管理小组。小组成员的选择以综合素质为标准，在质量管理理论水平和实际工作经验、专业以及年龄等方面形成比较合理的结构。对于分包商的人员配备的最低要求是拥有专业齐全的项目管理人员，技工在施工班组中所占比例要满足合同要求，专业性强的如施工测量人员和特殊工种如电焊工、起重工等要持证上岗。

5. 设备的管理

施工设备无论是从租赁公司租赁还是自行购买的，在性能、型号、功率上一定要符合施工工艺要求。因为不同的性能、型号的设备往往有许多差异，使工程质量有波动性难以控制，所以，对于设备的管理要从项目的总体上把握。生产经理详细掌握设备是否处于良好工作状态、是否所有配件齐全完好并进行了设备的验收等情况。为了给分包商提供良好的工作条件支持，在项目实施中保证塔吊和地泵等大型施工设备的工作稳定性，为分包商的工期改进提供物质条件。

6. 过程控制

过程是能够产生结果的一系列活动的积累程序，项目管理理论的核心思想就是过程管理。只要过程能够控制好，按照项目功能要求完成了过程中的每一个环节，就必然能够得到期望的结果。施工过程的控制主要包括材料的控制和施工过程的监控的"三检制"的实施。材料控制主要是各种材料合理堆放和产品标识牌。钢筋要按批次做试验，在尚未出具试验报告前严禁使用。施工过程的监控把握关键点，如钢筋直螺纹、冷挤压的连接，钢筋间距、硅保护层、模板的支护等。因为总包商对分包商的工程质量负有直接责任，所以分包商的单位工程必须接受总包商的监督检查，每个分项工程完成后均按质检程序分级检查。

复习思考题

1. 影响 EPC 项目工程质量的因素有哪些？
2. EPC 项目质量控制的原则是什么？
3. EPC 项目进行质量控制的措施有哪些？

第五章　EPC 工程总承包投资控制

本章学习目标

通过本章的学习，可以初步掌握 EPC 工程总承包投资控制的基本概念与现阶段的发展状况，确定 EPC 工程总承包投资控制的目标与重点、难点，初步了解基于 BIM 的投资控制管理。

重点掌握：EPC 工程总承包投资控制的基本概念，EPC 工程总承包投资控制的目标与重点、难点。

一般掌握：基于 BIM 的投资控制管理。

本章学习导航

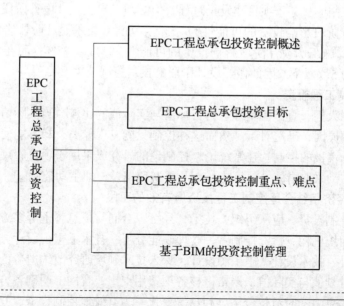

第一节　EPC 工程总承包投资控制概述

一、工程投资管理的基本内涵

工程投资的有效控制就是在优化设计方案、建设方案的基础上，在工程建设的各阶段，采用一定的方法和措施，把工程投资的发生额控制在合理的范围或核定的投资限额内，以求合理使用人力、物力、财力，取得较好的投资效益和社会效益。

可从两种角度来认识与理解工程投资：从业主的角度，工程投资指的是建设工程的全部投资费用，即一项工程的建成，预期或实际支付的全部固定资产投资费用；从承包商的角度，工程投资指的是一项工程的完成，预计或实际在设备市场、土地市场、劳务市场等交易活动中形成的建设工程价格，即通常所说的工程承包价格。

工程投资管理是利用科学的管理方法和先进的管理手段对影响造价的资源和因素进行的组织、计划、控制和协调等一系列活动，实现投资确定与控制的目的，做到技术与经济的统一，提高经营和管理的水平，其主要包含以下几个方面的内容：

1. 工程投资限额的确定

工程项目建设过程是一个周期长、资源消耗量大的生产消费过程，受各种因素的影响和条件的限制。因此工程投资限额的确定是随着建设项目各个阶段的深入，由粗到细分阶段设置，由粗略到准确逐步推进。投资决策阶段的投资控制数是工程项目决策的重要依据之一，一经批准，投资控制数应作为工程造价的最高限额，其设计概算不得超过投资控制数。

2. 以设计阶段为重点的建设全过程投资控制

工程投资控制应贯穿于项目建设全过程，但必须突出重点。设计阶段对投资的影响非常大：初步设计阶段影响投资的可能性为 75% ~ 95%；技术设计阶段影响投资的可能性为 35% ~ 75%；施工图设计阶段影响投资的可能性为 5% ~ 35%；而在施工阶段影响投资的可能性仅为 5% 以下。因此做好设计阶段的投资控制至关重要。

3. 主动控制工程投资

长期以来，人们一直把控制理解为目标值与实际值的比较，当实际值偏离目标值时才分析产生偏离的原因，确定对策。然而这种控制只能发现偏离，却不能使之消失或预防其产生，是被动、消极的控制。在系统论、控制论的研究成果用于项目管理后，我们应将控制立足于事先主动采取措施，尽可能减少乃至避免偏差，即主动控制。

4. 技术与经济相结合是控制工程投资最有效的手段

要有效地控制投资，应从组织、技术、经济、合同与信息管理等多方面采取措施。组织上明确项目组织机构、投资控制者、管理职能分工；技术上重视设计方案选择，严格监督审查初步设计、技术设计、施工图设计，深入技术领域研究节约造价的可能；经济上动态地比较造价计划值与实际值，严格审核各项费用支出；合同上明确各方责任、合同价款及奖罚条文；信息上随时清楚价格、利息等变化。为有效地控制投资，我们应尽快改善我国技术与经济分离的现状，将两者紧密结合。

二、工程投资管理相关理论

工程投资控制管理理论的发展，是随着生产力、社会分工及商品经济的发展而逐渐形成和发展的。

在中国，历代工匠积累了丰富的经验，逐步形成了一套工、料限额管理制度。据记载，我国唐代就已有夯筑城台的定额。北宋李诫所著《营造法式》共36卷35 555条，实际上就是官府颁布的建筑规范和定额。它汇集了北宋以前历代对控制工、料消耗和施工管理的技术理论精华，经明代工部完善成《工程做法》流传下来。中华人民共和国成立后，全面引进苏联工程项目概预算制度和管理思想，规定了工程项目各个不同阶段的工程造价管理办法，对造价进行确定与控制。20世纪80年代，随着我国改革开放的不断深入，开始对工程概预算定额制度进行改革。1990年7月，中国建设工程造价管理协会成立后，我国工程投资管理理论和方法的研究与实践方面才有了快速发展，改变了苏联"量价统一"的定额模式，开始转向"量价分离"，实现以市场形成工程价格为主的价格机制，形成了全过程工程投资管理理论，逐步与国际惯例全面接轨。

在国外，伴随着资本主义的发展，16世纪到18世纪英国随着设计和施工的分离，出现了帮助工匠对已完成工程量进行测量和估价的工料测量师。19世纪初，开始推行招标承包制，工料测量师测量和估价已经提前到工程设计以后和开工前进行。1868年在英国出现"皇家特许测量师协会"，标志着工程造价管理专业的正式诞生。20世纪三四十年代，工程经济学创立，将加工制造业的成本控制方法加以改造后用于工程项目的投资控制，工程投资研究得到新发展。到20世纪50年代，澳大利亚、美国、加拿大也相继成立了测量师协会，开展了对工程投资确定、控制、工程风险投资等许多方面的理论与方法的全面研究。同时，高等学校开始培养专门的人才。20世纪七八十年代，英美一些国家的工程造价界学者和实际工作者在管理理论和方法研究与实践方面进行广泛的交流与合作，提出了全生命周期工程投资管理概念，使投资管理理论有了新的发展。到了20世纪八九十年代，人们对工程投资管理理论与实践的研究进入综合与集成的研究阶段。各国纷纷改进现有工程造价确定与投资控制理论和方法，借助其他管理领域在理论与方法上的最新成果，对工程投资进行更为深入而全面的研究，创造并形成了全面工程投资管理思想和方法。到目前为止，从事投资管理的人士还在不断研究探索，以寻求更能有效确定和控制工程投资的理论和方法。

工程投资管理理论经历了几个世纪，发展成为思想先进和体系完备的诸多理论。当今，具有代表性的主要有全面工程投资管理。

全面投资管理内容涵盖了全寿命周期、全过程、全要素、全方位的工程投资管理内容，集成与协调不同的管理方法和工具以有效计划与控制工程投资，为工程项目投资管理的实施提供了一系列的科学理念与实践方法。

全面工程投资管理理论适用于管理任何企业、作业、设施、项目、产品或服务的工程投资管理的思想和体系。它是指在整个投资管理过程中以工程造价管理的科学原理、已获验证的技术和最新的作业技术作支撑，强调会计系统、造价系统和作业系统共同集成才能够实现的工程投资管理思想方法。

全面工程投资管理所使用的方法主要包括：经营管理和工作计划的方法、投资预算的方法、经济与财务分析的方法、投资工程的方法、作业与项目管理的方法、计划与排产的方法、造价与进度度量和变更控制的方法等。为了便于管理而按其先后顺序划分出详细的管理阶段，具体如下：

（1）发现需求和机遇阶段；

（2）说明目的、使命、目标、政策和计划阶段；

（3）定义具体要求和确定支持技术阶段；

（4）评估和选择方案阶段；

（5）研究和发展新方法阶段；

（6）根据选定方案进行初步开发与设计阶段；

（7）获得设施和资源阶段；

（8）实施阶段；

（9）修改和提高阶段；

（10）退出服务和重新分配资源阶段；

（11）补救和处置阶段。

由此可见，全面工程投资管理理论打破了传统的工程造价管理的局限性，拓宽了工程投资管理的范畴和领域，适应当今经济的发展要求。但是，这种管理思想和方法必须有一定的技术储备并在市场经济比较发达的基础上，才能得以实施和发展。

1. 工程投资全生命周期管理

工程投资全生命周期管理包括从项目的投资决策、设计、施工、运营、维护直到拆除的所有阶段，综合管理项目的建造成本、使用成本、维护成本以及拆除成本，以有效控制工程全生命周期总成本，实现成本最小化的目的。工程投资全生命周期管理要求项目各参与主体在工程全过程各个阶段的项目管理都要从全生命周期角度出发，对质量、工期、造价、安全等全要素以及建设方、施工方、设计方等全方位进行集成管理。

工程投资全生命周期管理理论是运用工程经济学、数学模型等多学科知识，采用综合集成方法，重视投资成本、效益分析与评价，强调对工程项目建设前期、建设期、使用维护期等各阶段总投资最小的一种管理理论和方法。

工程投资全生命周期管理主要是由英美的一些造价工程界的学者和实际工作者于20世纪70年代末和80年代初提出的，之后在英国皇家测量师协会的直接组织和大力推动下，进行了广泛深入的研究和推广，发展至今，逐步成为较完整的现代化工程造价管理理论和方法体系，大致可分为以下三个阶段：

第一阶段：从1974年到1977年间，是工程投资全生命周期管理理论概念和思想的萌芽时期。

第二阶段：从1977年到20世纪80年代后期，是工程投资全生命周期管理理论与方法基本形成体系，并获得实际应用，取得阶段性成果的时期。

第三阶段：自20世纪80年代后期开始，工程投资全生命周期管理理论与方法进入全面丰富与创新发展的完善时期，应用计算机管理支持系统，实现了投资管理的模型化和数字化。

目前，全寿命周期投资管理在我国并没有切实执行，它更主要的作用是以一种指导工程项目投资决策和方案设计的理念存在，强调以工程项目全生命周期成本最小化为目标，如表5-1所示。

表 5-1　全生命周期成本

项目建设期	项目运营期
项目建设成本 C_1	项目运营维护成本 C_2
项目全生命周期成本 $C=C_1+C_2$	

2. 工程投资全过程管理

工程投资全过程管理的理论在 20 世纪 80 年代由我国造价管理研究协会提出，它是指建设工程从投资决策开始，经历设计单位完成的设计阶段，项目的招标投标阶段，施工单位实施的施工阶段，最后到达竣工结算阶段，主动对影响工程投资的相关因素进行动态分析、控制与评价，把工程投资的发生额控制在批准的限额指标以内，发现偏差，分析原因，实施纠偏，确保投资目标的实现。全过程投资管理的本质就是把控制工程投资观念渗透到工程项目实施的全过程之中，即工程投资的控制是全过程的，从工程决策开始到工程竣工验收合格；另外，工程投资的控制具有动态性，在工程实施阶段，工程投资可能受到各种内外因素影响从而发生变动，如工程变更、环境变化、政策性调整以及物价波动等，因而工程最终造价的确定往往是在竣工结算后，因此工程投资的控制目标并非一成不变，而是贯穿于项目实施的全过程之中的。

工程投资全过程管理思想和观念已经成为我国工程造价管理的核心指导思想，这是中国工程造价管理学界对工程项目造价管理科学所做的创新和重要贡献。它的基本观点是：

（1）工程投资全过程由投资估算、初步设计概算、施工图预算、招标投标、施工、竣工结算、竣工决算七个阶段组成。

（2）建设工程投资管理要达到的目标有两个，一是造价本身要合理，二是实际造价不超概算。

（3）全过程工程投资管理就是按照经济规律的要求，根据社会主义市场经济的发展形势，利用科学管理方法和先进管理手段，合理确定和有效控制造价，以提高投资的社会效益、经济效益和建筑安装企业的经营效果。

（4）决策阶段和设计阶段是全过程工程投资控制的重点。

但是，我们现有这方面的理论与观念的研究受到传统工程造价管理体制的束缚，还没有完全跳出原有基于标准定额造价管理的限制。例如，我们仍然在做的"量价分离、动态控制""定额量市场价、竞争费""概预算控制"等方面的方法论研究。随着技术进步的不断加快和市场竞争的日益激烈，传统的国家统一标准定额已经难以适应，无法真正对一个具体工程项目实现科学的全过程造价管理。主要表现在以下几个方面：

（1）决策依据不合理。全过程工程造价管理只考虑建筑物的建设成本，而不考虑设施在移交后的运营和维护成本。从长远的观点看，先期建设的低成本可能会带来未来运营和维护的高成本，高的建设成本可能带来未来运营维护成本的大幅度降低，从而带来建筑物在整个生命周期内成本的降低。也就是说，全过程工程造价管理决策的依据不合理。

（2）缺乏对运营阶段成本范畴和成本函数的研究。全过程工程造价管理对未来成本考

121

虑过于粗糙，未能给出运营和维护成本的范畴和计算方法。

（3）没有考虑工程造价统一管理的问题。我国现阶段工程造价管理的一个很大的弊端是条块分割，公路、水利、电力、石油、矿山等都有自己的定额。在同一地方同样挖一方土，采取不同的定额会出现不同的造价。另一个弊端是建设管理和运营维护管理相互割裂，从而给运营和维护管理带来了很多不利影响。第三个弊端是计算方式的不统一，各个行业都有自己的估算、概算、预算等的编制办法，给工程造价的确定与控制带来了不必要的麻烦。

（4）现有工程造价信息系统缺乏对全生命周期造价管理的支持。我国现在的工程造价管理信息系统主要集中在工程造价计算方面。目前出现了各种各样的计价软件和项目管理软件，主要有四种来源：一是设计咨询单位开发研制；二是院校、科研机构研制；三是软件开发公司研制；四是企业自行开发研制。

随着社会主义市场经济的发展及我国工程投资体制的转变，建设单位、施工单位、设计单位大都积极应用计算机进行工程造价管理，提高了工作效率、节约了成本，也大大提高了工程质量。利用计算机进行工程造价管理的积极作用正在被人们所认识。但是，所有这些都是针对工程造价的某一个阶段、某一参与方的，而针对工程造价全生命周期，全体参与方的管理软件还没有出现。

也正是由于上述缺陷，必然造成工程项目决策不科学，工程设计不合理，导致投资规模失控，工程施工质量不稳定，造成投资的巨大浪费，致使"胡子工程""钓鱼工程"以及"三超"现象较为普遍。

3. 项目投资全要素管理

项目投资全要素管理是指对影响工程造价的各个要素进行全面综合管理，即工程投资的整体控制应从工期、质量、造价以及"HSE"（"health"健康、"safety"安全、"environment"环境，简称 HSE）方面进行，此处的 HSE 要素最早起源于化工、石油行业，它呈现的是事故预防、环境保护和持续改进的理念，强调现代项目管理自我完善、激励、约束的机制，贯彻的是一种现代化可持续发展的观念。HSE 通常不是项目管理的核心，但根据可持续发展的思想，HSE 要素应是全要素管理的首要保证，即全要素造价管理的实施首先是基于安全健康环保的基础，只有在安全的前提下，项目才能顺畅进行，因而明确各个要素之间的相对关系并统筹兼顾各个管理要素，才能确保各个要素的全面管理。各要素目标的实现均要花费相应的成本，集工期成本、质量成本以及 HSE 成本到工程造价管理之中，做到各个要素管理的统筹兼顾、相对均衡，实现各要素成本的合理控制。"相对均衡"追求的不是百分之百的平衡，而是项目整体目标最优的平衡。

4. 工程投资全方位管理

建设工程投资管理除了涉及项目业主和承包单位外，还涉及政府部门、行业协会、设计方、分包方、供应商及相关咨询机构的参与。全方位造价管理就是在各参与方明确各自造价管理任务的基础上，应在不同利益主体之间形成一种友好协作关系，使各主体都能不同程度地参加到建设工程造价管理工作中，将这些不同主体有效联系在一起而构建一个全方位协作的团队，充分发挥各方的能动作用，对项目的造价工作进行统一管理和控制，促进项目顺畅完工，最终体现的是目标完成、多方共赢的效果。这种管理方法尤其需要各个主体建立完善的项目管理机制以保持信息在企业内部、企业之间传递及时、通畅并加强各方信息交流、工作协同，确保满足各方利益的前提下，最终实现建设工程总造价的科学合理控制。一般情况下工程项目会涉及不同参与主体（图 5-1）。

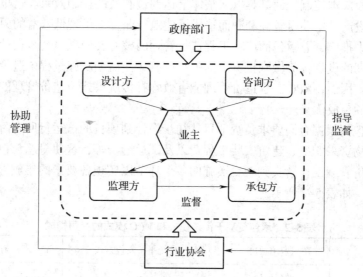

图 5-1　工程项目涉及的不同参与主体

三、国内工程投资管理的发展现状

追溯工程投资管理在我国的萌芽，可以把 20 世纪 50 年代苏联的定额管理制度的引进作为其兴起标志，完善了国内施工企业内部工程预算管理制度，并确立了概预算定额在工程行业预算管理中的地位。随后，国家标准定额部门的建立加强和规范了概预算的管理工作，当时，概预算定额制度的建立和管理标志着国内工程造价管理正处于计划经济时代。长期以来，国内企业均按照国家统一制订的政府定额、编制规则及相关政策文件来编制项目工程造价，这使得工程造价管理还仅仅是确定工程造价，而非控制工程造价。

随着国内建筑市场不断发展，以及国外造价管理先进理论的影响，我国政府部门开始建立、完善工程预算管理制度，完善工程预算计价程序，从"量价合一"的定额管理制度转变为"量价分离"的指导原则与实施方式。2003 年 2 月由原建设部发布的第 119 号公告批准的《建设工程工程量清单计价规范》（GB 50500—2003）在全国范围内的实行标志着我国工程造价管理真正进入现代项目管理层次，该规范的全面推行不仅对工程造价管理具有重要意义，更是完善计价管理办法的重要方式，规范了我国工程建设项目管理体制，促进了我国工程造价的全面深化改革。最重要的是它标志着我国建设工程造价由计划经济模式正式转变为市场经济模式。借鉴国外先进造价管理理念与成功经验，我国工程项目造价管理的理论和方法不断改进、完善，也演变出了更多新的造价管理理论，以适应国内工程造价行业建筑企业及建筑市场的发展需求，但是我国的造价管理起步较晚，管理水平较发达国家仍有一定差距，其相关管理体制及方式还不完善，行业中也存在着许多不足，主要表现在对工程造价管理的焦点放在施工阶段而忽视决策、设计阶段的控制；设计阶段难以将技术和经济进行集成考虑；施工过程中变更、返工的频繁发生等，这些现象都给工程造价管理带来了极大的阻碍，使其管理效果极少满足预定目标。

传统的平行发包模式缺乏对全过程造价整体控制的力度，主要表现在设计与施工相互脱离，缺乏衔接与关联，工程造价的管理在不同阶段受不同主体的控制，其主要管理工作聚焦在施工阶段成本控制，使其难以从整体上达到最有效的控制效果。这也是近年来施工企业难以从建设产品中获得较高利润而造成了建筑行业逐渐呈现低效益的原因。随着 EPC 管理模式的大力推广，总承包商应将工程造价管理的核心转向项目初步设计阶段，充分发挥工程实施前期的设计优势做到投资事前主动控制，使后期实施过程中造价的变动控制在事前计划之内。因而，EPC 工程造价管理能有效弥补传统模式下造价管理的不足，更能发挥现代化管理的集成优势。

EPC 总承包商根据合同要求负责项目从初步设计到项目的试运行所有阶段的工作，需承担设计费、物资采购费、建筑安装工程费以及试运行费等，这使得总承包应从项目管理整体角度把造价管理工作落实到项目实施的各个环节以实现各要素的集成管理达到费用管理的全局优化，如表 5-2 所示。

表 5-2　承包商基于传统模式和 EPC 模式的费用构成

内容	费用项目	传统平行发包方式	EPC 模式
设计阶段	勘察设计费	—	√
采购阶段	设备购置费	—	√
施工阶段	建筑安装工程费	√	√
试运行阶段	调试运转费	—	√

通过对集成管理与 EPC 模式进行系统的理论分析后，可得出二者的本质特征是相互契合的，即其管理均体现出集成化、系统化、一体化的整合思想，强调管理对象的系统控制与整体寻优，因而集成管理思想是特别适用于 EPC 预算管理中并能充分发挥出 EPC 这种模式的优势。建设项目 EPC 管理模式虽然在我国逐渐地被广泛推行，但在实际工程的实践中仍存在一定问题，其缘由首先是，我国市场经济处于发展阶段，总承包市场的运行和操作欠缺成熟的规范，缺乏完善的管理机制；其次，人们对 EPC 模式的理解趋于经营范围的扩大，对其工程造价管理受 DBB 模式的影响较深而集中在施工阶段，并没有针对 EPC 模式的特征实施与其相适应的工程造价管理方式，难以切实发挥 EPC 模式下工程造价管理的效益性。在工程实施过程中，从全过程、全要素、全方位的角度运用集成化管理的方法、技术对影响工程造价的因素进行计划、组织、协调与整合而开展的系统性项目管理活动，使工程最终造价满足限额目标，实际意义在于获得人、财、物、信息等资源的合理利用与科学配置，为企业创造更大的增值。其内涵主要体现在以下方面：

（1）EPC 模式下工程投资管理的全过程集成。EPC 模式集设计、采购、施工及试运行各个阶段于一体，实现了工程项目全过程的集成，其造价管理正好对应了设计阶段的造价管理、采购阶段的造价管理、施工阶段的造价管理，集工程造价管理各个过程于一体。

（2）EPC 模式下工程投资管理的全方位集成。总承包商在 EPC 工程造价管理中处于上下游关系之间，向上需处理好与业主或业主代表、政府及行业部门的关系，向下需处理好与各专业分包商、采购供应商等多方的关系，做好项目信息在上下游之间的传递，做到工程造价管理的时效性、动态性、协调性。

（3）EPC 模式下工程投资管理的全要素集成。EPC 工程造价管理是基于实现全要素目标进行的，因而从项目全局角度，总承包商针对各阶段的特点采用相应的管理方法、手段来实现全要素目标的集成管理，如设计阶段引入并行工程的原理，将设计与采购、施工进行并行交叉，提高运作效率，加快实施进度，确保设计质量；采购阶段利用集成管理的思想将内部管理范围延伸至供应源头，整合企业外部资源，减少中间交易成本，实现多方共赢的局面；施工阶段实行全要素造价管理的方式，追求工程实施过程中进度、质量、造价及 HSE 全要素的均衡管理。

（4）EPC 模式下工程投资管理的信息集成。信息对于工程造价的控制效果具有举足轻重的作用，它体现了工程造价的动态控制、实时控制、精确控制。EPC 模式下，总承包商面对各方信息量更多、更繁杂，而实施信息集成管理能有效分类、汇总项目各阶段产生的信息。工程项目集成化管理可将信息网络作为技术保障，总承包商可通过创建基于网络的项目信息管理平台，如建立项目信息门户（PIP 或引进最新的 BIM 技术）实现信息集成化管理，加速信息在各部门之间及时、准确地传递，确保信息使用者随时掌握信息的更新并采取相应措施及时响应信息的变化。

综上所述，EPC 模式下总承包商若仅对设计、采购、施工各阶段的工程投资分别进行管理，而没有使其相互之间发生联系，只是达到各阶段局部成本的降低，而非整体投资管理最优，因此总承包商应在各阶段投资管理过程中，把握设计为主的集成优势，加强过程集成，建立与业主、分包商、供应商等的友好协作关系，使不同主体尽可能融入 EPC 工程总承包投资全面管理的工作之中，加强组织集成，积极引进现代化科学技术，加强集成和工作协同。总承包商应适当改进传统各阶段相脱离模式下的投资管理方式，深入认识EPC 模式自身集成性与其投资管理集成性的特点并建立该模式下实施投资集成管理的有效方式。

第二节　EPC 工程总承包投资目标

一、EPC 工程总承包投资目标控制的原理分析

1. 目标成本管理理论是目标控制的基础

目标管理理论源于彼得德鲁克的《管理的实践》，其理论根源来自科学管理之父泰勒的任务、计划和职能分开的思想，吉尔布雷思夫妇提出的个人具体任务的完成是实现组织整体目标的重要前提，法约尔的一般管理理论关于计划的研究，厄威克和穆尼关于目标与组织效率的关系研究等。基于此，德鲁克第一个使用目标管理这一概念，并将其发展为一种基于目标的组织管理模式，即只要是能够直接或间接影响到组织生存和发展的每个活动都必须制定相应的目标，实施目标管理。

目标成本管理是目标管理理论在成本管理方面的具体表现。目标成本管理最初来源于日本丰田公司所创立的"成本企划""成本维持"和"成本改善"三维成本管理体系。美国学者将其定义为 Target Costing，而我国学者将其直译为目标成本管理。罗宾库伯理解的成本管理是对企业未来盈利进行有目的的规划，制造满足客户功能和质量要求的产品。

Peter Horvath 将目标成本定义为一个综合了成本规划、成本管理和成本控制的综合性概念，并根据市场需求确定成本结构应用于产品研发。国际先进制造联盟基于美国企业应用目标管理的基础上，将目标成本管理定义为一个以客户为导向、以设计为中心，利用职能管理团队以价格驱动进行利润规划的成本管理系统。

2. 目标成本是目标成本管理控制的前提

目标成本是企业在进行产品生产时为了保证预期利润的实现所允许该产品花费的最高成本限额，是预计成本和目标管理方法相结合的产物。目标成本和目标成本管理两者是对立统一的关系，目标成本是目标成本管理的实现对象和根本目的，目标成本管理是保证目标成本达成的方法和手段。没有目标成本管理方法的计划确定和过程控制，目标成本便无法实现。目标成本管理是一种以成本目标导向为核心的成本管理法，通过科学的手段核算出生产产品所需要的全部目标成本，然后通过分解形成每部分的目标成本，最后由专业人员对比预期目标成本和现实条件下实际可能产生的成本，探索能够有效降低实际成本的途径，从而保证成本目标的实现和企业利益最大化。

目标成本管理是在竞争性的市场体系下，以客户需求为驱动，在产品的设计阶段通过一定的工作来消除昂贵且非必须的改动，从而实现产品全生命周期成本的最低。传统的目标管理具体内容可以概括为一个中心：以目标成本为中心统筹安排；三个阶段：计划、执行、检查；四个环节：确定目标、展开目标、目标实施和目标考核。以目标管理理论为基础，将目标成本管理引入工程总承包项目的投资总控体系中，按照目标成本管理的流程进行投资总控策划，包括目标成本的制订、目标成本的落实和目标成本的持续改善，保证工程总承包项目投资总控的目标控制，从而在满足业主要求的前提下实现项目整体价值的最大化。

二、业主投资总控目标系统的合理设置

1. 投资总控目标的控制作用

工程总承包项目是业主有清晰的项目定义以及风险分担方案后开始实施，通常采用总价合同的形式进行工程总承包项目的投资总控，有利于业主的整体策划与投资控制，更好地实现项目的价值目标。因此根据总体策划业主要求中的功能指标、建设规模、项目构成及建设费用组成合理地确定投资总控目标，是业主保证目标控制实现的关键，在投资总体控制中发挥着至关重要的作用。

（1）控制目标是业主实现项目投资管理和控制的目标成本。我国特殊的风险文化情境下业主通常采用总价合同，是目标成本管理理论指导的重要应用实践。因此形成并论证通过合理的投资总控目标，一方面是业主实现项目功能前提下保证投资控制的重要红线，另一方面也是业主在执行阶段对总承包商进行激励和约束的重要手段，是保证业主和总承包商之间相互配合实现目标成本管理的核心。

（2）控制目标是业主审查总承包商初步设计及概算的标准。在国内政策中各地政府为适应业主实践应用的要求，明确规定总承包商进行限额设计以达到投资控制的目的。因此确定合理的投资总控目标，一方面是总承包商设计团队进行限额设计的上限额，另一方面也是业主审查初步设计及其概算的参考标准，是保证业主和承包商双方能够在满足业主要求的前提下选择最经济适用的方案。

（3）控制目标是业主支付价款和评价投资目标完成的依据。在实践过程中业主通常采用总价合同结合形象进度或里程碑事件的比例支付进度款给总承包商。因此确定合理的投资总控目标，一方面是业主向总承包商支付价款的重要基数，另一方面也是业主在项目完成后评价预期投资目标实现情况的参考标准，是保证业主和总承包商之间在实际价款支付和工程结算所依赖的最重要凭证。

2. 投资总控目标的确定过程

基于工程总承包项目投资总控目标控制的应用分析，投资总控目标的确定是业主采用目标成本管理理论应用的核心，是业主进行工程总承包项目投资总控的最重要环节。

为弥补工程总承包项目在可研阶段完成后，由于准备工作和设计方案不够深入且特定市场指标欠佳等原因可能导致合同总价不精确的劣势，基于延迟决策的原理，采用"投资估算 + 暂定合同价 + 初步设计审查 + 概算后审"的方式确定最终合同总价，作为工程总承包项目投资总控的控制目标。因此将投资总控目标的确定过程主要分为编制精确的投资估算及设置合理的招标控制价、严格审查初步设计及后审设计概算两个阶段，如图5-2所示。

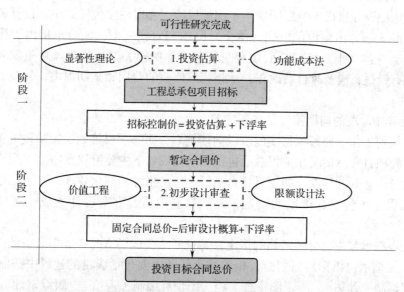

图5-2　投资总控目标确定的过程

阶段一：精确的投资估算和招标控制价是招标阶段目标确定的最初限额。

在可行性研究阶段业主基于显著性理论，按照业主要求清单中的功能指标，采用模糊聚类的方法选择贴近度最大的类似工程，建立建安工程费估算模型并结合时间、地域等因素进行相应调整，最终按照费用组成汇总获得精确的投资估算总额。在招标阶段，业主以精确的投资估算为基础，参照已完工程招标的历史数据和市场情况选择合适的下浮率，设置合理的招标控制价以指导投标人在限价内撰写技术方案和投标报价。由此可知，合理的招标控制价是在投资估算的基础上进一步压缩了投资总控的目标值。

阶段二：严格的初步设计审查和概算后审是初步设计阶段目标确定最终手段。

在初步设计阶段总承包商设计团队根据业主要求清单及功能指标，以暂定合同价为限额，利用价值工程改进的限额设计法进行初步设计及设计优化。业主同样采用限额设计审查法，结合可施工性分析对总承包商提交的初步设计方案进行功能性和可行性的审查，并对总承包商依据初步设计方案编制的概算进行依据和数额的审核。由此可知，通过严格的初步设计审查和概算审核后，业主和总承包商双方以初步设计概算为基数乘以中标下浮率确定最终合同总价，作为工程总承包项目投资总控的控制目标。

第三节 EPC 工程总承包投资控制重点、难点

工程总承包、全过程工程咨询是对工程建设及管理模式的一种集合。工程总承包集合了设计、施工、采购，全过程工程咨询集合了项目决策、实施、运营阶段，此两种模式的结合，在进行工程咨询服务时，对投资控制提出新的要求。

项目策划、项目实施、项目运营阶段的投资控制各有不同，下面从全过程工程咨询角度对一些常见的投资控制重点、难点进行简析。

1. 参建单位的思维模式尚未全面改变

在项目实施过程中，目前不少参建人员思维模式仍停留在传统的平行发包模式，如设计没有充分认识设计错误、遗漏所应当承担的风险。在以往发包模式中，设计错误、遗漏等导致的风险大部分由建设单位先行承担，但在 EPC 模式中，风险承担由工程总承包单位（联合体）直接承担，如在 EPC 工程总承包合同中相关设计条款风险条款为"如承包人发现图纸有错误，应及时自费改正，承担相应修改的费用和工期损失，并及时通知发包人和监理人"。

2. 项目实施阶段的前期策划工作不完善

这里的策划工作主要指项目实施阶段前期策划，而非项目策划决策阶段的策划，主要是指根据工程项目实际情况在工程总承包招标前完成如下主要策划事项：

（1）项目应达到的深度，如项目技术指标、经济指标的细化要求；

（2）工程总承包招标阶段的确定，是项目立项后、方案设计完成、还是初步设计完成；

（3）工程总承包主要合同条款的拟定，特别要结合现场情况考虑相应条款设置；

（4）工程总承包招标界面划分，相关配套任务主要包括项目的建议书编制（评估）、可行性研究编制（评估）、施工图审查、施工图预算编制（审核）、跟踪审计、沉降观测、第三方实验检测等，这些配套工作在招标时需明确是否委托工程总承包单位实施；

（5）若采用费率模式招标，需要明确在费率中综合考虑的具体清单；

（6）投资控制目标策划，包括总目标及分项目标策划。

策划工作对工程总承包项目的实施非常关键，策划是否完备将对项目实施过程及合同完全履行有非直接的影响。

3. 合同主要条款存在不一致

合同主要条款存在不一致导致对合同条款解释存在争议。如某项目关于弃土场地费用问题，合同条款有两处不一致，其一条款"承包人自行解决弃土场地，费用已包含在承包人投标费率报价中综合考虑，包干使用"，其二条款为"取土场、弃土场位置与状况，土方堆土、弃土场承包人自行解决，运距已全部包含在清单报价中"。主要异议为投标费率包含范围和施工图预算编制包含范围，与工程总承包单位的主要分歧如下：建设单位对合

同条款理解为，本项目采用费率报价，需要在费率中考虑的事项，在施工图预算编制时则无需列项计算，已经包括在费率中；工程总承包对合同条款理解为，在施工图预算中列项计算后再取投标费率。

正因为上述合同条款存在不一致，在施工图预算编制中存在较大争议，单就这一项费用，涉及费用数额巨大。其他一些因合同条款不明确、不一致还有施工便道、临时设施等，涉及费用均较大。

4. 施工图预算的编制、核对及确定

因为目前国内 EPC 工程总承包大多采用固定费率招标投标，而不是固定总价模式，在项目实施过程中需要编制和确定施工图预算。如某项目采用的是建设单位委托两家预算编制单位、工程总承包单位委托一家预算编制单位进行各自编制，再进行核对，最后项目跟踪审计进行审核，但在编制、审核过程中容易出现如下主要问题：①编制、审核及最终确定时间过长；②无信息价材料、设备定价难；③预算编制需要结合工程总承包单位编制的施工组织设计及施工方案。

5. 施工组织设计及方案经济性审查不够重视

在传统监理工作模式中，对施工组织设计及施工方案审查，重点审查方案可实施性、安全性，对经济性审查主要由施工单位自行控制，但在工程总承包模式中，经济性审查也是方案审查的重点。

6. 设计方面投资控制问题

（1）存在高标准设计、低标准实施问题。因工程总承包模式设计施工一体，追求利润最大化是工程总承包单位最终目标，为此项目设计技术指标需在策划阶段明确和细化到位，如单方工程量、主要材料消耗量等，在项目实施过程中一是增加管理难度，二是增加投资额。因此在招标策划时需要明确具体设计技术指标，以便设计及设计审核中有据可依。

（2）各方设计风险承担应明确。采用 EPC 模式，设计管理与传统设计管理存在一定差别，主要为设计风险承担，在本项目中，以图审合格为时间界限，图审合格后出现的图纸错误、遗漏，需工程总承包单位自行承担。

（3）缺少设计符合性审查。设计阶段是投资控制的重点，所有设计完成后及图纸审前，最好委托进行设计符合性审查，如技术指标是否过高、是否达到设计任务书的要求等。

（4）设计完成后流程管理要加强。项目设计完成后，项目施工过程中，为加强设计方面投资控制，对设计修改和完善从流程上加强控制，杜绝设计的任意修改，根据项目实际情况，在本项目设计管理流程采用如下形式：联合体单位申请、项目监理部、项目管理部、项目跟踪审计、建设等单位进行联合审查确定。为了体现本项目联合体模式，在设计相关表格中第一项为联合体申请，改变以前的设计管理流程。主要从技术方案可行性、投资变化、责任归属等方面进行审核，以确保每项设计变化均有据可查。

7. 费率投标综合考虑事项要明确

在招标策划时，需在招标文件中明确费率投标综合考虑事项，如三通一平、取弃场地等与项目密切相关事项。费率综合考虑事项是在施工图预算编制中不再列项计算费用，还是列项计算后取费率，需在招标文件中明确。

8. 材料、设备推荐品牌、多且杂

在项目施工过程中，如果现场出现的材料设备品牌多、杂，则不利于项目现场管理和投资控制，因此在招标策划时，可以在招标文件中列明常用材料设备的推荐品牌清单，利于项目施工图预算编制及项目现场管理。

9. 供电、供水、燃气等专业配套工程设计及施工费用

供电、供水、燃气等专业配套工程带有明显的地域性质，因其可供选择范围较小，设计费用及施工费用等需在合同内明确计费方式。

综上所述，采用 EPC 工程总承包模式，在进行全过程工程咨询投资控制工作中，重点是要做好策划阶段的工作，如费率综合考虑清单、招标界面划分、合同条款细化、项目技术指标细化等。另外要做好项目实施过程中的总结工作，只有及时和科学的总结，才能不断完善 EPC 全过程工程咨询，更好地适应行业的发展。

第四节　基于 BIM 的投资控制管理

建设工程项目投资控制成功实施的基础是准确的工程预算，而工程预算的准确性关键依赖于工程量计算和造价信息库的合理性。

BIM 技术可以实现对工程造价信息的调用、计算和分析，为工程项目提供快速准确的算量算价。另外，项目实施阶段对建设成本的严格控制是保障。项目实施过程中，BIM 可以实现成本信息的动态更新，加快审核，减少纠纷以及对项目资源的科学管理，优化资源分配，推动项目进展的同时实现对工程投资的有效控制。因而完备的且动态更新的项目信息是控制工程项目投资的关键所在。

一、从信息管理角度对 BIM 应用投资控制的适用性分析

1. 投资控制现存问题

建设项目信息是项目管理的基础。建设工程项目信息由多个项目参与方创建、使用和维护，信息存储和交换格式各异，不同阶段间信息传递受限于落后的沟通方式，常会造成信息丢失和重复工作。而建设工程不同阶段不同参与方因其管理目标的不同，所创建的和需求的信息也不同，同时信息自身特性也明显不同。分析建设工程项目不同阶段不同参与方之间的信息传递，以及信息交换与共享需求，具有如下特点：

（1）信息量大。工程信息随着项目进展不断扩充，一般包括可行性研究、各专业设计图纸、建筑分析报告、技术文档、招标投标文件、工程合同、变更签证等各种纸质和电子文档。

（2）信息类型不一。工程信息一般可归为两类，一类是非结构化或半结构化的，包括可研报告、招标投标文件、CAD 图纸等文档、音频、视频；另一类是结构化信息，可直接用关系型数据库存储和管理的，如建设财务报表、设施信息档案等。

（3）信息离散。建设工程各参与方都根据自身管理需要收集、创建、存储和利用信息，各执其事，缺少信息共享和交换平台。而建设项目信息本身是相互依存、转化和影响的，如设计变更会造成量价信息、合同信息和进度信息的变化。

（4）动态性。建设工程项目信息因建设环境复杂、持续时间长和大量不确定因素的存

在，信息随着项目实施进展不断增减删改，在整个生命周期都处于动态变化中。

此外，建设工程项目信息还具有应用环境复杂、系统性、非消耗性以及时空上的不一致性。

由于建设工程项目信息具有以上特点，从这一角度，导致建设工程精细化投资控制的实现存在以下问题：

（1）投资预测准确性低。投资决策阶段，投资估算人员既缺少专业信息，更加不具备虚拟项目模型，因而对项目理解不够深入或存在偏差，从而造成投资估算不准确。这不仅造成了投资估算缺乏约束力，还很可能导致施工环节中出现返工，以及发生工程变更和索赔。

（2）信息处理速度慢。在清单编制过程中，清单子目列项多，信息量大，人工处理工作繁重且极易产生失误，工程量计算效率低，概预算编制不准确；项目施工过程中，施工现场情况复杂、变化快、信息收集不完善、传递不透明、处理速度慢，以致工程进度难审核，支付依据不清晰，纠纷时常发生。

（3）前期信息错漏多。因设计涉及多个专业，而不同专业之间数据共享困难，而设计方案汇总时，因缺少有效的技术工具，很难发现设计内容中存在的失误和碰撞，导致设计方案质量低，概预算的准确性也因此降低。这类"错漏碰缺"问题往往到建设实施过程中才能发现，给施工阶段的进度款核算和支付带来困难。

（4）阶段信息传递失真。建设工程项目各阶段参与方不同，易造成各阶段间信息脱节，且传递失真，迫使不同参与主体必须进行重复的信息收集和处理，这极大地增加了各阶段投资管理的工作量，降低了工作效率，还提高了信息成本。

2. BIM 投资控制的优势

对业主的投资控制管理而言，一般强调对建设成本进行全过程、全要素、全风险、全团队的动态管理，然而，当前的投资管理体制和方法很难实现各参与方各阶段各专业的项目信息共享和衔接，增加了业主全过程投资控制实现的难度。要想实现全面投资控制，需建立信息交流和共享平台，使建设工程在建设各阶段间的投资控制工作能承前启后、相互贯通，保证工程投资信息不同阶段的传递共享和同阶段不同部门不同工作人员间的协调沟通，方便设计概算、多算对比等控制方法的实施；要想实现动态的投资控制，则需要建立项目全过程、全方位的投资监控体系，掌握实时、准确、全面的量数据、价数据和消耗量指标数据是第一步，因而包含工程构件各项信息及动态更新的信息数据库是必需的。

BIM 在信息方面的显著优越性可以有效地推进业主全面动态投资控制。

BIM 模型信息设备关联一致可以显著减少信息传递过程中的信息损耗，满足跨阶段多个参与方不同需求的使用，解决建设项目各阶段之间的"信息断层"和各应用系统之间的"信息孤岛"问题，实现建设工程全生命期的信息共享、集成和管理，降低多个参与方之间的交易成本，提高建筑产业效率，提升项目管理水平，增强建筑产品质量，节约项目建设成本，实现项目价值的提升。具体而言，BIM 模型于信息管理角度的主要功能可以分为：信息表达、信息计算、信息共享及信息传递四个方面。

（1）BIM 信息表达更直观。BIM 模型的可视化特点实现对拟建项目的高精度模拟，不仅有效帮助设计意图的表达，提升业主对设计意图的理解，减少施工过程中的设计变更，降低业主投资风险，同时，也使造价审核更直观，通过模型发现不合理构件并及时处理，降低计算失误风险。

另外，BIM 的参数化特点，模型构件具有联动性，为项目变更提供便利，避免因工程变更引起的信息更新不及时或不完整，造价计算的重复或遗漏。

（2）BIM 信息计算更快更准。一方面，BIM 模型构件的属性信息非常完备，且可以动态修改，因而可以收存各项构件在全过程各阶段的造价，使施工阶段价格调整更透明，帮助业主实现多算对比，监督和控制施工过程投资。另一方面，BIM 的参数化可计算特点，使得模型一旦建成，模型中的数据可被自动提取、计算，快速准确地完成工程量计算，使成本估算更容易，并能指导建设项目投资控制。

（3）BIM 信息共享更完善。基于 BIM 共享平台，应用统一标准描述建筑物的组成元素和属性，多专业设计方可以实现远程协调作业，可以降低反复修改的成本，减少设计失误和冲突。信息共享的完善，设计各方之间建立及时有效的沟通，可以提高设计质量，减少设计变更。

施工阶段，施工方利用 BIM 模型记录现场施工进度和实施情况，特别是对工程变更和现场签证引起的模型信息的及时修改并提交审核，有利于业主对工程变更的严格监控和进度款支付核算。

（4）BIM 信息传递更完整。BIM 技术可以将全部项目信息整合到统一的数据模型中，保证了不同阶段信息的完整传递，成功衔接了建设各阶段和各参与方，避免了不同主体间的沟通障碍、不同阶段间信息流失和重复工作。

二、基于 BIM 的投资控制技术实现分析

BIM 软件体系作为一个包含了建筑项目全生命周期，并且集成了自建筑物规划设计、施工组织、运营维护、改造翻新及老化拆除等所有过程中全部信息的大型数据库，在工程建设中对于数据信息的交换与共享起到了重要的促进作用，也使建设项目各方有机选择和综合运用这些软件来提高管理和生产效率成为可能。

应用 BIM 通常不是某一个软件，也不是某一类软件能解决的问题。简单起见，一般将 BIM 软件划分为两大类型，一类为创建 BIM 模型的软件，另一类为分析或应用模型的软件。其中，BIM 核心建模软件体系包括建筑与结构设计类软件，机电、暖通管道、通风空调等其他专业设计类软件；基于 BIM 模型的深化分析，应用软件体系包括结构模型分析类软件、造价管理类软件、施工进度管理类软件、可视化三维操作软件及构件制作加工图的深化设计软件。

基于 BIM 的建设项目投资控制实现软件主要包括建模软件和造价管理软件两类。实践中工程项目预算超支的原因很多，其中因缺少精确的工程量计算和未充分了解造价信息导致的成本计算不准确是重要原因之一。不管是手工计算，还是将图纸导入造价软件计算，都需要花费大量的时间和精力，后者一定程度减轻了工作量，但在将图纸转化过程中，容易出现错算漏算等人为错误而增加风险。

BIM 设计模型是 BIM 应用的基础，核心设计模型（以 Revit 建模为例）以建筑物三维几何信息、工程项目基本信息为基本属性。

BIM 造价模型是在 BIM 设计模型中增加工程造价信息，或抽取 BIM 模型已有信息接入现有的编制造价信息，形成包含资源和造价信息的子模型，并能实现信息的自动识别、

提取和计算。一般造价信息应包括建筑构件的清单项目类型，工程量清单及人材机定额和费率等信息。

造价模型的建立一般分为两种模式，一是在 BIM 设计模型中扩展造价维度，造价与模型高度集成，二者直接关联，模型变，造价也变。但其对设计人员专业素质和建模标准要求高；模型承载信息过多，容易超出硬件能力；核心建模软件内置布尔运算规则（主要指构件扣减规则）不完全符合我国现行计价规则。二是建模与造价分离，将设计 BIM 模型信息导入或链接到造价软件，这种方法易于实现，但设计和造价不能自动关联，需要设计和造价工作之间建立沟通和反馈机制。

当前的 BIM 造价管理多采用第二种模式。国内算量软件在认识到 BIM 理念后，拓展了三维建模功能，工程量计算时需要先建模，定义属性，然后套定额，最后计算。然而设计建模软件的专业化不是算量软件能比拟的，我们熟知的 Revit 设计建模完全可以看作是实际项目的虚拟建造，建筑构件尺寸、材料、做法信息更精确、具体、真实，在将 Revit 设计模型导入鲁班算量软件时会清楚发现部分设计细节丢失（如幕墙），或由建筑构件（如扶手、家具、檐沟等装饰）变为几何构件。

当前利用 BIM 信息进行造价管理，即 BIM 造价管理的第二种模式的技术实现手段总体上来看主要有三种：

（1）应用程序接口（API）：造价人员可以通过由 BIM 软件厂商随 BIM 软件提供的一系列 API，从 BIM 模型中获取造价所需信息，也可以把造价管理信息反馈到设计模型中去。

（2）开放数据库互联（ODBC）：由微软提供的普适性数据库访问方法，导出数据可以与不同类型的应用（包括造价管理）进行集成。

（3）数据文件：通过符合一定规范或标准的数据文件，也可以实现 BIM 模型和造价管理软件之间的信息连接。

实践中，建设项目应用 BIM 实现全过程投资控制，可以先采用核心建模软件进行设计，将设计模型信息导入造价软件，造价管理人员对设计信息进行过滤，得到满足项目不同阶段精细化造价管理所需信息，并进行全过程造价管理。但是，这不仅需要保证建模标准的一致，还需要加强设计与造价人员之间的协同。为了更好地实现设计与造价之间的信息共享和数据重用，还需要政府相关部门、建筑企业在 BIM 建模、构件和编码、计算规则等方面制订统一标准，软件行业不断地推陈出新。

三、投资控制的 BIM 解决方案设计

建设项目投资控制管理中 BIM 技术的应用有利于快速算量，精度提升；信息更新，实时监控；随时随地调用、分析数据，支持决策；精确资源计划，减少浪费；多算对比，有效管控。投资控制工作因此更易于落实，工程变更和返工因此减少，建设工程项目投资控制目标得以实现，投资效益和项目价值得以提升。

可以说，BIM 技术与投资控制，二者相辅相成，BIM 技术为业主投资目标的实现提供了技术支撑，而建设项目投资控制问题也为 BIM 技术的发展和应用创造了实现价值的平台。

从建设项目全过程各阶段投资控制出发，挖掘 BIM 价值，解析 BIM 应用，建立 BIM

投资控制解决方案，如表 5-3 所示。

表 5-3　BIM 的基本内容

阶段	决策	设计	招标投标	施工	竣工
BIM 模型	估算模型	设计模型	造价模型	施工模型	竣工模型
BIM 工作内容	方案比选； 投资分析	限额设计； 模型创建； 设计概算； 碰撞检测	工程量计算； 招标清单； 关联合同价； 工程预算； 预算审核	进度控制； 动态成本； 计量支付； 变更管理； 材料管理	工程结算； 竣工模型交付
BIM 应用软件	方案模拟； 投资估算； …	设计模型算量； BIM 审图； …	BIM 算量； BIM 计价； …	BIM-5D 管理； BIM 变更算量； BIM 浏览器； …	BIM 结算； BIM 审核对量； …
BIM 平台	BIM 模型服务器				

（1）策划决策阶段。决定建设项目是否成功的关键，主要工作包括项目调研、确定投资方向、地块获取、可行性研究以及投资估算的编制、筹措项目资金、分析投资回报、做好前期推广营销。根据对拟建建设工程项目的非几何的抽象描述，如项目规模、高度、功能区面积和空间、房间规划等，BIM 通过快速灵活地建模可以实现多方案对比，实现更科学的投资估算，可视化模型和环境分析等有效支持决策。

（2）设计、计划阶段。主要产生将功能性标准转化为可实施的模型的技术性解决方案，主要工作包括设计策划、设计方案优选、初步设计、施工图设计等。设计阶段需要多专业的模拟和抽象的信息，且设计过程是不断修正、变更和完善的过程，因此需要 BIM 支持设计信息的变更管理、多专业协同以及信息跟踪。

BIM 的管线综合、3D 协调、建筑分析等功能有助于保证设计阶段成果可用于施工，建筑设施既定功能得以满足。计划阶段包括确定哪些需要招标投标，编制技术规格书以及招标投标过程，该过程主要是根据设计成果算量算价，BIM 模型通过数据接口实现建模和造价软件间的数据互导，从而更加高效地实现自动准确的算量算价。

（3）施工阶段。施工阶段是对前期计划的执行，支持建设项目设计信息和施工计划向工程实体转化的过程。建设单位的主要工作是确定承包单位并签订承发包合同，各项行政手续的办理，对实施过程进行全方位管控，以及组织竣工验收、决算等。这一阶段新增了诸如任务细分、材料采购、设备分配等详细信息，还包括设计信息、施工计划及其他相关信息，需要对各种信息集成管理。

四、BIM 技术进行建设项目投资控制的意义

BIM 可以实现施工阶段信息的集成，提高工程全面项目管理，最大限度地确保建设规划的实现和建设风险的削弱，同时，通过对模型的修正快速反映工程变更，自动算量算价提高支付和决算的进程，并减少扯皮和纠纷。由此可见，应用 BIM 技术进行建设项目投

资控制，至少体现了以下两个层面的价值：

1. 提高控制水平

（1）工程量计算更准确。工程量清单计价模式下，量价分离、风险共担，业主承担全部工程量的风险，因此对设计时的工程量计算的准确性要求更高。工程量计算是编制工程预算的基础，但计算量庞大且复杂，人为影响大，而基于 BIM 的算量，利用模型的参数化特点进行实体扣减，更加快速，更加精准，更加客观。

（2）实时信息更新。工程变更时，调整相应的模型属性可以快速统计变更后的工程量和工程造价信息，实现对工程成本信息的实时更新和分析，同时避免因不及时和不完整的信息更新造成工程量计算不合理，审核和支付依据不清晰，双方扯皮影响进度。

（3）支持项目对算对比和偏差分析。BIM 模型赋予构件各种参数信息，如时间、材质、位置、工序等，以此为支撑，可准确、快速地实现时间维、工序维和区域维的量价统计，保证了短周期的成本分析需要，有效支撑多算对比和偏差分析。此外，施工过程中，一旦出现工程变更或价格调整，业主也可以通过变更前后对比，确定变更的合理性。

（4）历史数据的积累和共享。利用 BIM 模型对工程造价指标、含量指标等进行详细、准确的抽取和分析，形成文档资料，方便共享和参考。

2. 合理降低成本

（1）方案优选，控制变更。规划决策阶段通过快速建模实现三维可视化，提高业主对设计意图的理解，提高业主审图能力，减少业主变更；BIM 的三维协调、碰撞检测等技术可以帮助发现设计的"错漏碰缺"，减少设计变更；可视化施工模拟可以帮助提高设计的可施工性，从而从施工前阶段就将潜在的不确定因素削减至最低，消除因返工引起的投资增加。

（2）合理安排资源计划。赋予 BIM 模型时间信息，统计任意时间段的工作量，进而算出造价，以此制订更加合理的资金计划、人力计划、材料计划和机械计划等，加快项目进度，保证工程质量，间接减少"工期成本"和"质量成本"。

复习思考题

1. 简述工程投资管理理论的发展过程。
2. 简述投资管理理论的基本内涵。
3. 简述 EPC 工程总承包投资控制重点、难点。
4. 简述 BIM 技术在工程投资管理方面的应用。

第六章　EPC 工程总承包施工管理

本章学习目标

通过本章的学习，初步掌握 EPC 工程总承包施工管理的基本概念与特点，了解 EPC 工程总承包施工管理的内容，明确 EPC 工程总承包施工管理的要点，了解 EPC 工程总承包分包商管理的基本内容。

重点掌握：EPC 工程总承包施工管理的基本概念与特点、EPC 工程总承包施工管理的内容、EPC 工程总承包施工管理的要点。

一般掌握：EPC 工程总承包分包商管理的基本内容。

本章学习导航

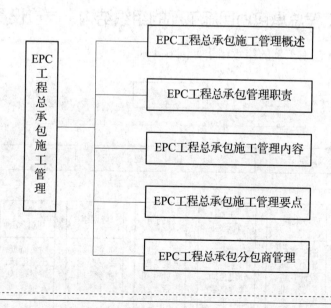

第一节　EPC 工程总承包施工管理概述

一、工程项目的内涵

工程项目是指以工程建设为载体的项目，是作为被管理对象的一次性工程建设任务。它以建筑物或构筑物为目标产出物。建筑物是满足人们生产、生活需要的场所，即房屋。构筑物是不具有建筑面积特征，不能在其上活动、生活的路桥、隧道、水坝、线路、电站等土木产出物。工程项目是最为常见、最典型的项目类型。

二、工程项目的特征

（1）以形成固定资产为特定目标。在形成固定资产的过程中要受到许多约束条件，主要包括时间约束、资源约束和功能性约束。

（2）工程项目的建设需要遵循必要的建设程序和经过特定的建设过程。

（3）工程项目的建设周期长，投入资金大。一项工程项目的建设少则需要几百万元，多则需要数亿元的资金投入。

（4）工程项目建设活动具有特殊性，表现为资金投入的一次性、建设地点的固定性、设计任务的一次性、施工任务的一次性、机械设备的流动性、生产力的流动性、面临的不确定因素多，因而风险性较大。

第二节　EPC 工程总承包管理职责

一、EPC 工程总承包项目施工部的组织结构、岗位设置和职责范围

EPC 工程总承包施工部的组织结构如图 6-1 所示。

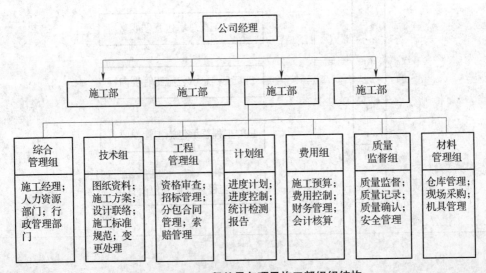

图 6-1　EPC 工程总承包项目施工部组织结构

EPC工程项目施工部的岗位设置如图6-2所示。

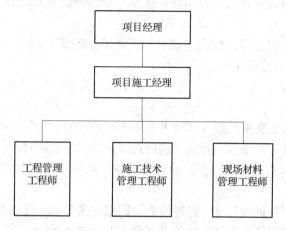

图6-2　EPC工程项目施工部岗位设置

（1）项目施工经理。项目施工经理负责组织管理总承包项目的施工任务，全面保证施工进度、费用、质量以及HSE目标的实现。当具体施工任务委托施工分包商后，项目施工经理应接受项目经理的领导。其主要职责和任务如下：

1）参加研究设计方案，从施工角度对设计提出意见和要求。

2）按总承包合同条款，核实并接受业主提供的施工条件及资料，如坐标点、施工用点、施工用电交接点、临时设施用地、运输条件等。

3）编制项目施工计划，根据项目总进度计划，组织编制项目总体施工进度计划。

4）按照合同及总体施工进度计划进行施工准备工作，组织业主、施工分包商对现场施工的开工条件进行检查。条件成熟时提出"申请工程施工开工报告"，准时开工。

5）确定现场的施工组织系统和工作程序，商定现场各岗位负责人。

6）组织编制施工管理文件，包括施工协调程序、施工组织设计、施工方案、施工费用控制办法、施工质量和HSE管理以及现场库房管理等文件。

7）会同项目控制部制订施工工作执行效果测量基准，测定、检查施工进展实耗值。

8）定期召开施工计划执行情况检查会，检查分析存在的问题，研究处理措施，按月编制施工情况报告。重大问题及时向项目经理、工程总承包企业和业主报告。

9）当委托施工分包商进行施工时，参与施工分包工作，负责对分包商的协调监督与管理。

10）施工任务完成后，组织编制竣工资料，提出"申请工程交工报告"，协助项目经理办理工程交工。

11）试运行考核阶段负责处理有关施工遗留问题，或根据合同要求进行技术服务。

12）组织对组织施工文件、资料的整理归档，组织编写项目施工完工报告。

（2）工程管理工程师。工程管理工程师在项目施工经理领导下，负责项目施工分包商的管理与协调工作。

1）在施工分包合同签订之前，协助项目施工经理做好招标准备，参与招标文件与标底，对投标单位进行资格审查，招标、评标以及签订施工分包合同等。

2）施工开工日期确定之后，通知并催促施工分包商进入现场，落实施工开工各项准备工作。

3）负责现场的工程管理，根据需要召开各施工分包商工作调度会议，协调解决与施工分包商、业主之间出现的有关施工问题。

4）跟踪施工质量和施工进度，监督施工分包商按照合同有关规定和施工计划实施工程。

5）核实和处理有关变更问题及其对进度和费用的影响。

6）协助控制部进行现场索赔管理，包括索赔证据的收集和管理。

7）审查施工分包商的完工报告，检查完工程，联络业主组织竣工验收，办理竣工验收手续。

8）工程验收后，协助项目施工经理检查合同双方义务和责任的履行情况。

9）收集、整理施工工程管理的文件和资料，办理归档手续。

10）编制项目施工工程总结。

（3）施工技术管理工程师。施工技术管理工程师在项目施工经理的领导下，负责项目施工技术管理和指导工作。

1）在施工分包招标阶段，协助项目施工经理对投标文件进行技术评价，参与起草分包合同中有关技术条款。

2）熟悉项目设计图纸，从施工方面提出意见，并审查现场施工图纸资料的完整性。

3）协助设计部解释设计意图和处理设计上出现的一般问题，负责技术交底，对于较重大的技术问题及时与设计经理联络，协助解决。

4）审查施工分包商提出的施工组织设计和重大施工方案，提出改进意见。

5）协助施工分包商研究和制订施工质量保证程序和措施，督促施工分包商按照施工质量保证程序、图纸、技术标准、规范和规程进行施工，以保证工程质量。

6）负责变更申请的技术评审，并签署评审意见，管理设计变更资料。

7）参加施工工序之间交接、工程中间交接、工程交接，讨论和解决有关技术问题。

8）收集、整理、管理施工技术管理文件和资料，办理归档手续。

9）编制项目施工技术管理总结。

（4）现场材料（库房）管理工程师。现场材料（库房）管理工程师在项目施工经理领导下，负责施工期间设备、材料管理工作。

1）管理现场设备材料的入库、贮存、出库。检查落实材料贮存保管的环境条件，防止贮存期间变质、损坏或发生安全事故。

2）及时掌握现场设备材料动态（从项目中心调度室、采购部以及施工分包商取得信息），发现问题及时提出预警，并督促采取措施尽早解决。

3）出现材料代用时，严格按照有关规定执行，材料代用单列入交工资料归档。材料代用应取得项目设计部的同意。

4）项目结束时，清理多余材料，并登记造册，报项目经理。

5）负责审查现场材料代用申请。

二、EPC 工程总承包项目施工协调管理

施工协调管理是一项需要多方参与、需要互相信任、需要相互尊重和相互合作的全方位、全过程的综合管理工作。EPC 工程总承包项目施工协调管理如图 6-3 所示。

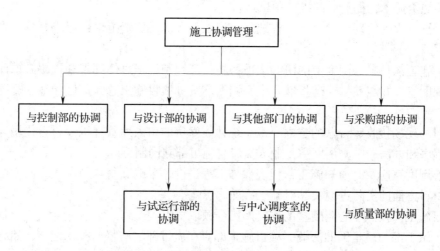

图 6-3　EPC 工程总承包项目施工协调管理

1. 施工部与控制部的协调

控制部在项目施工前应将施工费用控制和施工进度控制基准提交项目施工部。施工部按期向控制部提交费用和进度执行情况报告。

控制部将项目的总承包合同传达给项目施工部，项目施工部进行施工分包时，要符合总承包合同的要求。

当发生与施工工作有关的变更时，控制部应确定变更对施工进度的影响，以及所需的费用预算，施工部根据施工变更的范围和影响提出变更的实施进程，并按时向控制部报告实施结果。

2. 施工部与设计部的协调

项目设计部是总承包项目设计管理的协调机构，负责编制"项目设计协调程序"，经项目经理批准，并上报业主。项目设计部要按照"项目设计协调程序"要求，对内与项目经理部的其他部门协调，对外代表 EPC 总承包商项目经理部与业主、PMC 监理协调，有设计分包的，还要对设计分包商的设计工作进行管理。项目设计经理代表总承包项目经理部负责与业主、PMC 监理的全部技术和组织方面的接口，包括合同规定的由业主提供的设计基础资料、技术说明资料和整个设计期间的其他任何资料。

3. 施工部与采购部的协调

EPC 总承包商与业主、PMC 监理的有关采购方面的接口关系由项目采购部具体负责。项目采购部代表总承包项目经理部将按照程序文件执行采购活动，并定期向 PMC 监理及业主提交采购计划和采购状态报告。

4. 施工部与其他部门的协调

（1）施工部与试运行部的协调。施工进度计划应按试运行顺序进行编制，以便按系统

提前投入预试运行，缩短试运行周期。

项目施工经理按照试运行计划组织人力，配合试运行工作，及时对试运行中出现的施工问题进行处理，排除由于施工的质量问题而引起的对试运行不利的因素。

分项工程或系统单元达到机械竣工条件之后，可进行中间交接（部分机械竣工），把管理权移交给业主，提前局部投入预试运行。

试运行过程中发现或发生的工程缺陷，施工部有责任负责抢修，但应分析工程缺陷或损伤的原因。

（2）施工部与中心调度室的协调。项目施工部编制施工总体部署和资源需求计划，上报中心调度室，并经项目经理批准。中心调度室负责项目施工总体部署和施工资源的动态管理。

材料的现场接收、台账的建立、汇总统计、库房的出入库管理以及材料代用等方面的工作、程序和办法，中心调度室专业人员应与施工部共同制订。

中心调度室应及时通知施工部代表参加工程进度、采购和材料情况等方面的会议，以便了解材料方面的实际进度及其对施工方面的影响。

项目施工部按照中心调度室的物资调拨令领取材料。

（3）施工部与质量部的协调。项目施工部应在质量部的监督与控制之下，始终贯彻质量计划以满足项目的质量要求。

第三节　EPC 工程总承包施工管理内容

一、施工进度管理

1. 进度控制的概念

进度控制是指在既定的工期内，由承包商编制合理的进度计划，经监理工程师审批后，承包商按照计划组织施工。在施工过程中，监理工程师要充分掌握进度计划的执行情况，若发现偏差，及时分析产生偏差的原因和对施工工期的影响，并基于分析结果，督促承包商加强进度管理或采取一定的措施，调整后续工程的进度计划。如此不断循环，以期在预定的工期内完成所有工程项目。

建设工程进度控制的最终目的是确保建设项目按预定的时间动用或提前交付使用，建设工程进度控制的总目标是建设工期。

进度控制必须遵循动态控制原理，在计划执行过程中不断检查，并将实际状况与计划安排进行对比，在分析偏差及其产生原因的基础上，通过采取纠偏措施，使之能正常实施。如果采取措施后不能维持原计划，则需要对原进度计划进行调整或修正，再按新的进度计划实施。

2. 施工进度控制的主要任务

进度控制的主要任务如表 6-1 所示。

为了有效地控制建设工程进度，监理工程师要在设计准备阶段向建设单位提供有关工期的信息，协助建设单位确定工期总目标，并进行环境及施工现场条件的调查和分析。

表 6-1　进度控制主要任务

序号	任务	内　容
1	设计准备阶段进度控制的任务	收集有关工程工期的信息，进行工期目标和进度控制决策
		编制工程项目建设总进度计划
		编制设计准备阶段详细工作计划，并控制其执行
		进行环境及施工现场条件的调查和分析
2	设计阶段进度控制的任务	编制设计阶段工作计划，并控制其执行
		编制详细的出图计划，并控制其执行
3	施工阶段进度控制的任务	编制施工总进度计划，并控制其执行
		编制单位工程施工进度计划，并控制其执行
		编制工程年、季、月实施计划，并控制其执行

在设计阶段和施工阶段，监理工程师不仅要审查设计单位和施工单位提交的进度计划，更要编制监理进度计划，以确保进度控制目标的实现。

二、EPC 工程总承包施工成本管理

1. EPC 工程总承包项目成本含义及分类

在完成一个工程项目过程中，必然要发生各种物化劳动和活劳动的耗费，他们的货币表现称为生产费用。生产费用日常是分散的、个别地反映的，把这些分散的、个别反映的费用运用一定的方法归集到工程项目中，就构成了工程项目成本。

EPC 工程总承包项目成本按项目实施周期可分为估算成本、计划成本和实际成本。

估算成本是以总承包合同为依据按扩大初步设计概算计算的成本。它反映了各地区工程建设行业的平均成本水平。估算成本是确定工程造价的基础，也是编制计划成本、评价实际成本的依据。

计划成本是指在 EPC 工程总承包项目实施过程中利用公司设计技术和总承包管理能力，对设计进行优化，科学合理地组织采购和施工，实现降低估算成本要求所确定的工程成本。计划成本是以施工图和工艺设备清单表为依据、厂家询价资料和施工定额为基础，并考虑降低成本的技术能力和采用技术组织措施效果后编制的根据施工预算确定的工程成本。计划成本反映的是企业的成本水平，是工程公司内部进行经济控制和考核工程活动经济效果的依据。

实际成本是项目在报告期内实际发生的各项费用的总和。把实际成本与计划成本相比较，可揭示成本的节约和超支、考核企业施工技术水平及技术组织措施的贯彻执行情况和企业的经营效果，反映工程盈亏情况。实际成本反映工程公司成本水平，它受企业本身的设计技术水平、总承包综合管理水平的制约。

2. EPC 工程总承包项目费用分解结构

为了从各个方面对项目成本进行全面的计划和有效的控制，必须多方位、多角度地划分成项目，形成一个多维的、严密的体系。EPC 工程总承包项目费用结构分解如表 6-2 所示。

表 6-2　EPC 工程总承包项目费用结构分解

编码	费用名称	金额	备注
0	合同价		
0.1	成本		
0.1.1	工程费用		
0.1.1.1	建筑安装费用		
0.1.1.1.1	子项目 1 建筑安装费用		
0.1.1.1.2	子项目 2 建筑安装费用		
0.1.1.1.3	子项目 n 建筑安装费用		
0.1.1.2	设备采购费用		
0.1.1.2.1	子项目 1 工程设备采购费用		
0.1.1.2.2	子项目 2 工程设备采购费用		
0.1.1.2.3	子项目 n 工程设备采购费用		
0.1.2	工程建设其他费用		
0.1.2.1	管理费		
0.1.2.2	试车费		
0.1.2.3	设计费		
0.1.3	预备费		
0.2	利润		
0.3	税金		

EPC 工程总承包项目费用结构分解是成本计划不可缺少的前提条件，EPC 工程总承包项目费用结构分解图中各层次的分项单元应清晰分明。通常将成本计划分解核算到工作包，对工作包以下的工程活动，成本的分解、计划、核算十分困难，通常采用资源消耗量（如劳动力、材料、机械台班等）进行控制。

项目费用成本分解结构：针对项目结构分解图，进行费用要素分解，产生了项目的费用成本结构。EPC 工程总承包项目费用结构组成一般有：设备采购费用、建筑安装工程费用、其他费用等。

对一具体类型的工程项目还可以根据不同的特点细分，任何一个工程都可以依据费用结构图进行估算、核算，最终汇集成成本。

3. EPC 工程总承包项目成本管理含义及任务

根据项目成本管理要求，EPC 工程总承包项目成本管理，就是在完成工程项目过程中，对所发生的成本费用支出，有组织、有系统地进行预测、计划、控制、核算、分析、考核等一系列科学管理工作的总称。EPC 工程总承包成本管理流程图如图 6-4所示。

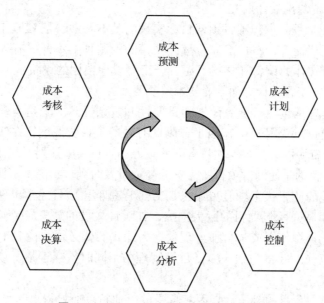

图 6-4　EPC 工程总承包成本管理流程图

项目成本预测和计划为事前管理，即在成本发生之前，根据工程项目的类型、规模、顺序、工期及质量标准、资源准备等情况，运用一定的科学方法，进行成本指标的测算，并编制工程项目成本计划，作为降低 EPC 工程总承包项目成本的行动纲领和日常控制成本开支的依据；项目成本控制和成本核算为事中管理，即对 EPC 工程总承包项目实施过程中所发生的各项开支，根据成本计划实行严格的控制和监督，并正确计算与归集工程项目的实际成本；项目成本分析与考核为事后管理，即通过实际成本与计划成本的比较，找出成本升降的主客观因素，从而制订进一步降低项目成本的具体安排措施，并为制订和调整下期项目成本计划提供依据。

由此可见，EPC 工程总承包项目成本管理是以正确反映 EPC 工程总承包项目实施的经济成果，不断降低 EPC 工程总承包项目成本为宗旨的一项综合性管理工作。

EPC 工程总承包项目成本管理的中心任务是在健全的成本管理经济责任制下，以目标工期、约定质量、最低的成本建成工程项目，为了实现项目成本管理的中心任务，必须提高 EPC 工程总承包项目成本管理水平，改善经营管理，提高企业的管理水平，合理补偿活动耗费，保证企业再生产的顺利进行，同时加强经济核算，挖潜力，降成本，增效益。只有把 EPC 工程总承包项目各流程的事情办好，项目成本管理的基础工作有了保障，才会对 EPC 工程总承包项目成本目标的实现，企业效益最大化的实现，打下良好的基础。

4. EPC 工程总承包项目成本管理框架

EPC 工程总承包项目成本的管理框架可以按照整个 EPC 工程总承包项目实施流程来进行构建，具体内容可总结为以下几个方面：

（1）EPC 工程总承包项目的资源平衡计划。在 EPC 工程总承包项目的成本管理过程中，编制 EPC 工程总承包项目资源平衡计划是 EPC 工程总承包项目成本管理的起点，这项管理工作要依据项目的进度计划和项目工作分解结构，最终生成 EPC 工程总承包项目的资源需求清单和资源投入计划文件。

资源作为 EPC 工程总承包项目预期目标实现的基本要素，是 EPC 工程总承包项目赖以生存的基础，一般而言，EPC 工程总承包项目的资源种类不外乎有人力资源、资金资源、构成开发项目实体的设备和材料资源、施工建设中使用的设备资源和 EPC 工程总承包项目最基本的工业工程设计方面专业技术资源要素等。

（2）EPC 工程总承包项目资源计划的重要性和复杂性。资源是实现项目目标的前提条件，它们占据项目总费用的 90% 以上，因此有效的项目资源配置在实现项目预期目标中显得尤为重要。资源配置是根据项目有限的资源和项目实施计划而编制的可行的资源使用和供应计划，其目的是使开发项目所需资源能适量及时到位，降低资源成本消耗，使有限的资源达到最优的使用状态。但实际的 EPC 工程总承包项目经常出现因资源计划编制失误而造成 EPC 工程总承包项目的巨大损失，如设计人员的缺失导致停工等待图纸、不经济地获取资源或资源使用成本增加等现象。为此我们就必须重视 EPC 工程总承包项目资源计划的编制工作，并将它纳入项目目标管理中，同时贯穿于整个项目的成本管理过程中。

EPC 工程总承包项目的资源计划因其自身的行业特点而显得更为复杂，主要表现在：EPC 工程总承包项目的各种资源供应和使用过程的复杂性、资源计划与整个项目计划控制的关联性、众多不确定因素对资源计划的影响、资源稀缺性等。

（3）编制 EPC 工程总承包项目资源计划的依据。任何一个项目资源计划的编制都离不开项目的工作分解结构（Work Break down Structures，WBS）、项目历史信息、项目范围说明、项目资源描述和项目进度计划这几个基本要素。EPC 工程总承包项目也不例外，但是结合 EPC 工程总承包项目的自身特点，要确定这些要素，其难易程度却有所不同，对于一个 EPC 工程总承包项目来说，一般情况下，其目标依据是相对明确的，换句话说其项目的范围和界限是可以清晰的，另外，项目管理部对项目需要哪些资源以及项目的进度安排也能做到心中有数。一个项目的工作分解结构不仅是资源计划管理中需要完成的首要任务，也是项目成本管理乃至整个项目管理中最重要的基础性工作，它直接决定了项目成本管理的成功与否，因此一个有效的资源计划，必须要有一个经济、有效、合理的工作分解结构。

（4）EPC 工程总承包项目资源计划的编制步骤。

1）人力资源计划编制如图 6-5 所示。

2）设备、材料需求和供应计划编制如图 6-6 所示。

3）资金资源计划编制如图 6-7 所示。

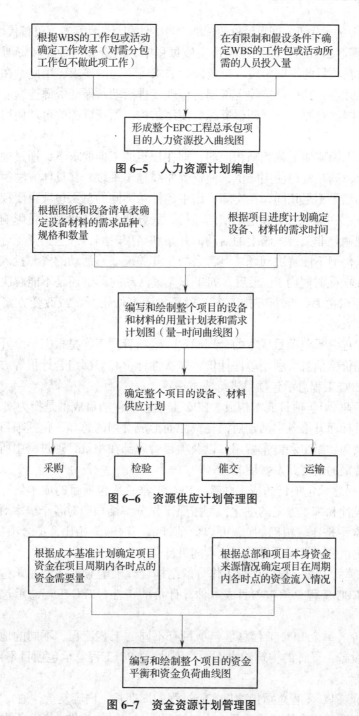

图 6-5　人力资源计划编制

图 6-6　资源供应计划管理图

图 6-7　资金资源计划管理图

（5）资源优化和平衡。

1）资源优化。在 EPC 工程总承包项目中，不仅项目活动和其所需资源是既多又复杂，而且他们在不同的时间、地点和项目不同的阶段对项目所起的作用是不同的，所以为了便于管理，在实际工作中人们通常采用优先定级定义法，来确定各项目活动和资源的优先次序，以解决项目过程中的资源供需矛盾。通常在具体的 EPC 工程总承包项目中，一般按以下标准来确定资源的优先级，即数量价值标准、可能性和复杂性标准、可替代性标准等。

2）资源平衡。EPC 工程总承包项目实施过程中，对资源的种类和资源的用量需求是不平衡的，常常在项目的不同阶段，对资源的需求有不同的要求，因此，在实际资源规划中，应注意以下几点：其一是按预定工期，合理安排活动，保证资源连续、均匀的供求状态。其二是按有限的资源，合理调整资源的使用结构，保证资源的合理使用，保证项目进度和质量。

资源优化与平衡实质上是相辅相成的，即在预定的工期要求下，通过项目的活动及其资源的优化组合，削减资源使用峰值，使资源曲线趋于平缓。其具体方法很多，但每种方法的使用范围和结果不尽相同，在实际应用中，针对不同的总承包项目要权变考虑，通常应把握以下几点：一是对一个确定工期的项目，最方便、经济和对项目影响最小的是在时差范围内，合理调整非关键线路上的活动的开始和结束时间，以达到资源合理的配置；二是如果上述办法仍旧不能解决问题，可考虑减少非关键线路活动的资源投入，延长该活动的持续时间（在松弛时间内）；最后，如果非关键活动的调整还是不能解决问题的话，可采取修改项目逻辑关系，重新安排工序将资源投入高峰错开，或改变方案，提高劳动效率，减少资源投入等。

（6）EPC 工程总承包项目成本的合理确定。这项管理工作是根据整个开发项目的资源计划和资源市场价格信息，利用单件计价、多次性计价和分部组合计价等方法，合理、科学、客观地对 EPC 工程总承包项目进行成本估算。

1）EPC 工程总承包项目成本构成。EPC 工程总承包项目成本是指为实现 EPC 工程总承包项目预期目标而开展各项活动所消耗资源而形成费用的总和，包括项目实施过程中所耗费的设计、采购、施工和试车费用，以及项目管理部在项目管理过程中所耗费的全部费用，其中包括特定的研究开发费用。

2）EPC 工程总承包项目的成本估算。EPC 工程总承包项目的成本估算是指随着项目的深入、技术设计和施工方案的细化，可按照工作分解结构图对各个成本对象进行成本估算（这个数值常常是比较精确的），并以此估计值与限额值相比，结合项目的具体情况，对项目进行优化组合，寻求项目计划成本的最低化的过程。

3）成本估算的方法。根据项目工作分解结构合理确定 EPC 工程总承包项目的成本构成。充分了解 EPC 工程总承包项目成本估算计价的特性，EPC 工程总承包项目有其自身的计价特性：

单件性计价。每个 EPC 工程总承包项目有不同的工艺流程、不同的地质环境，采用不同的材料和设备，设计的构筑物也不同，因此，EPC 工程总承包项目不可能统一定价，只能是单件计价。

多次性计价。EPC 工程总承包项目实施过程的周期长，内容复杂，通常要分阶段进行。为了适应项目管理和成本管理的需要，一般按照项目设计、采购、施工分包等不同阶段多次进行计价。其项目成本控制的具体过程如图 6-8 所示。

EPC 工程总承包项目在不同阶段其成本估算具体应用的方法也不尽相同，例如：在项目施工图方案设计阶段的设计概算一般采用套用定额法、直接分部工程法或历史数据法等来进行估算；而到建安施工分包阶段，则采用详细预算法。因此不同的阶段所使用的估算方法是不同的。

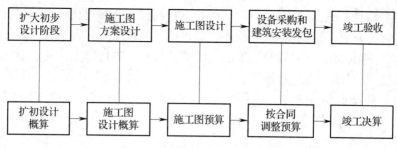

图 6-8 项目成本控制具体过程

按工程的分部组合计价我们一般可将工程项目逐步分解成单项工程、单位工程、分部工程和分项工程，按构成分部进行计价。

（7）制订 EPC 工程总承包项目的计划成本（预算成本或目标成本）。制订 EPC 工程总承包项目的计划成本是进行项目成本管理的必要前提。计划成本的制订是依据 EPC 工程总承包项目的合同金额（造价）减去预期的计划期内执行组织（工程公司）对项目预期的利润和规定的税金而得到的，EPC 工程总承包项目的计划成本是项目管理部对未来 EPC 工程总承包项目成本管理的奋斗目标。EPC 工程总承包项目的计划成本确定以后，再根据工作分解结构将项目的总体目标分解到项目的各个阶段和各个部门，以落实计划成本责任。

（8）对开发项目全过程进行成本控制。这项管理工作是指以计划成本为成本控制标准，对 EPC 工程总承包项目的全过程不断地进行项目实际成本度量，并适时与计划成本比较，发现偏差，分析原因，同时采取相应的纠偏措施的管理活动。

以上各项成本管理内容之间虽然有其内在的逻辑关系，但它们之间并没有清晰的界限，在实际 EPC 工程总承包项目成本管理工作中，它们往往相互重叠、相互交叉又相互影响。

5. 项目成本管理的主要内容

项目成本是指为实现项目目标而开展的各项活动中所消耗资源而形成的各种费用的总和。具体来讲，项目成本包括项目启动成本、项目规划成本、项目实施成本和项目终结成本。

项目成本管理是指为保障项目实际发生的成本不超过项目的预算成本而开展的一系列的项目管理活动。按美国项目管理协会（PMI）出版的作为 PMI 标准的《项目管理知识体系指南》（A Guide to the Project Management Body of Knowledge-PMBOK），项目成本管理内容的划分为：项目计划阶段的项目资源计划、项目成本估算、项目成本预算和项目控制阶段的项目成本控制。国内项目管理专家将其划分为：项目成本预测、项目成本计划、项目成本控制、项目成本核算、项目成本分析、项目成本考核六个环节，其中，项目成本核算是执行阶段的成本管理活动，而项目成本决算是收尾阶段的项目成本管理活动，这样就弥补了 PMBOK 在这两个阶段的项目成本管理空白。

（1）资源计划。项目资源计划是指通过分析进而识别和确定项目所需各种资源的种类（人力、设备、材料等）、资源数量和资源投入时间，并制订出项目资源计划安排的一种成本管理活动。

在资源计划工作中，最重要的是确定出能够充分保证项目实施所需各种资源的清单和资源投入的计划安排。

1）项目资源计划编制的依据。项目资源计划编制的依据涉及项目的范围、项目时间、项目风险等各个方面的计划和要求。具体主要包括：项目工作分解结构、项目活动分解文件、各类资源定额标准和计算规则、资源供给情况信息、项目进度计划、项目风险应对所需的资源储备、项目组织方针政策等。

2）项目资源计划编制的方法。项目资源计划编制的方法有许多种，其中最主要的是：专家判断法（通常有两种形式：专家小组法和特尔斐法）、统一定额法、资料统计法和项目管理软件法。

3）项目资源计划编制的最终成果。项目资源计划编制工作的主要成果是生成一份项目资源计划书或是资源需求报告。这一计划书为实现项目目标对该项目的资源需求种类、数量和资源的投入时间做了明确的规定。

（2）成本估算。项目成本估算是指根据资源计划以及各种资源的市场价格或预期价格信息，估算和确定项目各种活动的成本和整个项目的全部成本的一项项目成本管理工作。项目成本估算中最主要的任务是确定整个项目所需人、机、料、费等成本要素及其费用多少，对于一个项目来说，项目的成本估算实际上是项目成本决策的过程。

1）成本估算内容。一个完整的项目一般包括建设成本估算、资金占用成本估算和间接成本估算等。

2）成本估算种类。一般我国建设项目成本估算根据不同时期将其分为三种：投资估算、初步设计概算和施工图预算，这是按三阶段划分。各类型如表6-3所示。

表6-3　成本估算种类

估算类型	我国对应叫法	估算时间段	作用	精确度
量级估算	投资估算	可行性研究阶段	为项目决策提供成本估算	−25% ~ 75%
预算估算	初步设计概算	初步设计阶段	为项目资金的拨入做预算计划	−10% ~ 25%
最终估算	施工图概算	施工图设计阶段	确定建筑安装工程费用	−5% ~ 10%

3）成本估算方法。因素估算法。因素估算法是一种比较科学的方法，它是以过去的数据为依据，利用有关的数学知识来预测项目的成本。它的方法是利用规模和成本之间的基本关系，这种关系可能是直线，也可能是曲线。

自下而上估算法。这种方法是根据工作分解结构体系、基本任务以及其日程和个体预算估算出来的。进行这种估算的人对任务的时间和预算要进行仔细的考察，以尽可能精确地确定整个项目的成本。

参数模型估计法。参数模型估计是一种建模统计技术，是利用项目的特性计算项目费用，模型可以简单（如商业住宅以每平方米单位造价来估算），也可以复杂（如一个软件开发费用模型要用到十几个因素，而每个因素都有五六个方面）。

WBS详细估算法。即利用WBS方法，先把项目任务进行合理的细分，分到可以确认的程度，如某种材料、某种设备、某一活动单元等，然后估算每个WBS要素的费用。采用这一方法的前提条件或先决步骤是对项目需求做出一个完整的限定；制订完成任务所必需的逻辑步骤；编制WBS表。

（3）成本管理计划。既然所有的项目，无论大小都需要资源，合理的资源规划就显得非常重要，那么，制订科学合理的成本管理计划就成为确定项目各项工作需要哪些资源、需要多少资源的关键一步，合理、科学的成本管理计划将有助于项目活动的顺利开展。

（4）成本预算。项目成本预算就是为了确定测量项目实际绩效的基准计划而把成本估算分配到各个工作项（或工作包）上和各个时间段上去的成本计划。这是一项编制项目成本控制基线或项目目标成本计划的管理工作。这项工作包括根据项目的成本估算为项目的各项活动和各个时间段分配预算，以及确定整个项目的总预算。项目成本预算的关键是合理、科学地确定出项目成本的控制基线。

1）成本预算中应注意的问题。首先，成本预算必须将资源使用情况和组织目标的实现紧密联系起来，否则预算和预算控制过程的本身就失去其本来的意义。因此预算的编制必须以项目目标的实现为基础和前提。其次，成本预算必须将成本估算与项目进度计划有机地结合起来，从而使成本基准计划具有可操作性。再次，成本预算不只是从上向下的单向压制过程，它应涉及项目团队内部所有的部门和人员，需要团队上下各部门的双向沟通与协调，并在调整中达成一致的目标。最后，成本预算工作应贯穿项目始终，且不是一成不变的，成本控制主体应在项目的实施过程中适时监控、及时调整原来不适应环境变化的成本预算。

2）成本预算的原则。准确的成本预算是每个项目成功的关键因素。制订准确的成本预算，必须遵循以下原则：项目费用与既定项目目标相联系；项目费用与项目进度有关；项目费用取决于项目团队成员对项目计划的理解和把握。

（5）成本控制。20 世纪 30 年代，人们成功地将成本管理从被动式的事后核算推进到生产过程中的控制，使成本控制和成本核算结合起来，这种以标准成本制度为代表的过程成本控制，成为传统的成本控制方法。20 世纪 50 年代后期，在新技术革命的推动下，以"价值工程"理论和方法为代表，将成本控制过程扩展到事前成本控制上来，这是成本控制发展的历史性突破。

项目成本控制是指在项目的实施过程中，定期地、经常性地收集项目实际费用信息和数据，进行费用目标值（计划值）和实际值的动态比较分析，并进行费用预测，如果发现偏差，则应及时采取纠偏措施，以使成本计划目标尽可能好地实现的管理过程。简单地说，成本控制的主要任务就是依据项目成本预算，动态监控成本的正负偏差，分析产生差异的原因和及时采取纠偏措施或修订项目预算的方法以实现对项目成本的控制。它必须综合考虑其他控制过程，包括范围控制、进度控制、质量控制等。①按照成本发生和形成时间的先后顺序可分为事前、事中和事后控制。按成本性质分类可分为直接成本和间接成本。②成本控制应遵循的原则有以下几个方面：成本最低化原则，全面成本控制原则，动态成本控制原则，责、权、利相结合原则。

三、施工质量管理

质量管理是工程总承包项目管理工作的一项重要内容，总承包项目质量管理不能仅体现在项目施工阶段，还应体现在项目从设计到运营的整个过程中。集团公司的质量管理坚持"质量第一、用户至上、质量兴企、以质取胜"的方针，积极推行 ISO9000 管理体系，努力提高项目质量。

（1）质量管理的目的和主要任务。质量管理的目的：满足合同要求、建设优质工程、降低项目的风险。质量管理的主要任务：建立完善的质量管理体系，并保持其持续有效；按照质量管理体系要求对项目进行质量管理，并持续改进；对涉及质量管理的各种资源进行有效的管理。

（2）质量管理的职责分工。EPC 总承包商对项目质量的管理主要由 EPC 总承包商项目经理部的质量部来实施，其他相关部门配合。质量部的岗位设置是项目经理→项目运营经理→质量管理工程师。

1）EPC 总承包商项目经理。主要职责包括：①负责建立、实施、持续改进质量管理体系，并做出有效性承诺。②负责制订 EPC 总承包商项目经理部质量方针和目标，并应确保在 EPC 总承包商项目经理部内相关职能和层次上建立质量目标。即在总质量目标确定后应能在部门的层次上开展，各分部质量目标应与总质量目标相一致，并可测量和考核。③确保项目实施过程中各项质量活动获得必需的资源。④批准发布质量计划。⑤主持管理评审，对质量体系进行综合评价，发现体系的薄弱环节，不断改进质量管理体系，以保证体系持续运行的适宜性、充分性和有效性。

2）质量部。质量部由项目运营经理和运营管理工程师组成。

项目质量经理。协助项目经理建立和完善质量管理体系，保证其有效运转；负责项目质量手册和项目质量计划的编制和维护工作，以保证项目质量；实施计划和批准的程序并完成项目工作内容。

质量管理工程师。协助项目质量经理编制和维护项目质量手册和项目质量计划工作；协助编制、审查 EPC 总承包商项目经理部各部门和分包商的质量管理体系程序文件和详细的作业文件，以确保质量满足要求；负责管理质量文件、资料和各项标准、规范、检验报告、不合格报告、纠正措施报告及各部门提交的质量文件等；负责对项目的设计、采购、施工质量管理进行策划，并组织实施；制订质量控制程序，负责各项设备制造及现场安装期间的检验和试验，并负责签发检验报告；负责检查、监督、考核、评价项目质量计划的执行情况，验证实施效果；按照国家有关规定和合同约定，对设计、采购、施工质量进行检查，若有缺陷，督促有关部门改正；组织对质量事故进行调查、分析，并督促有关部门采取纠正措施，负责事故报告的编写；按照"质量报告编制规定"的要求编制质量报告。

3）其他部门。包括设计部、采购部、施工部等。

设计部按合同完成规定的设计内容，并达到规定的设计深度，对设计水平、设计质量和执行法规、标准全面负责，确保整个设计过程始终处于受控状态，对设计变更应严格控制并要记录存档。

采购部对设备、材料的质量负责，评价和选择设备、材料供应商。有权拒绝不合格或质量证明文件不全的材料、设备与零配件，对甲方供材，严格按照合同规定进行查收、检验、运输、入库、保存、维护。

施工部应实施所有防止不合格品发生的质量控制工作，制订有效的纠正和预防措施，验明并改正施工中的不足，不得擅自提高或降低质量标准。

各部门应将分包工程纳入项目质量控制范围；维护质量管理体系运行；按质量管理体

系文件要求填写、上报各种记录；开展质量管理活动，进行相关质量培训；在项目实施过程中互相协调，配合处理出现的质量问题。

四、工程总承包项目资源管理

在工程总承包项目实施过程中，影响项目质量的因素主要包括参与项目的人员、材料、施工方法以及机械等资源情况，以及项目的环境因素。

1. 人员的管理

影响项目质量的人员必须具备相应的能力。根据各种不同的工作岗位确定人员必须具备的能力，选择配备能胜任的人力资源。

人员素质的高低是保证项目建设质量的重要条件，EPC 总承包商要建立培训管理程序，把项目参与人员的培训工作作为首要任务来完成。

EPC 总承包商切合项目的实际需要制订培训方式、方法和内容，通过培训使项目参与人员增强质量意识，提高质量的知识和技能。

EPC 总承包商制订切实可行的培训计划，对从事影响质量工作的管理人员进行培训，确保项目质量目标的实现和创国家优质工程目标的实现。

EPC 总承包商对从事特殊工作的人员要进行专业技术培训和资格考核认证，并保存记录。

EPC 总承包商要特别重视对专业岗位新补充的人员及转岗人员和对新设备操作及工作任务变化的培训，并保存培训记录。

2. 设备材料的管理

在设备材料用于项目前，必须经过各种检验，包括供应商的自检、驻厂监造单位在设备材料出厂前的控制，政府质量监督站、业主、PMC 监理、EPC 总承包商的进场检验等。不合格的设备材料不能进场，更不能在施工中使用。

3. 施工方法与施工工艺的管理

EPC 总承包商根据项目的特点，组织编写具体施工组织设计，选取适当的施工方法、工艺与方案等，并报 PMC 监理审查。

施工方法、工艺应符合国家的技术政策，充分考虑总承包合同规定的条件、现场条件及法规条件的要求，突出"质量第一、安全第一"的原则；施工方法、工艺要有较强的针对性、可操作性；应考虑技术方案的先进性，适用性以及是否成熟；考虑现场安全、环保、消防和文明施工符合规定。

施工部门应严格按照 PMC 监理审查通过的施工方法、方案、工艺等进行施工。如需变更，应对变更部分重新编写施工组织设计，选取施工方法、方案、工艺等，并报 PMC 监理审查。

4. 机械设备以及基础设施的管理

（1）机械设备管理。机械设备的选择应考虑机械设备的技术性能、工作效率、工作质量、可靠性和维修的难易、能源消耗，以及安全、灵活等方面对项目质量的影响与保证。应保证机械设备的数量以保证项目质量。要按照项目进度计划安排所需的机械设备。

（2）基础设施管理。为了满足项目建设的需要，并符合国家法律、法规，EPC 总承包商要对所需要的基础设施进行确定、提供和维护。基础设施包括所有工作场所、通信设备、运输设备、控制和检测设备及生产、管理所需的硬件和软件，以及其他支持性服务设施等。

5. 环境因素的管理

EPC 总承包商提供的工作环境要体现"以人为本"的原则，并且符合国家、行业有关规范等。

EPC 总承包商应严格按照实现工程所要求的条件提供项目工作环境。EPC 总承包商应要求各分包商识别和研究可能影响工作环境的因素，采取适当的措施，达到要求的水平。

五、施工 HSE 管理

HSE 管理是对工程项目进行全面的健康、安全与环境管理，这不仅关系到项目现场所有人员的安全健康，也关系到项目周围社区人群的安全健康；不仅影响到项目建设过程，也影响到项目建成后的长远发展。HSE 管理的目的就是要最大限度地减少人员伤亡事故和最大程度地保障生命财产安全和保护环境。

1. HSE 管理的目的和主要任务

（1）HSE 管理的目的：减少由项目建设引起的人员伤害、财产损失和环境污染，降低项目的风险，促进项目的可持续发展。

（2）HSE 管理的主要任务：建立完善的 HSE 管理体系，并保证其持续有效；按照HSE 管理体系要求对项目进行持续的 HSE 管理；加强对 HSE 管理必需的资源的管理。

2. HSE 管理职责分工

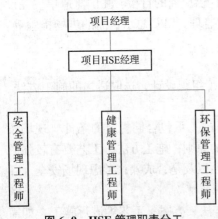

图 6-9　HSE 管理职责分工

EPC 总承包商对 HSE 的管理主要是由 HSE 部来负责，由其他相关部门协助来实施的。典型的HSE 部岗位设置如图 6-9 所示。EPC 总承包商应依据分包合同规定，要求各分包商对所承包项目进行HSE 管理。

（1）EPC 总承包商项目经理。主要职责包括：①贯彻执行国家 HSE 相关的法律、法规；②负责HSE 方针和目标的全面建立和实施；③负责建立、完善、实施 HSE 管理体系，并组织评审体系的有效性，保证其得到持续改进；④建立完善的组织机构，对 HSE 进行有效的管理；⑤对 HSE 管理进行承诺，保证提供必要的资源。

（2）HSE 部。项目 HSE 经理。协助项目经理建立、完善、实施 HSE 管理体系；负责HSE 管理体系文件的编制、修订、审核工作；组织其他相关部门对与项目相关的 HSE 因素进行评价；监督 HSE 文件的执行情况，并协调 HSE 工作；负责制订应急计划，审定应急预案，会同其他部门组织实施，并检查、监督应急措施的落实情况，确保在发生事故后能有效应对；负责处理健康、安全、环保事故，审查事故报告；负责 HSE 记录的规范化及统一协调工作。

1）安全管理工程师。协助项目 HSE 经理编制、修订、审核 HSE 管理体系文件并监督执行；负责对参与项目人员进行安全能力评价工作，并对相关人员进行安全知识的培训；定期对安全设施进行检查，保证安全设施的完整性、有效性并符合 EPC 总承包商项目经理部规定的标准以及集团公司的要求；协助各部门编制和完善所需的工作程序文件，考虑安全因素；负责项目所需的安全防护用品策划、检验工作；参与对各分包商 HSE 的评价与管理；协助信息文控中心对 HSE 文件、信息的整理和归档工作；协助项目 HSE 经理对安全事故进行调查，编写事故报告，提出纠正和预防的措施，督促有关部门执行，防止事故的再次发生。

2）健康管理工程师。协助项目 HSE 经理编制、修订、审核 HSE 管理体系文件并监督执行；贯彻实施总承包项目所在地有关劳工保护的法律、政策与规定；建立项目参与人员的健康档案；对从事特殊工作的人员定期组织体检，确保其在工作期间处于良好的身体状态；按照总承包项目的需要，制订保护物品、保健用品的配备和使用方案；协助信息文控中心对 HSE 文件、信息的整理和归档工作；参与 HSE 部组织的检查活动以及对各种事件的调查、分析与评价。

3）环保管理工程师。协助项目 HSE 经理编制、修订、审核 HSE 管理体系文件并监督执行；贯彻实施项目所在地与环境有关的法律、法规和规定；组织对项目参与人员的各项培训活动，提高他们的环境意识；确保在环境影响评价报告中所提出的环保方案得到有效的实施；协助信息文控中心对 HSE 文件、信息的整理和归档工作；参与 HSE 部组织的检查活动以及对各种事件的调查、分析与评价等。

（3）行政办公室。主要职责包括：①负责 HSE 各级组织机构的设置和职责的制订，并负责监督检查其执行情况；②负责监督实施和考核 HSE 方针和目标；③宣传项目的 HSE 方针和目标，建立和维护 HSE 团队文化；④做好各级 HSE 管理机构和 HSE 岗位人员的调配，明确各岗位的 HSE 职责；⑤为 EPC 总承包商项目经理部员工 HSE 能力的评价制订标准，并负责人员能力评价的管理工作，负责把 HSE 培训内容纳入员工培训计划中并组织实施，负责对各部门培训情况进行检查指导和考核；⑥参与 HSE 的事故调查和审核工作；⑦负责提出资源配置计划，并监督实施；⑧负责地方关系的协调。

（4）财务部。主要职责包括：①审查项目健康、安全、环境保护项目资金落实情况；②负责 HSE 管理、培训、监测和有关项目的资金筹措和审批；③负责编制 HSE 有关的费用计划和资金预算计划；④参与工程招标，对各分包商的 HSE 审查、评价；⑤负责建立业务范围内的工作程序，并监督实施；⑥负责应急资金的落实；⑦按记录的规范化要求，对部门 HSE 记录的使用、收集、保管及 HSE 记录的准确性、真实性、连贯性、完整性负责；⑧参与事故的处理，负责与保险公司联系，并办理索赔事宜；⑨参与 HSE 管理体系的审核。

（5）信息文控中心。主要职责包括：①负责 HSE 信息的收集、传递、整理、归档工作；②负责监督检查文件、记录的收发、登记、传递、利用情况；③负责部门人员的能力评价和培训工作；④负责 HSE 信息网络的软、硬件建设，提供网上技术服务与信息管理，促进 HSE 信息管理现代化；⑤负责 HSE 管理体系文件和资料的控制管理，并对执行情况进行监督检查。

（6）其他部门。其他部门包括设计部、采购部、施工部、控制部、试运行部。

1）设计部。负责全面优质完成设计工作，组织编制设计的勘察、设计委托书；编制设计统一技术规定，负责对设计分包商的选择、评价、监督、检查、控制和管理；负责督促、管理总承包项目设计分包商完成设计、修改、现场施工变更、提供设计现场服务。

2）采购部。负责 HSE 管理、监测等工作中所需要的设备、材料、仪器、药品等物资供应工作；保证供应商和相关部门有良好的 HSE 管理体系；负责应急状态下所需物资保障等。

3）施工部。参与安全、环保"三同时"（同时设计、同时施工、同时投入使用）检查和安全、环保设施竣工验收；负责组织应急调度、应急通信演习；应急通信设备、器材的储备和维护；应急状态下完成通信设施故障的处理等。

4）控制部。负责编制、评审各个分包合同，提出有关 HSE 要求；监督检查与各分包商合同中有关 HSE 条款的落实情况；负责对各分包商提供的资源进行审查验收。

5）试运行部。负责包括试运行、维护的所有的组织工作，以使业主满意；编制一切试运行和维护文件，这一阶段的所有工作应符合安全、环保、质量及合同等要求。

各部门参与危险源辨识和环境因素的识别，编制管理方案，监督实施。各部门严格按照项目 HSE 的要求编制工作方案，在工作中应尽量避免或减少对安全、健康和环境的影响。各部门编制部门相关资源配置计划，分别报主管部门审批；部门人员进行技术指导、培训；负责建立部门的工作程序以满足 HSE 管理的要求，并监督实施；对于变更，进行专业的指导和监督；负责部门有关的 HSE 纠正与预防措施的制订与实施；按记录的规范化要求，对部门 HSE 记录的使用、收集、保管及 HSE 记录的准确性、真实性、连贯性、完整性负责；参与工程招标，对各分包商的 HSE 进行审查、评价；参与事故的调查和 HSE 管理体系的审核工作；负责应急的宣传教育，建立部门的应急管理措施。

3. 工程总承包项目 HSE 管理内容

（1）健康管理。工程总承包项目应确立"以人为本，健康至上"的理念，本着"安全第一，预防为主"的原则，恪守"保护公众和员工安全和健康，坚持预防为主，追求无事故、无伤害、无损失的目标"的承诺，为员工提供必须和必要的劳动防护用品，保障员工在生产工作中的安全与健康，努力为全体员工营造一个健康、人性化的工作氛围及生活环境。

健康管理内容如图 6-10 所示。

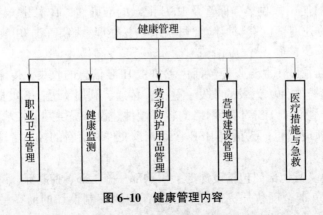

图 6-10　健康管理内容

1）职业卫生管理。采取相应的措施，使工作场所职业危害因素降到最小；所有防护设施、设备应定期维修，保持运转性能良好；所有在危害场所作业的员工，佩戴相应的防护用品；要定期对职业病防治工作进行监督、检查、评价、考核。

2）健康监测。所有参与项目人员都必须是体检合格人员，并定期对员工，特别是有毒有害工作环境中的人员进行健康检查，并记录；按照"HSE 能力评价管理与培训"的规定，制订项目参与人员职业健康教育与培训计划并组织实施。

3）劳动防护用品管理。制订劳动防护用品的管理制度，满足项目人员的使用；所有的劳动防护用品必须符合国家及行业标准中的规定；根据安全生产和防止职业病危害的需要，按照不同工种、不同劳动环境配备不同防护作用、不同防护能力的劳动防护用品；必须对劳动防护设备、设施、机具进行定期的检查和维护，不合格的禁止使用；对员工上岗使用劳动防护用品情况要经常检查，制订必要的管理制度。

4）营地建设管理。营地规划时应充分考虑营地周围环境、自然条件、交通等具体情况统筹合理布置，营地的位置、布置、设施应合理；建立营地管理规定，并体现"以人为本"的方针，为员工提供安全、卫生的生活场所；营地内应配备良好的生活设施以及防护设施，包括洁净的宿舍、厨房、餐具、食堂、厕所，消防灭火设施等。

5）医疗措施与急救。应为员工提供良好的医疗保障措施和医疗急救设备；必须设立有一定装备、药品、有资质的医护人员的医疗站，方便员工就诊；应调查项目所在地周边的医疗卫生机构，了解其所在位置，医疗救护设施、能力、交通、通信情况并登记建立档案；确定适合的可提供良好医疗保障、医疗急救的医疗单位，与之取得联系，建立医疗保障、急救关系；现场配备相应的急救设施，包括车辆，保证在出现意外时能够紧急救援。

（2）安全管理。安全管理的目的是加强总承包项目的安全管理工作，最大限度地保障员工在生产作业过程中的人身安全、健康和企业财产不受损失。

安全管理内容包括安全生产责任制、安全生产管理和安全生产奖惩。

安全生产责任制。以制度的形式明确各个领导、各个部门、各类人员在项目中应负的责任。严格执行安全生产责任制，使所有参与项目人员负起责任，建立健全安全专职机构，加强安全部门的领导，严格执行安全检查制度。EPC 总承包商、各分包商要加强生产安全管理，贯彻"安全第一，预防为主"的方针，认真落实安全生产责任制。所有项目参与人员应自觉遵守安全生产规章制度，清楚和熟悉自己岗位的职责和安全程序，不违章作业、不违章指挥，遵守工作纪律和职业道德，主动做好事故预防工作。

安全生产管理。对所有员工定期进行安全培训；各有关部门必须制订并严格执行安全检查制度；项目的劳动安全卫生设施必须与主体工程同时设计、同时施工、同时投入使用，即"三同时"；对危险性较大的作业，在作业前应编制和审批安全预案和安全应急计划，在作业过程中，应随情况变化及时对安全应急计划进行修改和补充；对关键生产设备、安全防护设施和装备应进行严格管理；对危害应进行识别并对事故隐患进行管理；加强对劳动保护用品的管理，保证其合格和适用；对重点要害部位进行安全管理；消防安全工作和交通安全工作应纳入整个安全生产的工作部署。

安全生产奖惩。应设立项目安全生产奖励资金，在年度预算中应核定；运用行政、经济等措施对违反安全生产法规、制度的行为实行重罚；对认真履行安全生产责任，及时发现重大事故隐患，避免重、特大事故的员工要实行重奖；对各类事故要按照"四不放过"原则（事故原因没有查清不放过、事故责任者没有严肃处理不放过、广大员工没有受到教育不放过、防范措施没有落实不放过）严肃处理，追究有关责任人的行政和经济乃至法律责任。

（3）环境保护管理。在总承包项目执行过程中，应采取措施合理利用自然，防止对自然资源、生态资源等造成污染，保护人类的生态环境，并促进项目可持续发展，创一流 HSE 业绩。

施工过程中会产生施工垃圾、污水、噪声等环境污染，所以施工阶段环境保护工作的主要内容应该涉及以下方面：废弃物、垃圾的处理；危险物溢出的预防与控制；粉尘、烟尘、污水、放射性物质和噪声的管理；文物、古迹的管理；人工林、天然林和自然保护区的管理；水源、湿地、河流保护的管理；河道、路面影响控制；水土保持的控制；地貌恢复。

4. HSE 管理体系要素

（1）领导和承诺。集团公司所属企业的高层管理者应对 HSE 管理提出明确的承诺，努力创造和维护良好的企业文化，以支持集团公司的 HSE。总承包项目经理应根据项目的特点提出项目的 HSE 承诺。

职责。项目经理和各分包商的最高领导者应对 HSE 管理提出明确的承诺，为 HSE 管理体系的建立、实施和维持提供强有力的领导，努力创造和培育良好的团队文化；HSE 部负责 HSE 承诺的征集与推荐工作；HSE 部组织 EPC 总承包商项目经理部各部门对承诺是否符合法律、法规、规范、资源、保证条件等进行评价、审核，并提出意见，上报 EPC 总承包商项目经理；EPC 总承包商项目经理部各部门及分包商负责对 HSE 承诺的具体贯彻实施。

承诺的原则。EPC 总承包商项目经理部向社会及员工做出承诺。承诺应依据项目所在国家的法律、法规、标准及项目的特点和资源条件，按照科学、合法和可行的原则就健康、安全与环保向社会和员工提供公开的、明确的承诺。

承诺的内容。承诺遵守法律法规；承诺污染和事故的预防；承诺为 HSE 管理提供必要的资源；承诺持续改进。

（2）资源和文件。为了对 HSE 进行有效的管理，必须提供有效的资金、物质资源、人力资源和技术资源等，以不断提高 HSE 表现水平，更加有效地保护员工生命和财产安全，保护生态环境，总承包项目应保证提供并优化配置用于 HSE 管理体系实施的各类资源。

资源配置的依据：国家政策、法律法规、标准及业主有关规定；总承包项目的建设规划和发展战略；总承包项目的 HSE 管理体系方针、目标；总承包项目建设活动中风险削减及应急需要等。

资源配置的原则：最大限度地满足项目建设质量及健康、安全与环境目标的实现；依靠技术，人尽其才，物尽其用，最大限度地挖掘各种资源的潜力；合理开发，优化组合，最大限度地发挥各种资源的综合效益；节约资源。

资源配置的程序：资源配置计划的编制和审批；资源配置计划的实施与监督；根据具体情况对资源配置计划进行变更。

为了对 HSE 管理体系运行有关的文件和资料实施有效的控制，确保在总承包项目 HSE 体系运行的所有场合得到适用的有效文件和资料，应加强对 HSE 有关文件的管理。

HSE 文件管理的对象包括：HSE 管理手册；技术性文件，包括内部文件（与 HSE 相关技术文件）和外部文件（国家颁发的有关技术文件和标准）；管理性文件，包括内部文件（HSE 计划、与管理手册等文件相关的管理制度）和外部文件（国家、地方、行业、上级主管部门、业主、PMC 监理有关 HSE 管理方面的文件）。

HSE 文件管理的内容包括：各种文件和资料的编制（包括管理手册、各种程序文件、作业手册等相关文件）；文件和资料的编号；文件和资料的批准和发布；文件和资料的发放和保管；文件和资料的更改与换版；文件和资料的归档。

（3）评价和风险管理。为了对 HSE 进行有效、有针对性的管理，必须对项目运行过程中可能存在的风险进行识别、评价、监控，并采取有效的预防措施。

（4）规划。为了保证 HSE 管理的顺利进行，必须要对 HSE 管理进行规划，包括 HSE 设施完整性管理、程序和工作指南管理、变更管理和应急管理等。

1）HSE 设施完整性管理。目的是保证 HSE 管理的设施、设备符合规定要求，并得到维护，使之处于完好状态，从而使 HSE 管理体系有效。HSE 设施包括特种设备，报警装置，防护装置，控制装置，环保设施，健康设施，应急救生设施，各种劳保用品，消防设施，各种用于 HSE 的检验、监测和实验设施等。HSE 设施管理的主要内容：加强设计控制，使 HSE 设施的设计符合有关规定；加强采购质量控制，使所有的 HSE 设备性能符合规定标准；加强检验、检测控制，对设施、设备进行能力评价，使设施、设备保持规定的技术指标和性能，及时了解其偏差并进行纠正；施工过程中应首先考虑设施完整性方案的要求；施工现场应按标准配备各种 HSE 警示、标志，并保证警示、标志齐全完好；特种设备（设施）按国家有关规定期限，送交指定部门检验；HSE 设施的建造和购置应符合国家、地方、行业相关标准规定。

2）程序和工作指南管理。目的是避免由于缺乏工作程序而导致违反 HSE 方针或法规要求活动的出现，对所有活动应制订程序和准则，指导所有参与项目人员开展 HSE 活动。程序和工作指南的描述应简单、明确、易于理解。需要建立操作程序或工作指南的活动包括各种控制危害和消减风险的措施，特殊、危险作业操作程序。

3）变更管理。目的是控制和减少由于人员、机构、设备、项目设计、工艺流程、施工方案、操作规程等的变更对 HSE 的有害影响。

4）应急管理。目的是提高对自然灾害和突发事件的整体应急能力，确保紧急情况下能够及时有序地采取应急措施，有效保护人员生命和财产安全，把事故损失降低到最小程度。项目应建立书面形式的应急反应计划，这些计划是可操作的和经过测试的，所有项目参与人员均应熟悉它们并参与演习。应急管理包括建立应急指挥系统、收集与传递应急信息、编制应急反应计划、建立应急保障系统、应急培训与演练、应急善后处理。

（5）实施和检测。在总承包项目运行的过程中，应该对 HSE 运行状况进行监测，以利于 HSE 运行状况的评审。实施和检测管理的内容如图 6-11 所示。

1）监测管理。监测管理的程序包括监测计划的编制与审批、监测工作的组织和实施、编写监测报告。监测管理的内容包括环境监测、技术安全监测、健康监测、安全检查、体系运行监测。

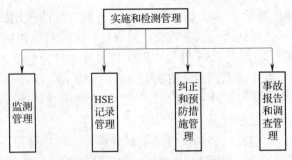

图 6-11 实施和检测管理的内容

2）HSE 记录管理。通过对 HSE 记录的有效控制，做到规范化管理，保证 HSE 管理体系的有效性并实现可追溯性，为制订纠正和预防措施提供依据。HSE 记录管理的范围包括 HSE 记录、HSE 报告、HSE 报表以及与 HSE 体系运行有关的各种受控记录和资料。HSE 记录管理的内容包括记录的收集、记录的编制、HSE 记录的查阅、记录的归档、HSE 记录的贮存与保管。

3）纠正和预防措施管理。对事故的不符合进行管理，采取纠正与预防措施，以纠正 HSE 管理体系运行中出现的偏差，包括体系文件与法律、标准、其他要求的不符合，项目运行与体系文件的不符合等。纠正和预防措施管理的程序：不符合信息的收集；不符合的确认；不符合的分级与确认；不符合项的处置及纠正、预防措施。

4）事故报告和调查管理。应编制相应的事故处理程序和应急程序，规范事故管理，及时准确地报告、统计、调查、处理事故，对事故进行有效的监控、分析和预测，吸取教训和预防类似事故发生。事故报告和调查管理程序：事故的分类和分级、事故报告编制和报送管理、事故的调查、事故的处理、事故的建档。

（6）评审。通过评审，验证体系是否符合 HSE 工作的计划安排和标准要求，发现 HSE 管理体系中需要改进的领域，以便对 HSE 管理体系各要素进行有效控制，并确定体系的有效运行和持续改进。

评审的程序：编制评审计划；评审前准备，包括受评审方的准备；评审具体实施；对不符合进行纠正；纠正措施的跟踪和验证；编写评审报告体系的总体分析和报告。

5. 加强 HSE 管理 EPC 总承包商应采取的重要措施

要稳步实施 HSE 管理，提高 HSE 管理水平，EPC 总承包商要重点做好以下几件事：

（1）建立一个完善的 HSE 管理体系和 HSE 管理组织机构。建立一个完善 HSE 管理体系和切实有力的 HSE 管理组织机构是搞好项目 HSE 管理的基本保障，体系运行的好坏和是否建立高效运作的管理机构直接影响到项目管理最终的成败。

（2）落实各级人员的 HSE 责任制并加强考核。有了 HSE 管理体系文件，建立了组织机构，未必能够运转通畅。要加强组织领导，明确各级人员在实施 HSE 管理中的责任，切实提供人力、物力、财力保障，同时认真组织进行严格细致的考核，并根据考核的结果，该奖的奖、该罚的罚，才能使 HSE 管理体系各环节运转畅通无阻。

（3）加强 HSE 教育和培训。实施 HSE 管理体系是一项复杂的系统工程，涉及方方面面，需要全体项目人员的共同参与、齐心协力来完成。因此要高度重视人员培训，抓好 HSE 技能培训和行为训练。通过层层的 HSE 教育、培训，广泛宣讲实施 HSE 管理体系的目的、意义和要求，大力普及有关常识，使 HSE 管理深入人心，使全体人员都能掌握有关的 HSE 知识，提高对 HSE 的认识，并能积极参与、自觉遵循 HSE 管理程序。

（4）做好项目实施中的风险识别、评价和制订风险削减措施。由项目经理组织技术、安全管理及经验丰富的施工人员，识别和确定在项目实施的全过程中，不同时期和状态下对项目健康、安全和环境可能造成的危害和影响，在对这些危害进行归纳和整理之后，进行科学的风险动态评价和分析，并根据评价和分析结构，选择适当的风险控制和削减措施。

（5）做好事故及未遂事故的调查报告工作。成功地防止事故的出现，在于了解事故或未遂事故是如何和怎样发生的。因此当现场发生事故或未遂事故时，必须进行全面的调查，以确定它们发生的原因，并采取必要的行动以防止事故的再次发生。

（6）定期进行各层次的内部审核和管理评审。持续改进是每个体系的共同要求，承包商定期或在新的情况发生时严格进行 HSE 管理体系内部审核和必要的管理评审，完善体系、找出体系运行中存在的问题，积极采取纠正和预防措施，才能不断提高抵御风险和防止事故的能力。

6. 工程总承包项目 HSE 管理与可持续发展

可持续发展要求项目既满足当前的需要又满足未来的需要。项目可持续性是指项目既能满足现在需要，也能适应未来发展的能力。

（1）项目可持续发展的影响因素。项目可持续发展的影响因素如图 6-12 所示。

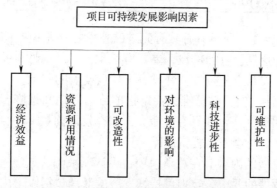

图 6-12 项目可持续发展的影响因素

1）项目的经济效益。在进行可持续性评价时，项目的经济效益评价是指项目生命周期的经济效益和项目的间接经济效益评价。项目全生命周期的经济效益是指整个生命周期内项目的投入与产出状况。项目可持续发展追求达到最佳的全生命周期经济效益。总承包项目不可避免地对周边经济产生影响，产生间接的经济效益。间接经济效益的好坏关系到外界对项目的支持力度，影响到项目以后运营、发展的外界环境条件，这些都直接影响项目的发展前景。

2）项目的资源利用情况。资源的持续性和资源利用的合理性直接关系到项目能否持续发展。建设期资源利用主要是对建筑材料的选择、评价、选用，并通过它来评价项目的可持续性，运营期所需资源供应的连续性和项目运营产生的废弃物处理的合理性直接影响项目的持续发展能力。项目报废后资源的回收再利用，可以减少其对环境的影响并节约社会资源。

3）项目的可改造性。项目的改造再应用可以延长项目生命周期、提高项目资源利用率、降低项目生命周期成本。但是进行项目的改造要考虑改造的经济可能性和改造的技术可能性。即在项目建设时应考虑到降低改造成本和项目采用的技术要适合以后的改造。

4）项目对环境的影响。任何项目都处于一定的自然环境和社会环境中，对环境不可避免地产生影响，对环境的影响是决定项目能否持续发展乃至能否存在的主要因素之一。项目对环境的影响主要包括以下几个方面，如表6-4所示。

表6-4 项目对环境的影响

序号	对环境的影响	内　容
1	对自然环境的影响	对自然环境的影响是指项目是否造成环境污染，如光污染、噪声污染、废气污染、污水污染等，表明项目与周围自然环境是否具有相容性、协调性，即项目是否破坏了周围自然环境，是否与周围自然景观相协调
2	对社会环境的影响	对社会环境的影响包括对周围居民生活的影响，对社会文化的影响，对社会经济环境的影响等，表明了项目是否与社会文化相容，是否与人们的生活习惯相协调
3	对生态环境的影响	项目处在一定的环境中，都或多或少地对生态环境产生影响，对生态环境影响的评价主要通过比较项目存在前后生态环境的变化。必须考虑其对生态环境的影响，将对生态环境影响的评价作为可持续评价的一个主要方面

5）项目的科技进步性。项目只有具有先进的技术才能避免被淘汰的命运或延长其淘汰时限，从而延长生命周期。项目的设计要具有科学性、超前性，并有发展余地。项目的实施技术和运营技术也要具有先进性，并具有可持续发展的前景。

6）项目的可维护性。项目的可维护性是指项目运营期间维修、维护的难易程度。只有项目维护简单、费用低，项目才具有生命力，才有发展前景。项目的可维护性是项目可持续发展的前提，并为可持续发展提供保障。

（2）项目可持续发展的内容。在总承包项目设计、采购、施工过程中，应该采取一定的措施，满足可持续发展的要求。实现可持续发展的活动包括以下内容：

1）有效地利用自然资源。项目应考虑以下事项来减少自然资源和不可再生资源的消耗：彻底评价消耗燃料、水、能源等工作程序的效率及减少使用的可能性；循环使用建筑材料，诸如木材、土等；替换、不使用或减少使用给料，或者使用环境成本少的给料。

2）给社区带来效益。EPC总承包商应考虑以下事项从而采取可以最大化当地社区效益的措施：建造那些完工后可以供当地社区利用的设施工程，以提高或增加社区使用的可能性；实施可以增加当地居民利益和机会的培训计划和采购政策；最大限度地增加当地劳动力的雇佣比率；购买当地物资；循环使用材料并购买可再利用的材料。

3）尊重和保护当地居民。应考虑当地居民和员工文化方面、社会方面、健康方面的需求。要采取以下措施：采取措施保障所有员工的社会、文化、健康需求；尽可能少打扰当地居民；为驾驶员提供培训计划保证他们遵守当地驾驶规章；将当地居民的文化融入所有的培训计划中，使项目参与人员能够融入当地生活，建立良好的项目文化。

4）减少环境影响。应考虑可以减少对自然环境和生态环境破坏的措施。包括以下事项：在项目运行中有效地管理废弃物和污染物；实施污染控制和废弃物监督计划，减少对项目周边环境的影响；保证在项目完成时没有垃圾或污染物遗留现场。

六、施工现场材料管理

施工现场材料的管理应在满足工程项目的质量、安全、费用、进度以及其他目标的基础上实现项目材料的优化配置。

施工现场材料可采取自行采购和分包人采购两种方式。对于分包人采购的设备和材料项目管理应按合同约定进行控制。

项目管理部对拟进场的工程设备材料进行检验，进场的材料必须做到质量合格，资料齐全、准确。

现场材料管理工程师全面负责施工现场设备材料的交接。应编制设备材料控制计划，建立项目设备材料控制程序和现场管理规定，确保供应及时、领发有序、责任到位、满足项目实施的需要。

施工部制订施工现场设备和散装材料的库房管理规定，内容包括设备材料的检验、存放要求，建立设备材料管理台账、入出库手续等。施工库房管理人员依据上述规定分类分级保管设备材料。

施工部现场材料管理工程师按月向项目施工经理提交设备、材料情况报告，说明设备、材料到货、质量检验等情况，并说明存在问题及解决问题的办法。

七、施工变更管理

EPC总承包商的项目经理部应根据总承包合同变更规定的原则，建立施工变更管理程序和规定，管理施工变更。

工程施工过程中出现的工程变更可分为监理人指示的工程变更和施工承包单位申请的工程变更两类。

1. 监理人指示的工程变更

监理人根据工程施工的实际需要或建设单位要求实施的工程变更，可以进一步划分为直接指示的工程变更和通过与施工承包单位协商后确定的工程变更两种情况。

（1）监理人或建设单位直接指示的工程变更。监理人直接指示的工程变更属于必须的变更，如按照建设单位的要求提高质量标准、设计错误需要进行的设计修改、协调施工中的交叉干扰等情况。此时不需征求施工承包单位意见，监理人经过建设单位同意后发出变更指示要求施工承包单位完成工程变更工作。

（2）与施工承包单位协商后确定的工程变更。此类情况属于可能发生的变更，与施工承包单位协商后再确定是否实施变更，如增加承包范围外的某项新工作等。此时，工程变更程序如下：

监理人首先向施工承包单位发出变更意向书，说明变更的具体内容和建设单位对变更的时间要求等，并附必要的图纸和相关资料。

施工承包单位收到监理人的变更意向书后，如果同意实施变更，则向监理人提出书面变更建议。建议书的内容包括提交拟实施变更工作的计划、措施、竣工时间等内容的实施方案以及费用要求。若施工承包单位收到监理人的变更意向书后认为难以实施此项变更，也应立即通知监理人，说明原因并附详细依据，如不具备实施变更项目的施工资质、无相应的施工机具等原因或其他理由。

监理人审查施工承包单位的建议书，施工承包单位根据变更意向书要求提交的变更实施方案可行并经建设单位同意后，发出变更指示。如果施工承包单位不同意变更，监理人与施工承包单位和建设单位协商后确定撤销、改变或不改变原变更意向书。

变更建议应阐明要求变更的依据，并附必要的图纸和说明。监理人收到施工承包单位书面建议后，应与建设单位共同研究，确认存在变更的，应在收到施工承包单位书面建议后的 14 天内做出变更指示。经研究后不同意作为变更的，应由监理人书面答复施工承包单位。

2. 施工承包单位提出的工程变更

施工承包单位提出的工程变更可能涉及建议变更和要求变更两类。

（1）施工承包单位建议的变更。施工承包单位对建设单位提供的图纸、技术要求等，提出了可能降低合同价格、缩短工期或提高工程经济效益的合理化建议，均应以书面形式提交监理人。合理化建议书的内容应包括建议工作的详细说明、进度计划和效益以及与其他工作的协调等，并附必要的设计文件。

监理人与建设单位协商是否采纳施工承包单位提出的建议。建议被采纳并构成变更的，监理人向施工承包单位发出工程变更指示。

施工承包单位提出的合理化建议使建设单位获得工程造价降低、工期缩短、工程运行效益提高等实际利益，应按专用合同条款中的约定给予奖励。

（2）施工承包单位要求的变更。施工承包单位收到监理人按合同约定发出的图纸和文件，经检查认为其中存在属于变更范围的情形，如提高工程质量标准、增加工作内容、改变工程的位置或尺寸等，可向监理人提出书面变更建议。变更建议应阐明要求变更的依据，并附必要的图纸和说明。

监理人收到施工承包单位的书面建议后，应与建设单位共同研究，确认存在变更的，应在收到施工承包单位书面建议后做出变更指示。经研究后不同意作为变更的，应由监理人书面答复施工承包单位。

项目施工部对业主或施工分包商提出的施工变更，应按合同约定对费用和工期影响进行评估，上报 EPC 总承包商的项目经理部以及 PMC／监理，经确认后才能实施。

施工部应加强施工变更的文档管理。所有的施工变更都必须有书面文件和记录，并有相关方代表签字。

第四节　EPC 工程总承包施工管理要点

在 EPC 工程总承包项目管理模式下，施工过程是受控于设计和采购过程的，因为设计没有进行到一定阶段或者设备、主材料没有采购到位，是不可能进行施工的。但对于施工过程本身，它又是完全独立的，因为施工方要根据设计方制订的设计方案来进行加工设计，具体施工要以加工设计为蓝本。

工程项目的分工策划、分工招标、分工合同招标、质量、进度和投资等管理要点是一个相互关联的整体，各个要点之间既存在着矛盾的方面，又存在着统一的方面。进行工程项目管理必须充分考虑工程项目各个目标之间的对立统一关系，注意统筹兼顾、合理确定各个要点的目标，防止发生盲目追求单一目标而冲击或干扰其他目标的现象。

对于 EPC 工程总承包项目，工程总承包商通常把施工任务分包给施工分包商承担。因此，施工过程总承包商的主要任务是对施工分包商的管理。这就要求对施工过程的关键环节进行有效的管理。

一、施工分包策划

整个 EPC 工程需要分几个包，按装置分包还是按专业分包，是否需要施工总承包商等都要事先考虑清楚。

EPC 工程总承包企业应对施工分包方的资质等级、综合能力、业绩等方面进行综合评价，建立合格承包商资源库。应根据合同要求和项目特点，依法通过招标、询比价和竞争性谈判等方式，并按规定的程序选择承包商。对承包商评价的内容应包括经营许可、资质、资格和业绩，信誉和财务状况，符合质量、职业健康安全、环境管理体系要求的情况，人员结构以及人员的执业资格和素质，机具与设施，专业技术和管理水平，协作、配合、服务与抗风险能力，质量、安全、环境事故情况。

EPC 工程总承包企业应建立施工分包商后评价制度，定期或在项目结束后对其进行后评价。评价内容应包括施工或服务的质量、进度。合同执行能力包括施工组织设计的先进合理性、施工管理水平，施工现场组织机构的建立及人员配置情况。现场配合情况包括沟通、协调、反馈等，售后服务的态度、及时性，解决问题或处理突发状况的能力，质量、职业健康安全、文明施工和环境保护管理的绩效等。

EPC 工程总承包企业应确保外部提供的过程、产品和服务不会对本企业稳定地向顾客交付合格工程总承包产品和服务的能力产生不利影响，明确规定对工程总承包项目外部提供的过程、产品和服务实施控制的要求；规定对外部供方的控制及其输出结果的控制要求；监控由外部供方实施控制的有效性，并考虑外部提供的过程、产品和服务对本企业稳定地满足顾客要求和适用的法律法规要求的能力的潜在影响；确定必要的验证或其他活动，包括评审 / 审查 / 批准、质量验评 / 验收 / 测试 / 检验 / 试验等，以确保外部提供的过程、产品和服务满足工程总承包项目及本企业的相关要求。

二、施工分包招标

分包工程管理的好坏将直接影响到项目的效益和企业的声誉，甚至涉及法律连带责任。通过施工分包招标，选择优秀分包商是保证工程质量、进度、效益的重要途径。

现阶段工程招标存在的主要问题主要有以下几点：委托项目部招标，存在不利因素；审批流程长，审批表格多；企业总部缺少对招标文件内容的审核；评委选取不规范等。

做好分包工程的招标管理，一是应该完善分包工程招标制度。明确分包工程招标责任单位，设立分包工程招标机构，明确审核部门职责，确立分包工程招标工作流程，强化对招标方案的实质性审核，统一招标文件格式，规范分包招标，强化分包招标过程控制。二是完善分包招标配套措施。统一招标实施阶段的工作表格，建立评委随机抽取系统，建立分包工程评价体系，建立合格分包商资源库，制订专业工程分包合同标准文本。

施工分包招标包括对各个分包的工程进行标底编制、招标文件编制、招标，最后完成分包合同的签订。

三、施工分包合同管理

EPC 工程总承包项目工程总承包企业应建立施工分包合同管理制度，一般主要包括以下内容：明确分包合同的管理职责、分包招标的准备和实施、分包合同订立、对分包合同实施监控、分包合同变更处理、分包合同争议处理、分包合同索赔处理、分包合同文件管理、分包合同收尾。

EPC 工程总承包项目工程总承包企业应确保与承包商就产品或服务的相关要求进行充分沟通，并在投标文件、采购合同 / 协议、施工合同 / 协议中明确相关要求。

EPC 工程总承包项目施工分包合同管理应包括以下内容：项目部应明确合同管理的职责和责任人，应依据分包合同约定对合同履约情况进行跟踪和管理；合同管理人员应按完整、系统和方便查询的原则建立合同文件索引目录和合同台账；为防止偏离分包合同要求对合同偏差进行检查分析，对出现的问题或偏差采取措施；项目部合同管理人员对合同约定的要求进行检查和验证，当确认已完成缺陷修补并达标时，进行最终结算并关闭分包合同；项目部应按分包合同约定程序和要求进行分包合同收尾。

在与分包商签订分包合同后，要派专人对合同的实施情况以及合同的变更进行实时监控和管理。

EPC 总承包模式的合同管理方式比较复杂，对于合同管理人员技术水平的要求比较高，要求合同管理人员具有较强的合同管理技术，同时还具备管理知识、金融知识以及公关知识，并具备较强的语言能力，这样才能够保证合同签订的顺利进行。

四、施工进度控制

EPC 工程总承包模式对项目进度要求很高，因为只有缩短工期才能最大限度地获得利润。施工进度控制是保证施工项目按期完成、合理安排资源供应、节约工程成本的重要措施。施工进度控制是指在既定的工期内，编制出最优的施工进度计划，在执行计划的施工过程中，经常检查施工实际进度情况，并将其与计划进度相比较，若出现偏差，分析产生的原因和对工期的影响程度，找出必要的调整措施，修改原计划，不断地如此循环，直至工程竣工验收。施工进度管理的目标是在保证施工质量和不增加施工实际成本的条件下，适当缩短施工工期。

在施工进度控制中很重要的一部分就是编制施工进度计划。EPC 工程总承包项目施工进度计划包括编制说明、施工总进度计划、单项工程进度计划和单位工程进度计划。施工总进度计划要报项目发包人确认。

施工进度计划的编制依据包括项目合同、施工执行计划、施工进度目标、设计文件、施工现场条件、供货进度计划、有关技术经济资料。编制施工进度计划要遵循下列程序：收集资料，确定进度控制目标，计算工程量，确定各单项、单位工程的施工工期和开、竣工日期，确定施工流程，编制施工进度计划。

五、施工成本控制

施工成本预算是施工成本控制的基础。经验证明，大多数情况下施工预算质量的优劣直接导致施工成本控制的优劣。保证施工预算的有效措施是基于实物量的施工成本预算，从这一原理出发，项目施工成本预算要始终坚持以实物量为基础的原则。尽量不用或少用基于某一基数的比例法去估算某种类型的施工成本。

总承包商对施工成本的控制主要包括审查工程预算、对工程进展进行测量、各个分包商工程款的结算控制等。

六、施工质量控制

质量是衡量项目产品是否合格的标准，它关系到工程公司的信誉，目前各个单位对质量尤其重视。具体实施办法主要包括对项目的各道工序进行质量检查，然后对其进行质量确认，对发生的质量事故要记录在案，分析其产生的原因，吸取教训防止以后类似事件再次发生。

建筑工程施工技术质量控制措施的运用，能够让施工技术于建筑工程作业计划推进中产生更显著的功效，能够更科学地应对施工技术质量问题；及时找到影响建筑工程施工技术应用成效的不良因素，以此保障建筑工程施工进度、经济效益等；推动施工技术在建筑工程实践中潜在应用价值的发掘，维护建筑领域可持续发展。

建筑工程的施工环节通常涉及诸多不确定性因素。施工技术质量控制的影响因素诸多，主要是人为因素、工艺因素、机械因素、材料因素等，阻碍建筑工程施工技术质量控制工作的顺利实施。

建筑工程施工技术质量控制的措施：一是完善施工技术质量控制机制；二是做好施工各环节的关键内容质量管理控制，主要包括模板施工技术及质量控制措施，钢筋施工技术及质量控制措施，混凝土浇筑技术及质量控制措施，严格控制工程竣工环节。

七、施工安全管理

EPC 模式对安全管理相当重视，将 HSE 的理念引入工程项目管理中，如制订安全管理计划、进行现场安全监督、实行危险区域动火许可证制度、对安全事故进行通报等。安全管理着重在建筑工程施工现场的安全方面，能够减少施工现场的危险因素，保障施工现场的人身安全和财产安全，在建筑工程管理中有着极为重要的管理地位和管理作用。但是部分建筑工程施工现场对于安全管理仍然存在重视度不足的情况，导致安全管理存在意识、机制、措施等方面的问题，严重影响到施工现场的安全性。

现阶段的施工安全管理主要存在以下问题：安全管理制度不健全，施工人员安全意识淡薄，缺乏施工现场的安全监督，安全管理责任不明确，安全教育水平落后，施工安全隐患过高。

针对以上问题建筑工程施工现场的安全管理采取有效措施，建立完善的施工现场安全管理体系，加强施工安全意识的宣传与培训，加强施工现场的安全监督，加强对施工现场危险源的管控，改善施工现场的环境条件，落实施工现场安全管理制度的实施，提高安全管理人员的水平，转变施工现场安全管理理念。

第五节　EPC 工程总承包分包商管理

一、工程总承包项目分包管理概述

1. 分包含义

分包是指从事工程总承包的单位将所承包的建设工程的一部分依法发包给具有相应资质的承包单位的行为，该总承包人并不退出承包关系，其与第三人就第三人完成的工作成果向发包人承担连带责任。

工程分包一般由总包或者业主负责，总包负责一般分包，业主负责指定分包。分包管理归总包负责，并对其进行全方位监督管理。分包与总包有直接的合同约束，具有相应的责任连带关系，而业主则不牵扯其中，现在很多业主运用手持式视频通信对各个分包进行协调管理，改变传统管理模式，使远程管理更为直观高效。分包对一些指定的施工任务更为专业，总包主要的任务是针对项目对各方进行协调管理。

（1）一般分包。建筑工程总承包单位可以将承包工程中的专业工程或者劳务作业发包给具有相应资质条件的分包单位。但是，除总承包合同中已约定的分包外，必须经建设单位认可。施工总承包的，建筑工程主体结构的施工必须由总承包单位自行完成。

（2）专业分包。专业分包是指 EPC 项目总承包商根据合同约定或经业主同意后，将非主体结构工程的专业工程通过招标等方式交给具有法定相应资质的专业分包商建设的行为。

（3）劳务分包。劳务分包是指施工劳务作业发包人（总承包企业或专业承包企业）将其承包工程的劳务作业发包给劳务作业承包人（劳务承包企业）完成的活动。工程的劳务作业分包无需经过发包人或总承包人的同意。业主不得指定劳务作业承包人，劳务分包人也不得将该合同项下的劳务作业转包或再分包给他人。

（4）指定分包。指定分包是由业主或工程师指定、选定分包商，完成某项特定工作内容并与承包商签订分包合同的特殊分包。合同条款规定，业主有权将部分工程项目的施工任务或涉及提供材料、设备、服务等工作内容的项目发包给指定分包商完成。

2. 工程分包的范围

工程分包的范围包括设计分包、采购分包、施工分包和无损检测分包。

（1）设计分包。设计分包主要指 EPC 总承包商在与业主签订总承包合同之后，再由 EPC 总承包商将部分设计工作分包给一个或多个设计单位来进行。EPC 总承包商根据项目的特点和自身能力的限制可以将工艺设计（如果在总承包范围之内）、基础工程设计、详细工程设计分包出去。

（2）采购分包。采购分包主要是指 EPC 总承包商在与业主签订总承包合同之后，EPC 总承包商将设备、散装材料及有关劳务服务再分包给有经验的专业供货服务商并与其签订采购分包合同。采购分包通常用于服务中专业性、技术性强或需要特殊技术工种作业的工作。

（3）施工分包。施工分包主要指 EPC 总承包商在与业主签订总承包合同之后，再由 EPC 总承包商将土建、安装工程通过招标投标等方式分包给一个或几个施工单位来进行。

（4）无损检测分包。EPC 总承包商选择无损检测单位并与其签订合同。无损检测单位履行第三方检测的职责，承担总承包项目的无损检测任务，其工作联系必须通过 PMC 监理的指令得到实现。PMC 监理对于无损检测单位的工作负主要管理职责，EPC 总承包商对于无损检测单位的管理主要体现在合同管理方面。

3. 分包工作中的各方职责

（1）EPC 总承包商。EPC 总承包商与分包商之间是合同关系，对于分包商的工作负有直接的责任。从最初的分包工作策划、选定分包商、对分包工作的组织协调管理到最后分包工作的移交，EPC 总承包商都应有具体的管理部门，及时提醒和纠正分包工作出现的问题，使分包工作按时、保质地进行，从而为 EPC 总承包商顺利完成整个项目提供可靠的保证。

EPC 总承包商的设计部为设计分包商的主管部门，EPC 总承包商的采购部为采购分包商的主管部门，EPC 总承包商的施工部为施工分包商的主管部门，EPC 总承包商的控制部为分包合同管理的主管部门，EPC 总承包商的中心调度室为对各分包商协调管理的主管部门。

对于业主提供潜在分包商名单的分包项目，EPC 总承包商应对分包商的资质及能力进行预审（必要时考查落实）和确认，如果认为不满足要求，应尽快报告业主并提出建议。否则，不应免除 EPC 总承包商应承担的责任。

（2）分包商。分包商在 EPC 总承包商的领导下开展工作，应遵循分包合同的要求按时、保质地完成分包任务。分包商一般只接受 EPC 总承包商的指令，不能擅自接受业主及 PMC 监理的指令（协调程序规定的情况除外），由此造成的相关后果应由分包商负责。PMC 监理对于分包商的工作负有监督管理的职责。PMC 监理一般不宜对分包商直接下指令，而应通过总承包商对分包商进行管理。但为了工作的便利，在执行项目过程中可以制订相关协调程序，规定在何种情况下 PMC 监理可以向分包商发布指令。PMC 监理通过发布指令的形式对无损检测分包商直接进行管理。

二、总承包商与分包商关系分析

弄清总分包之间的关系对于总包商挑选满意的分包商是非常关键的。总承包商既是买方又是卖方，既要对业主负全部法律和经济责任，又要根据分包合同对分包商进行管理并履行相关义务。

我国的总承包、分包商关系基本参照 FIDIC 合同条件，结合国内建筑市场实际情况做了适当的调整与修改。总承包商与分包商的工作关系广泛存在于分包工程的质量、安全、进度、保险、竣工验收、质量保修等多个方面。从整个工程的顺序看，总承包商先为分包商分包的工程提供条件；分包商则按照分包合同中的相关规定，负责在指定日期内交付质量合格的工程；竣工验收之后，总承包商应该遵照合同约定按时支付工程价款，并且就分包工程的质量对发包人负责。

三、总承包商的权利与义务

（1）分包的权利。总承包商的分包权利是建立在事先征得业主同意或总承包合同中有相关约定的基础上的。在此前提下，总承包单位可以将承包工程中的部分工程发包给具有相应资质条件的分包企业。

（2）自主管理分包商的权利。如果分包商拒不执行由总承包商发出的指令和决定，总承包商有权雇佣其他分包商完成其发出指令的工作，发生的费用从应付给原分包商的款项中扣除。

（3）自行完成主体结构的义务。工程的主体结构对可靠度、使用性能都有较高要求，对整个工程的影响重大，事关全局的成败，无疑需要实力最强者完成，以确保工程质量。因此总承包商自主完成主体工程施工是责无旁贷的，也是必须的。

（4）为分包工程提供施工条件的义务。法律规定，总承包商有义务向分包商提供总包合同约定由总承包商办理的分包工程的相关证件、批件、其他相关资料，以及向分包商提供分包工程所要求的、具备施工条件的施工场地和通道。

（5）及时组织分包商参加技术交底和图纸会审等交流会议的义务。通过此类技术讨论与交流，与分包商一起认真研讨并解决工程进行中存在的问题，确保工程活动的顺利开展。

（6）遵照分包合同约定按时支付分包商工程价款的义务遇到总承包商不按合同的规定支付工程款，导致分包工程施工无法正常进行的，分包商可以停止施工，由此所造成的损失由总承包商承担。

四、分包商的权利与义务

执行总承包商确认和转发的涉及分包工程的指令及决定的义务。分包商不得直接接受发包人发出的任何指令或决定，而是必须根据分包合同的约定，先经总承包商确认后，由总承包商转发给分包商执行。

（1）分包商应按照分包合同约定，完成合同内规定的相关工作。如分包商必须依据分包合同的约定，负责完成分包工程的设计、施工、竣工及保修工作。在分包工程的施工准备和施工过程中，一旦发现设计或技术存在的问题，应及时告知总承包商，与之一起协商解决；分包商应积极配合业主、总承包商和工程师对分包工程的质量、安全等工作进行的各项检查。

（2）分包商应该按照分包合同的约定按时开工、及时竣工。出于某些原因比如天气、地质条件或分包商自身原因等，使得分包工程不能按时开工、及时竣工的，分包商应当以书面形式告知总承包商，在征求总承包商同意后，工期才可按协商约定获得相应的顺延。如果分包工程不能按时开工是由于总承包商的原因造成的，总承包商也要以书面形式告知分包商，并承担由此给分包商带来的损失，并准许延期开工。

（3）确保分包工程质量，就分包工程质量向总承包商负责。分包商应该对分包工程向总承包商承担合同规定的分包单位应承担的分包工程质量义务，总承包商则应承担分包工程质量管理的责任。

（4）安全文明施工。分包商应遵守与工程建设安全生产有关的规定，安全生产的法律、法规和建筑行业安全规范、规程。严格按安全生产标准组织施工，并承担由于自身原因造成安全事故的责任和相关费用。在施工场地涉及危险地区或需要安全防护措施及保护施工人员健康的防护用品施工时，分包商应当先向承包商提出安全防护措施，经总承包商批准后方可实施，因为此项发生的相应费用由总承包商承担。

（5）向总承包商及时完整地提供与分包工程相关资料的义务。比如工程前期，分包商应根据总包工程的进度计划，向承包人提供分包工程相应的工程进度及分包工程进度统计资料，并包括遇到总包工程或分包工程的进度调整时，修订进度计划，确保分包工程对总包工程施工的积极配合及分包工程的顺利施工。工程竣工后，分包商应当向总承包商及时提供完整的竣工验收报告和竣工资料，总承包商则根据分包商提供的资料通知发包人进行验收。

（6）承担合同范围内规定的分包工程质量保修责任。总承包商与分包商在工程竣工验收之前签订质量保修书，当整体工程竣工交付并使用后，分包商按照国家的有关规定，在保修期内就其分包的工程承担保修责任。

五、总分包关系对工程项目的影响

总分包关系对工程项目的影响主要是对质量的影响、对进度的影响和对成本的影响。

1. 总分包关系对质量的影响

总分包的关系势必在一定程度上影响分包工程的质量。一方面，总承包商与业主签订的是针对整个工程项目的合同，并非其中某些子项。因此其他子项再优，只要某子项未能达标，就会全面否定整个工程项目的质量。另一方面，现代建筑功能越来越复杂化，设备、管线一般都附着于主体之上，比如埋设在柱、梁、墙内，而为了美观，这些主体外面又要做装修，这样一来就会出现各工种、工序之间的交叉与配合。如果前一道工序尚未完成就做下道工序或是下一道工序施工时不注意，破坏了已完成的工作，都会出现质量隐患。因此总包商对分包商的管理及各方配合的好坏将直接对施工质量造成影响。

2. 总分包关系对进度的影响

总分包商之间是否有和谐的关系将直接影响工程的顺利展开。首先，总承包商应当对所有工作的计划统筹安排，而不能只根据各分包商上报的计划简单加总作为总计划，总包商需要懂得各个分包工程的施工，结合总体计划与分包的计划，找出关键工作，制订合理有效的关键线路。其次，总包商要科学合理地约束各分包在每个工作面上的作业时间，协调好各分包商的工作面使用及作业时间。再次，进度计划的制订必须考虑成品保护问题，比如，某些设备安装早了会不利于成品保护，那么就要合理地推迟这些设备的安装。最后，总分包双方都应该注重计划及要求的合理性、可实施性，分包应当提出自己合理的作业时间，总包商对分包提出的要求应当尽量合理，考虑分包商实际情况下的可行性。如果盲目的追求进度，对分包方提出过分要求，留给分包单位的作业时间太短，只会适得其反，导致工程施工不协调，配合混乱，最终使得计划实施不下去。

3. 总分包关系对成本的影响

总承包商对分包商有好的管理，能节约各项施工项目成本，而差的管理与不管理，将大大增加项目成本，甚至由于分包商未能履行其分包合同与规定的义务，使承包商和业主蒙受损失。比如，一些分包商的违约会影响到工程有关部分的衔接，导致整个工程进度拖延及其他分包商的索赔；施工脚手架等的搭拆时间是否合理决定了脚手架的搭拆次数，不同的脚手架搭拆费对施工总承包产生不同的影响；施工顺序的不同关系到模板等周转材料的使用，决定了模板材料的用量大小，从而对工程成本产生影响。

六、EPC 模式下分包商的选择流程分析

1. EPC 项目分包策划

工程分包是充分利用社会资源的重要手段之一，而工程分包策划是合理进行工程分包的首要前提，EPC 模式下详细合理的分包策划是必不可少的，唯有如此，总承包商才能达

成通过最充分地利用资源提高项目获利性价比与时效比的目的。EPC 工程的分包策划要对需要或计划分包的工程，按照策划的依据、遵循一定的策划原则、采用合适的方法、按照一定的程序进行分析，寻求最优的工程分包方案。策划过程中，主要解决分包工程标段的划分、分包模式的选取及选择分包商的时间和手段等相关问题。

（1）分包策划的意义。分包策划的意义如表 6-5 所示。

表 6-5　分包策划的意义

序号	意　义	内　　容
1	有利于选到合适的分包商，切实保障全面履行承包合同	通过进行工程分包策划，明确分包工程的特点及分包对象的目标要求，可以按图索骥，使分包工程找到较理想的分包商，从而确保使分包合同能顺利履行，分包工程能顺利完成，以保障承包人全面履行承包合同，切实维护企业的声誉
2	有利于指导项目部有序开展工程分包工作	策划就是计划的意思，做任何事情，计划是行动指南，是确保活动顺利有序开展的基本手段。目前大部分的大型建筑施工企业都制订了工程分包管理办法，为分包工程管理制订了一系列的管理规章和制度，但很多的项目部由于缺少具体的事前规划，工程分包管理仍比较混乱。因此可以从企业的工程分包策划做起，指导和带动项目部对于分包工程的规划与管理
3	有利于降低工程的施工成本，提高项目的盈利能力	分包策划对分工的专业化进行划分，能大大提升生产效率，有效降低工程施工成本。另外，将部分工程进行分包有利于发挥总承包商与分包商各自的长处，达到互利共赢，提高企业的经济效益的目的。进行分包项目策划时，应制订项目分包策划具体方案，明确分包项目内容、分包方式、分包商的选择方式，最好能确定候选分包商的名单。候选分包商应当从与总承包企业合作中拥有良好信誉的合格分包商名单中选择，原则上不少于 3 家，当合格名单中没有合适的候选者或者业主有要求时，可以在资质审查合格后将新的分包商纳入候选名单
4	有利于防范法律风险	部分项目经理或经营管理人员法律意识不强，对法律理解不到位，策划了不合法的合同，表现为选取了不恰当的分包方式、竞标方式，标段划分及分包范围不合理等，使企业处于不利的境地，损害企业的形象和利益。进行分包策划可以有效地规避以上法律风险

（2）分包策划的依据。工程分包策划的依据主要包括：工程施工总承包合同；《中华人民共和国合同法》及与工程分包有关的法律法规、部门及地方的规章制度，此类依据具有强制性，必须遵照执行；公司制订的《工程分包管理相关办法》《工程管理实施细则》《工程合同管理办法》等相关制度；工程项目的特点、具体施工方案，包括拟投入的人力、机械设备水平，项目本身的技术水平、施工能力及特点；当前分包市场的行情，如市场上分包商的能力、数量等状况。

（3）分包策划的原则。工程分包策划的基本原则有：

1）合法性原则。法律规范的制度本是出于规范市场行为活动及安全的考虑，因此工程分包策划应该遵守法律规定，不能随意乱来，注意防范或规避法律方面的风险。分包策划人员及各级领导应进一步提高法律法规意识，及时掌握法律法规的动向与旨意。

2）整体策划原则。对项目有整体的规划，有全局观，要处理好整体利益与局部利益、近期利益与长远利益的关系。

3）利益主导原则。就是以利益为主导因子，在合理和谐的情况下优先考虑利益。同时要注意整体利益与各方利益协调兼顾，实现互利共赢，才能真正实现利益最大化。

4）因地制宜原则。方案的制订应符合项目的特点并充分结合项目所在地的资源情况，做到因地制宜。在执行过程中，应根据实际情况适当调整或修改方案。

5）客观可行原则。分包方案策划必须尊重客观事实，基于项目内外部环境资源要素，从实际出发，不能脱离客观条件的允许，无限理想化，方案要切实可行，便于操作。

（4）分包策划的程序和步骤。策划是一个系统性、预见性的工作，科学、合理地进行策划是策划成功的必要条件。分包策划流程图如图 6-13 所示。

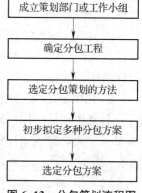

图 6-13　分包策划流程图

2. EPC 项目分包商审核

EPC 项目总承包商对分包商的审核应根据不同的招标方式采用不同的方式进行，对于采用公开招标的项目，对所有投标人采取严格的资格预审方式进行审核；而对于采用邀请招标项目的，总承包商对分包商资质已有较全面的了解，资质审查主要采取核查的方式，可以适当简化工作、节约时间，但是在发出投标邀请函之前，总承包商应对该企业进行考察和评估，经评估合格，该企业方可应邀参加投标。

（1）资质审查的内容与范围。资质审查的内容主要包括：年检企业营业执照原件、资质证书原件，法人代表资格证书；组织机构的合理性，专职安全管理机构、专职安全员、班组专职或兼职安全员配备情况；企业工程项目建设的安全健康与环境管理制度和体系；施工简历和近五年的安全施工记录，注意审查施工工程的中标通知书、合同、验收单等交印件，施工负责人、工程技术人员和工人的技术是否符合工程要求；施工人员数量，特种作业证书持有情况及与工程相关的专业人员是否配备齐全等；企业自有的主要机械设备、工器具、车辆、仪器仪表及安全防护设施、安全用具是否满足安全施工需要；其他必要资料。

（2）做好 EPC 项目分包商资质审查的要点。做好 EPC 项目分包商资质审查工作，需要注意以下要点：①严格遵守国家的招标投标法、建筑法及工程建设的相关法律法规制度，建立健全完善 EPC 项目的招标投标机制，将资质审查工作制度化、程序化，并进行程序化管理。②坚持公正、公开、公平竞争的原则，强化监督问责机制。当前资格预审环节暴露出来的各种扰乱招标活动的问题行为，如围标、串标、利用资格预审排斥投标申请人等情况都是市场机制自身在短期内无法解决的问题，所以要不断完善现有法律法规和行政监管的方式、方法。可以通过技术认证等手段，建设建筑市场诚信体系，逐步规范建筑市场各主体的行为，依法保障招标投标双方的合法权益；借助电子手段，用电子招标的方式推行全过程网上招标；健全完善领导干部问责机制，建立廉政档案，对投标单位审查实行责任到人，分级负责制，杜绝领导干部对招标项目的不正当干预；加强对建设单位、主管单位和监管部门执行招标投标法规的监督检查，严格查处违纪违法行为。③资质审查应注重审查的时效性，坚持不降低标准、不简化手续。审查采取事先告之，事后通报的办法，增加资格审查的透明度。在规定的审查期限内，不能及时到达指定的地点提供证件、接受审查的，责任由投标单位自行负责。④对施工单位资质实行严格的市场准入制度。不符合招标工程条件的施工单位坚决不允许进入招标；而对于施工管理经验丰富和信誉良好的施工单位要建立长期的合作关系。⑤注重审查内容的完整性。制订有效措施，加大投标人违规成本。加大投标人的违规成本，不仅要采取中标无效、罚款等经济制裁，还要采取降低资质等措施，让其尝到预期风险大于预期效益的滋味，从而不敢轻易尝试。建立招标投标信用档案和公示制度，对不良行为予以公示。

3. EPC 分包项目招标

和常规招标一样，EPC 项目分包由招标人发出招标公告或投标邀请书，说明招标的工程服务、货物的范围、数量、标段划分、投标人的资格要求等，邀请特定或不特定的投标人在规定的时间、地点按照一定的程序进行投标。

（1）招标的方式及特点分析。招标方式有议标、公开招标和邀请招标。

1）议标。议标亦称为指定性招标或称为非竞争性招标。采用议标方式时，招标人直接与投标人进行谈判，达成协议即签订合同。要特别说明的是，在议标过程中，招标人可以同时与一两家目标单位进行谈判，择优选择，也可以先与一家目标单位进行谈判，若协商不成功，再邀请另一家目标单位，直至协议达成。

议标实际上是一种合同谈判的形式。这种方式适用于工程造价较低、工期较紧、专业性强、有保密要求的工程。采用议标招标的优点是可以节省时间，节省招标费用，容易达成协议，迅速展开工作。缺点是由于这种招标方式只是通过直接谈判就产生中标者，投标人之间缺乏有效的竞争，从而招标人一般无法获得有竞争力的报价。另外，议标不便于公众监督，容易产生非法交易。

2）公开招标。公开招标又称竞争性招标，是指招标人以招标公告的方式邀请不特定的法人或者其他组织投标，从中优选中标人的招标方式。即由招标人通过报刊、网络、电视等媒体上刊登招标公告，吸引众多企业单位参加投标竞争，从中择优选择中标单位的招标方式。公开招标是一种无限竞争性招标，给一切合格的投标者的竞争机会是平等的。通过公开招标，总承包商可能取得报价低的中标单位，但很可能与中标施工单位相互之间不熟悉，这样增加了项目执行过程中的不确定因素及风险。

公开招标方式的优点是，可以使更多的承包商参与竞争，获得对招标人最有利的工程采购价格。但是其缺点也很明显，鉴于其复杂的招标流程，文件的准备量大，耗时长，工作量大，人力物力耗费较大，从而造成招标人招标费用的增加、工程投产日期的延迟。

3）邀请招标。邀请招标又称有限竞争招标，是指招标人以投标邀请的方式邀请特定的法人或其他组织投标。是一种由招标人挑选若干供应商或承包商，向他们发出投标邀请，然后由被邀请的供应商、承包商投标竞争，招标人从中选定中标者的招标方式。

邀请招标一般不使用公开公告方式，接受邀请的单位才是合格的投标人，投标人的数量有限，介于议标和公开招标之间。此种招标方式在一定程度上限制了参与竞争的投标人的数量和范围，但是同时也可以节省招标的时间和招标费用，而且相比议标方式，各投标者之间的竞争增加，更有利于选择相对较低合理的中标价，相对于公开招标来说，可以提高每个投标者中标的机会，招标效率更高。

（2）各招标方式的流程。招标的基本流程如图 6-14 所示。

　　不同的招标方式因各自的特点不同，在招标流程上存在一定的区别，一般是省去了上图中的某些环节。对于采用议标方式的招标，招标程序比较精简，直接进入和投标人谈判的阶段，谈判成功则签订合同。如果采用邀请招标方式，在总承包商对于投标人的技术能力和资质非常了解的情况下，才可以考虑省去资格预审的环节，但是开标前必须对投标企业进行考察，确认其是否合格、能否入选，再进入投标的阶段，再开标、评标、签订合同。对于公开招标而言，则采用了上图的完整流程，公开招标因其特点，推荐进行资格预审，以确保实际参加投标的企业具有足够的财力、技术能力和设计、采购、施工及开车服务经验，以便减少招标人和投标人双方可能产生的不必要开支，避免签约后发生无理索赔，防止项目额外费用的增加。通过资格预审，淘汰那些不合格的投标人，筛选出有实力、有信誉、有经验的投标人投标，从而降低 EPC 工程失败的风险，同时还可以在一定程度上减轻招标人的评标工作量，缩短工作周期，节省评审费用。从 FIDIC 合同在《土木工程合同招标评标程序》中的规定："对于大型的和涉及国际招标的项目，必须进行资格预审"，我们可见资格预审的重要性。

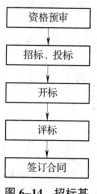

图 6-14　招标基本流程

4. EPC 分包项目评标

　　（1）评标程序及内容。评标是招标投标过程中至关重要的一步，投标文件评审的程序分为初步评审和详细评审两个阶段，在这两个阶段要分别进行技术评审和商务评审。详细评审完成后，招标人要将投标文件中的内容向授标意向人进行问题澄清，而且在定标之前要进行议标谈判，最后颁发中标意向书。

　　初步评审投标文件是针对投标文件的完整性和符合程度进行审查。主要内容有：投标人是否在规定时间内递交投标文件；投标人的法人、资格条件和注册地是否与资格预审文件相符；投标文件是否有法人代表的签字、盖章；投标文件、投标保函等格式和内容是否符合招标文件的规定；设计深度是否满足招标文件中的相关要求以及递交的投标文件是否完整等。

　　投标文件通过初步评审后将进入详细评审，此阶段也包括技术标评审和商务标评审两个板块。技术标评审主要考察评价投标人是否拥有完成具体工程项目的技术能力和施工方案可行性，主要评审投标文件中有关项目的实施方案、设计方案、实施方案与计划。

　　技术标评审的主要内容包括：设计方案的可行性、结构可靠性；设计施工进度的合理性、可行性；采购实施方案的合理性、可靠性；施工方案是否可行；分包商的技术能力和施工经验是否满足项目要求；材料及机械设备供应的技术性能是否满足设计的要求；HSE 体系；质量保障体系；投标文件中对一些技术有可保留性的意见，按照招标文件规定对投标文件中提交的建议性方案做出技术评审。

　　商务标评审的主要内容包括：审查所用报价计算的准确性，报价的范围和内容的完整性，各单价的合理性；分析合同付款计划是否存在严重的不平衡报价；看投标人报价是否存在严重的前重后轻现象，分析付款计划是否与招标人的融资计划协调；分析报价构成的合理性，评价投标人是否存在脱离实际的不平衡报价；对投标人的资信、财务能力和借款能力可靠度做进一步审查并审查保函的有效性可接受与否；分析资金流量表的合理性；投标人对支付条件的要求，对招标人提供的优惠条件，如支付货币的种类和比例、汇率、延

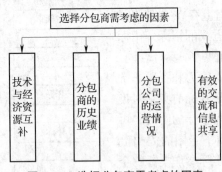

图 6-15　选择分包商需考虑的因素

期付款的要求等。

（2）选择分包商需要考虑的因素如图 6-15 所示。

1）技术与经济资源互补。总分包合作的基本前提必须是风险共担、专业互补。一般来说，总承包商以丰富的管理协调能力、强大的资金实力、强劲的市场开发能力见长。那么对分包商的挑选就应该结合企业自有实力与资源状况以及分包工程的实际情况选择专业技术与经济资源互补的分包商。这样组合才可以提高生产效率、降低成本，为双方合作创造经济效益。对分包商来说，与竞争实力强的总包商合作，是其工程来源的稳定保证；而总包商可以通过分包商的低报价，获得一定的管理费和利润保证，降低风险压力。

2）分包商的历史业绩。总包商考虑是否选择某个分包企业作为长期合作伙伴的重点因素就是该分包企业过去的经营业绩。在与某分包企业交易过程中，该分包企业提出的报价、分包质量、工程进度以及合作态度决定其在分包市场上的信誉和声望。总包商应该认真审查分包商承担过的类似工程的业绩及合同履行情况，优先考虑以往业绩良好的分包商。

3）分包公司的运营情况。企业的运营情况是选择合作伙伴时务必重点考虑的因素，对于预备长期合作的分包商和总包商来说，双方在战略经营、组织及企业文化上应保持和谐。要注意核查分包商的财务运转状况，主要认真核查分包商提供的近几年的财务报表，研究其资金来源、筹资能力、负债情况和经营能力。经营状况还包括施工设备以及技术力量等，通过这些间接考察分包商的施工能力。

4）有效的交流和信息共享。选择高效的合作伙伴要靠所有参与者的共同积极参与，双方有效的交流和信息共享是实现高效合作最基本也是最佳手段之一。有过业务来往的合作伙伴无疑在信息的交流方面要比没有业务往来的企业更方便、快捷、高效。合作伙伴在被选择的过程中，只有更好地与选择方加强交流，才能提供更多的战略信息，获得选择方更多的信任；选择方则要主动与分包方联系寻求广泛的信息来源，使得评价过程和结果更具可信度和参考价值。如果分包商和总包商之间不能进行有效的信息交流，则会造成信息不对称，容易形成误解，对提高项目管理效率不利。

七、工程总承包项目分包合同管理

1. 分包合同类型

（1）总价分包合同。在总价分包合同中，EPC 总承包商支付给分包商的价款是固定的，未经双方同意，任何一方不得改变分包价款。总价合同通常用于采购分包、小型的施工分包、无损检测分包。

（2）单价分包合同。在单价分包合同中，EPC 总承包商按分包商实际完成的工作量和分包合同规定的单价进行结算支付。单价合同通常用于施工分包。

（3）成本加酬金合同。在成本加酬金合同中，对于分包商在分包范围内的实际支出费用采用实报实销的方式进行支付，分包商还可以获得一定额度的酬金。成本加酬金合同通常用于设计分包以及时间紧迫的施工分包。采用此种方式时，须在合同中规定方便判断的执行标准。

2. 分包合同管理要点

（1）了解法律对雇用分包商的规定。对于涉外项目，EPC总承包商应该了解当地法律对雇用分包商的规定，EPC总承包商是否有义务代扣分包商应缴纳的各类税费，是否对分包商在从事分包工作中发生的债务承担连带责任。

（2）分包项目范围和内容。EPC总承包商应对分包合同的工作内容和范围进行精确的描述和定义，防止不必要的争执和纠纷。分包合同内容不能与主合同相矛盾，主合同的某些内容必须写入分包合同。EPC总承包商应向分包商提供一份主合同（EPC总承包商的价格细节除外），应认为分包商已全面了解主合同（EPC总承包商的价格细节除外）的各项规定。

（3）分包项目的工程变更。EPC总承包商项目经理部根据项目情况和需要，向分包商发出书面指令或通知，要求对项目范围和内容进行变更，经双方评审并确认后则构成分包工程变更，应按变更程序处理；项目经理部接受分包商书面的"合理化建议"，对其在各方面的作用及产生的影响进行澄清和评审，确认后，则构成变更，应按变更程序处理。由分包商实施分包合同约定范围内的变化和更改均不构成分包工程变更。

（4）工期延误的违约赔偿。EPC总承包商应制订合理的、责任明确的条款，防止分包商工期的延误。一般应规定EPC总承包商有权督促分包商的进度。

（5）分包合同争端处理。分包合同争端处理最主要的原则是按照程序和法律规定办理并优先采用"和解"或"调解"的方式求得解决。

争议解决原则：以事实为基础、以法律为准绳、以合同为依据、以项目顺利实施为目标、以友好协商为途径。

争议解决程序：准备并提供合同争议事件的证据和详细报告；邀请中间人，通过"和解"或"调解"达成协议；当"和解"或"调解"无效时，可按合同约定提交仲裁或诉讼处理；接受并执行最终裁定或判决的结果。

（6）分包合同的索赔处理。分包合同的索赔处理应纳入总承包合同管理系统。索赔是在合同实施过程中，双方当事人根据合同及法律规定，对非己方的过错引起的，并且应由对方承担责任的损失，按照一定的程序向对方提出请求给予补偿的要求。

1）索赔原则。①公平性原则。必须根据法律赋予当事人的正当权利进行索赔，索赔应是补偿性的，而不是惩罚性的；②以合同为依据原则。合同是双方当事人合意的表示，索赔必须依据合同的规定；③实事求是原则。识别索赔的发生和确定索赔的数量必须以事实为基础，以施工文件和有关资料的记录为准。

2）索赔理由划分。对于变更出现的原因，可以将索赔理由划分为业主导致的变更和非业主导致的但由业主承担责任的变更。对于业主导致的变更，EPC总承包商不仅可以依据合同规定要求工期或费用的补偿，还可以要求合理利润的补偿。而对于非业主导致的但由业主承担责任的变更，EPC总承包商只可以依据合同规定要求工期或费用的补偿。

业主导致的变更包括工程范围变更，如工作量的增加或减少，额外工程；业主未按规定提供施工现场、施工道路或工程设备；业主提前占用已完工的部分建筑物；业主干涉施工进度或工序；招标文件中提供的现场数据与实际情况的差异很大；业主延误支付工程款。客观因素引起的索赔包括不利的人为障碍；不可抗力，如战争、政局动乱、核污染等；法律法规的变化；物价上涨或汇率变动。

3）索赔程序。在项目控制部设立索赔管理小组，由具备专业知识的人员组成，且人员组成不宜经常调动，以便系统地进行索赔工作并积累经验。如果索赔数额较大，而双方对问题的认识进入僵持状态时，应考虑聘请高水平的索赔专家，协助进行索赔。

索赔小组应依据合同进行管理，学习合同文件，培养索赔意识，履行合同约定的索赔程序和规定。

在规定时限内向对方发出索赔通知，并提出书面索赔报告和索赔证据。编写索赔报告应注意事实的准确性、论述的逻辑性、善于利用案例、文字的简洁性和层次的分明性。

对索赔费用和时间的真实性、合理性和正确性进行核定。

会议协商解决，注意索赔谈判的策略和技巧，准备充分、客观冷静、以理服人、适当让步。

按最终商定或裁定的索赔结果进行处理，索赔金额可作为合同总价的增补款或扣减款。

（7）分包合同文件管理。分包合同文件管理应纳入总承包合同文件管理系统。

（8）分包合同收尾管理。应对分包合同约定目标进行核查和验证，当确认已完成缺陷修补并达标时，及时进行分包合同的最终结算和结束分包合同的工作。当分包合同结束后应进行总结评价工作，包括对分包合同订立、履行及其相关效果评价。

八、工程总承包项目分包组织与实施管理

1. 调度管理

EPC 总承包商对于分包商的管理主要体现在协调监督方面，而对各分包商工作的协调管理主要通过 EPC 总承包商的中心调度室实现。一般应要求各分包商设置专门的调度机构和专职的调度人员，服从 EPC 总承包商中心调度室的领导。

2. 设计分包过程管理

设计部在设计分包工作的实施过程中，其主要管理工作如下：做好开工前的准备工作；组织设计分包商按项目设计统一规定进行设计；组织各设计分包商编制采购设备、材料的技术文件，及时组织处理采购过程中出现的设计方面的技术问题；协调各专业、各设计分包商之间的衔接，解决各设计专业和设计分包商之间的技术问题；收集、记录、保存对合同条款的修订信息、重大设计变更的文字资料，并负责落实新条款和变更的实施，为后续的合同结算工作准备可靠依据；审核设计分包商交付的设计文件与规定要求的符合性，并做好设计分包的支付结算工作；项目结束时，组织设计分包商整理项目设计阶段的所有资料，并完成立卷、归档工作。

3. 设计分包现场服务管理

督促设计分包商以保证其有一套能够开展现场服务的班子；组织设计分包商做好现场设计交底工作，并协助供应商做出技术方案；配合施工，解决与设计有关的技术问题，包括提供图纸、说明书、技术规格书以及其他设计文件的解释；协调、处理现场设计变更。

4. 采购分包组织与实施管理

（1）调度管理。中心调度室的职责。根据对项目建设的全面信息汇总，对采购分包商的工作分析、总结，对下一步的工作提出建议，下达工程调度指令，并敦促执行；向采购部下达物资调拨令，总体上负责项目物资的调度；了解和掌握物资的需求情况。

采购分包商调度机构职责。定期向中心调度室上报物资生产情况，运输情况，中转站物资到货、发货、物资调拨令执行情况和需协调的问题；接受中心调度室下达的各项指令、通知、函件等，并督促检查执行。

（2）采购分包过程管理。采购部在采购分包工作的实施过程中的主要管理工作如下：协调各分包商之间的进度搭接工作，协调采购分包商与供应商、施工部的工作搭接；做好采购分包的支付结算工作；依据合同要求各分包商对自购物资的质量负责；PMC 监理对各分包商的物资采购计划进行审查，对各分包商采购的物资进行查验；督促采购分包商严格按照采购程序中规定的原则选择合格的供应商，并着重在物资质量的保证方面进行选择；负责物资采购、生产现场质量监造管理，协助驻厂监造分包商进行质量监督和验收等监造工作；向业主及时汇报驻厂监造的实施情况；分包工作结束后，组织分包商整理相关技术资料并完成立卷、归档工作。

5. 施工分包组织与实施管理

（1）调度管理。中心调度室的职责。根据对项目建设的全面信息汇总，对施工分包商的工作分析、总结，对下一步的工作提出建议，下达工程调度指令，并敦促执行；接受施工分包商等的有关报表、申请、文件等，按相关工作程序做出处理，并敦促执行。

施工分包商调度机构职责。全面掌握施工和物资供应的进展情况，并进行分析、汇总，将需要协调解决的问题上报 EPC 总承包商中心调度室；了解和掌握月度施工计划和周进度计划，并进行分析、控制，分析未完成计划的原因，提出改进措施，做到月计划、周控制、日落实，确保进度计划的实施。

接受 EPC 总承包商中心调度室的有关指令、通知、函件等，并敦促执行。

（2）施工分包过程管理。

1）施工准备。施工部对施工分包商管理体系的建立、质量管理体系的运行情况、HSE 管理体系的运行情况、施工资源的配备情况进行一次全面的审查，并将结论意见报PMC 监理核准后，合格的分包商由 PMC 监理签发开工令，不合格的分包商签发整改通知单。

施工经理主持召开施工前会议，与施工分包商商讨工作计划，明确工作区域、工作协调配合及合同管理规程等事宜。

2）施工过程中。施工部会同 PMC 监理对施工分包商进行报验的工作组织验收，对施工分包商的工作质量进行监控。

施工部监督施工分包商做好物资的库房管理，及时掌握施工分包商的物资需求情况，安排好物资调拨工作。

施工部审查施工分包商提交的各类进度报表，掌握项目的综合进度。确保信息的准确性、及时性，并以此作为对分包商结算的依据。

施工部建立定期和不定期的会议制度，检查施工分包商各种计划的落实程度、各施工分包商之间的工作接口处理情况、合同的履约状况，解决目前已经发生的各种问题；对后期工作做出安排。

施工部应随时注意设计变更或工程量增减等情况引起的工程变更，并采取相应的措施妥善处理变更。

3）完工阶段。审核施工分包商完成的施工和安装工作与规定要求的符合性；审核施工分包商在所承包工程完工后提交的工程验收申请报告单；审核各施工分包商编制的所承包工程的竣工资料，并完成立卷、归档工作。

九、工程总承包项目分包管理业主职责范围

业主与分包商之间没有合同关系，原则上对分包商不能直接进行管理，需要将管理意见通过 EPC 总承包商反映给分包商。但为了工作的便利，在执行项目过程中可以制订相关协调程序，规定在何种情况下业主可以通过 PMC 监理向分包商发布指令，以便提高工作效率。

业主对分包工作的职责主要体现在对 EPC 总承包商分包方案的审批以及对分包商的最终确定。对于无损检测以及某类专业性的物资监造工作，业主一般会提供潜在分包商的名单，让 EPC 总承包商从名单中进行选择。

复习思考题

1. 简述工程项目的内涵及特征。
2. 简述工程项目施工管理的任务及特点。
3. 简述 EPC 施工管理的特点。
4. 简述 EPC 工程总承包施工管理要点。
5. 简述总承包商与分包商的权利与义务。
6. 简述 EPC 模式下分包商的选择流程。

第七章 设计管理、采购管理、施工管理接口的总体关系与协调

本章学习目标

通过本章的学习，可以更加了解设计管理、采购管理、施工管理；充分了解设计管理与采购管理的接口关系、采购管理与施工管理的接口关系、设计管理与施工管理的接口关系。

重点掌握：设计管理、采购管理、施工管理两两之间的接口关系。

一般掌握：大体了解设计管理与采购管理之间的注意事项以及设计管理与施工管理的矛盾。

本章学习导航

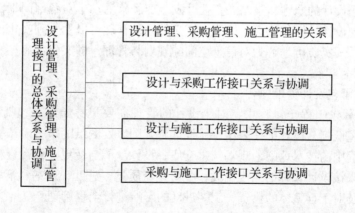

第一节 设计管理、采购管理、施工管理的关系

随着我国经济的发展，工程建设项目的规模不断扩大，建筑要求不断提高，项目管理难度逐渐提高，工程建设管理模式需要进一步的完善。我国政府部门一直积极推动工程建设项目采用 EPC 工程总承包模式，但是由于我国关于 EPC 工程总承包模式的法律法规及合同文本还不完善，技术尚不娴熟，EPC 工程总承包模式尚未广泛采用，不过 EPC 总承包模式将在建筑业大放异彩。与施工总承包模式相比较而言，EPC 总承包模式的优势在于解决了在工程项目中连续的项目管理过程相互分离，在不同管理主体下进行管理可能出现协调困难和大量索赔的问题。具体表现为：EPC 总承包能够充分利用自身的市场、技术、人力资源和商业信誉、融资能力等业务优势来缩短工程建设周期、提高工程运作效率、降低工程总造价。从项目全寿命周期的价值来看，EPC 项目总承包不仅实现了工程项目实施期间的高效率，而且为工程的运行创造了潜在的价值。简而言之，EPC 模式通过创造项目全寿命周期的价值使总承包商获得了"超额利润"（相对于施工总承包而言）。EPC 承包模式的核心问题是施工和设计的整合，这种模式的有效性的关键取决于项目实施过程中每个环节的协调效率，尤其是采购在设计和施工的衔接中起非常重要的作用。大型设备和大宗材料或特殊材料的供货质量和工作效率直接影响到项目的目标控制，包括成本控制、进度控制和质量控制等。

一、设计管理概述

设计管理一般分为狭义设计管理和广义设计管理。狭义设计管理 DM（Design Management）即将设计活动作为企业运作中重要的一部分，在项目管理、界面管理和设计系统管理等产品系列发展的管理中，善于运用设计手段，贯彻设计导向的思维和行为，将战略或技术成果转化为产品或服务的过程。设计管理是企业迈向成功的必不可少的管理方法，企业要遵循设计的原则和策略在企业开发生产经营活动中对各部门工作进行指导、统筹安排，以实现设计目标，使产品增值。广义的设计管理可以上升到文化传播系统管理等宏观规划层次，其实质可理解为对信息空间的规划与管理，即文化信息在一个系统内的生产与应用。

1. EPC 总承包设计管理内容

在 EPC 总承包工程全过程中，对于设计的管理需要贯穿始终，包括设计前期考察，方案制订，工艺谈判，设计中往来文件、设计施工图以及图纸的审查确认等内容，以及在采购、施工过程中的技术评阅、现场技术交底、设计澄清与变更、设计资料存档、竣工图的绘制等。如果按设计管理的角度出发，主要是对质量、进度、成本、策划、沟通、风险的设计管理以及对工程整体的投资、工期进度的影响进行全程管理。

2. EPC 总承包设计管理的特点

设计管理是一个贯穿于整个项目管理始终的工作，由此决定了它有以下几个特点：

（1）客观性。客观性是设计管理能够实现的基本要求，要求设计管理必须符合事物发展的基本规律。在设计管理活动过程中，管理者应具备各方面的综合管理知识，考虑客观条件，使自己的主观判断能自觉地符合客观因素，从而达到管理工作的科学性和客观性。

从宏观层面上看，设计管理活动要受当地的政治、经济、法律、道德、社会习俗、建设法律法规等因素的制约；从微观层面上看，设计管理要以项目设计的具体特点和实现条件为基础，做到据实管理。

（2）动态性。由于设计管理贯穿于整个项目，可能涉及对不确定性技术的影响，为增强要素间的群体效应，应对出现的问题，需要及时做出调整，采取相应措施，以平衡外界变化过程中各种因素的变化，使管理系统的运行处于动态平衡。

（3）均衡性。设计管理的均衡性是一种协调、平衡的状态，其管理的目的是使处于动态变化下的管理对象和资源要素之间达到平衡，只有当管理要素和资源要素和谐有序时，工程项目的整体管理力度和管理功能才能得到充分发挥。因此管理能否成立的关键在于设计管理中所制订的目标、计划是否具有可操作性。

（4）周密性。设计管理的周密性是应对客观事物发展变化的必然要求。在实践过程中，主要表现在设计管理活动中留有较大的富有弹性的可休整空间，在复杂的项目管理过程中往往准备两套以上的实施方案和应急预案。因此设计管理要想取得成功，不仅需要设计结果满足各方面的质量、安全、经济要求，还需要考虑到可能出现的问题，并准备预备方案。

3. EPC 总承包设计管理的原则

（1）实现项目总体目标是设计管理工作的准绳。EPC 总承包工程项目设计中需要以项目总体目标的功能和技术、经济指标要求为准绳，实现各项具体工作的进度安排和合理交叉、相互衔接关系的确定、资源分配、质量标准制订、费用控制等，并用实现项目的总体目标来化解各项矛盾和冲突，实现项目的总体目标是设计管理的宗旨。

（2）设计组织和目标形成过程控制是设计整体管理工作的重点。组织和目标的形成对设计整体管理的意义重大，科学合理的组织是沟通和协调的保障。首先，设计管理的工作中沟通是设计整体管理工作的基本理念，通过沟通协调，可以统一参与各方对项目的认识和要求，从而统一行动纲领，由此设计管理的沟通、协调是以设计组织为基础的；其次，科学的设计组织有利于明确各项工作的顺序和衔接，加强各个部门的协作和配合；最后，高效的组织结构和团队能顺利及时解决项目执行中出现的新情况、新问题、新矛盾。因此设计组织和设计目标形成过程是实现沟通的根本保证，是设计整体管理工作的重点。

（3）使设计各项工作整体协调、有序运行。在项目实施过程中，各项工作分工明确、界面清晰、层次分明、责任到人、便于管理，做到事事有人负责，人人有事负责，应把一切工作纳入计划，尽可能不出现工作内容盲点，把矛盾和冲突消灭在行动之前，搞好风险管理和进度管理，各项工作都要按计划运行，按时完成，不盲目赶工、盲目超前，尽量减少变更。

（4）设计整体管理工作要具有风险管理的思想。设计管理是个复杂的长期的过程，需要各个阶段和各个领域都应有风险管理意识，并把风险管理作为设计管理的重要内容。设计主要的风险识别活动在项目早期，在设计管理阶段就应该完成风险管理计划。在设计管理中，应在风险因素识别和评估的基础上，把风险管理计划列为整个项目管理计划的一个重要组成部分，以保证计划的合理性和实现的可靠性。目前在我国设计管理的风险管理研究已经比较深入。

4. 我国的总承包模式设计管理存在问题分析

（1）集成能力亟待提高。集成本质上是为达到最优的集成效果对集成单元的优化组合。在 EPC 总承包模式下，设计管理的集成能力是指运用集成理论对设计内容进行整合优化，以达到节约投资、缩短工期的目的。随着设计管理所涵盖内容的增多，周期变长（如全过程参与），对其提出了更高的要求，集成能力亟待提高。

（2）标准化过程控制还需探索。研究认为，EPC 总承包的关键是依赖专业的分包和标准化过程控制。当前的设计流程标准化作业管理主要针对设计阶段，强调设计流程的规范化，是设计质量在制度上的保证。而 EPC 总承包设计管理标准化过程除了保证项目设计质量，还有哪些设计环节是项目成本控制的关键，哪些设计环节是项目利润来源的保证，这些涉及标准化过程控制的问题还需要进一步的探索。

（3）投资控制有待加强。由于我国现行的"五阶段投资控制模式"，项目各阶段的投资控制任务分别由投资咨询机构、设计机构、工程造价机构、工程监理机构和建设单位承担，涉及投资控制相关的执业资格主要有三个，即注册咨询师（投资）、注册造价师、注册监理师职业资格等，这些执业资格的职能交叉，分别对不同的行政主管部门负责。这种分段控制的管理模式不能满足项目全过程、一体化的投资控制要求，此外，从项目管理的角度来看，经济性是项目管理的价值体现，投资控制水平直接体现了设计管理水平，投资控制应该贯穿设计管理全过程。而现阶段投资控制还停留在"准"与"不准"的争论中，全过程投资控制意识还有待强化。

5. 对策及建议

（1）提高设计集成能力，加强项目经理职业资格要求。集成能力主要包括以下几方面：组织体系的集成、设计力量的集成、分包管理的集成、外部资源整合的集成等。

EPC 总承包模式设计管理应提高系统集成能力，实现设计、采购、施工的深度交叉，合理确定交叉的深度和交叉点，在确保周期合理的前提下，缩短建设工期。

EPC 总承包模式设计管理对项目经理职业资格提出更高要求，要求项目经理不仅要熟悉工程技术，而且要熟悉国际工程公司的组织体系，要熟悉设计管理、施工管理以及有关政策法规、合同和现代项目管理技术等多方面的知识，并具备很强的判断力、分析决策能力与丰富的工作经验，同时还要注重对从业人员的职业操守、道德和信誉的考核。

（2）设计流程再造，提高设计过程控制能力。研究表明，设计流程再造要以关键流程为突破口，通过对关键流程的改造，提升设计的过程控制能力。从流程管理的角度来看，EPC 总承包模式使原本不属于设计管理的一些流程环节，如采购、施工分包等，成为设计管理重要的组成部分，也是设计管理价值增值潜力巨大的环节。因此，在 EPC 总承包模式下，设计管理需要重新界定和塑造设计的业务流程和管理流程，以达到通过流程来创造价值、增加价值的目的。

（3）引入全过程投资控制，保证设计经济性。国外投资控制研究表明，建设项目全过程投资控制一般由唯一的执业主体来承担。在 EPC 总承包模式下，应由项目经理承担决策阶段、设计阶段、采购阶段、施工阶段等全过程投资控制的任务。全过程投资控制的主要内容一般包括：制订合理的投资控制目标；分解投资控制目标和工程量；动态监管由设计变更引发的投资变动情况，控制不合理变更；编制工程的上控价、核准工程量、审核工程取费等。在设计管理中引入全过程投资控制的理念与机制，保证设计的经济性，以推动

EPC 总承包的持续发展。

鉴于 EPC 总承包模式下的设计管理与传统模式下的设计管理在建设流程、设计内容、功能诉求等方面的差异，EPC 总承包模式下设计管理容易受到传统模式的影响，而导致设计的主导作用不能充分发挥出来。由于 EPC 设计管理的多阶段性质，所以要加强项目经理的职业资格要求，明确责任主体，提高设计管理的集成能力，通过设计流程再造提高设计管理的过程控制能力。同时要引入全过程投资控制，保证设计的经济性。

二、采购管理概述

采购管理是指对采购业务过程进行组织、实施与控制的管理过程。采购子系统业务流程图通过采购申请、采购订货、进货检验、收货入库、采购退货、购货发票处理、供应商管理等功能综合运用，对采购物流和资金流全过程进行有效的控制和跟踪，实现企业完善的物资供应管理信息。该系统与库存管理、应付管理、总账管理、现金管理结合应用，能提供企业全面的销售业务信息管理。

1. 采购管理的流程

（1）采购计划。采购计划在 EPC 总承包模式中的采购环节具有非常重要的地位。采购计划管理对企业的采购计划进行制订和管理，为企业提供及时准确的采购计划和执行路线。采购计划包括定期采购计划（如周、月度、季度、年度）和非定期采购任务计划（如系统根据销售和生产需求产生的）。通过对多对象多元素的采购计划的编制、分解，将企业的采购需求变为直接的采购任务，系统支持企业以销定购、以销定产、以产定购的多种采购应用模式，支持多种设置灵活的采购单生成流程。

（2）采购订单。采购订单管理以采购单为源头，对从供应商确认订单、发货、到货、检验、入库等采购订单流转的各个环节进行准确的跟踪，实现全过程管理。通过流程配置，可进行多种采购流程选择，如订单直接入库，或经过到货质检环节后检验入库等，在整个过程中，可以实现对采购存货的计划状态、订单在途状态、到货待检状态等的监控和管理。采购订单可以直接通过电子商务系统发往对应的供应商，进行在线采购。

（3）发票校验。发票管理是采购结算管理中重要的内容。采购货物是否需要暂估，劳务采购的处理，非库存的消耗性采购处理，直运采购业务，受托代销业务等均是在此进行处理。通过对流程进行配置，允许用户更改各种业务的处理规则，也可定义新的业务处理规则，以适应企业业务不断重组，流程不断优化的需要。

2. 采购管理的职能

（1）保障供应。采购管理最首要的职能就是要实现对整个企业的物资供应，保障企业生产和生活的正常进行。企业生产需要原材料、零配件、机器设备和工具，施工活动只要一开动，这些东西必须样样到位，缺少任何一样，施工活动就开动不起来。

（2）供应链管理。在市场竞争越来越激烈的当今社会，企业之间的竞争实际上就是供应链之间的竞争。企业为了有效地进行生产和销售，需要一大批供应商企业的鼎力相助和支持，相互之间最好的协调配合。一方面，只有把供应商组织起来，建立起一个供应链系统，才能够形成一个友好的协调配合采购环境，保证采购供应工作的高效顺利进行；另一方面，在企业中只有采购管理部门具有最多与供应商打交道的机会，只有他们最有可能通过自己耐心细致的工作，通过与供应商的沟通、协调和采购供应操作，才能建立起友好协调的供应商关系，从而建立起供应链，并进行供应链运作和管理。

（3）信息管理。在企业中，只有采购管理部门天天和资源市场打交道，除了是企业和资源市场的物资输入窗口之外，同时也是企业和资源市场的信息接口。所以采购管理除了保障物资供应、建立起友好的供应商关系之外，还要随时掌握资源市场信息，并反馈到企业管理层，为企业的经营决策提供及时有力的支持。

3. 采购管理的误区

采购工作在 EPC 总承包模式中的地位十分重要，它的影响往往最直接、最明显地反映到成本、质量上，对于工程公司、商贸公司等企业，由于采购、外协的比重大，采购管理的意义就更加重了。然而，根据对不同类型、不同性质的企业的调研和管理咨询，不少企业的采购都存在管理的误区，主要表现在以下几方面。

（1）采购只要保证"货比三家"就行了。很多企业的管理者认为采购活动只要保证"货比三家"就行了，要求负责采购的工作人员申报采购方案时都要提供至少3家报价，管理者审批就看有没有3家的比价，再选一个价格合适的（绝大多数时候是选择价格最低的那一个）。在采购管理上，把这种采购方式叫作"询价采购"或"选购"。但这样的管理方法有没有问题呢？其实，很多管理者都可能会发现"货比三家"的方法经常失灵：这3家是怎样选出来的？中间的代理商算不算数？同样类别的采购这次审批的3家和上次的3家是不是同样3家？会不会有申报者通过操纵报价信息影响审批者决策的可能？为了防止这种可能，我们往往又要求采购工程师只提供客观的报价而不能有任何主观评价，结果上面的问题依然存在，又屏蔽了可能有用的决策支持信息，还免除了申报者的责任。

为什么"货比三家"不管用？这并不是"询价采购"方式本身的问题。问题的根本原因是没有配套的合格供方管理机制。在这种情况下，采购的管理者最终签字选择供应商，表面上拥有绝对的决策权，但由于采购人员可以自由询价，从而拥有实际的决策权。这种管理模式不改变，无论怎样"货比三家"都是徒劳的。

解决这个问题的关键是要给采购人员的询价活动圈定一个范围，这就是"合格供方评审"。"合格供方评审"是质量管理的概念，但从更广义和实用的角度，就是管理者按照一个质量、成本等方面的标准，划定一个范围。这个范围可以由企业高层管理者直接决定，也可以由一个委员会决定。总之，采购执行人员不能单独决定这个范围，也不能跳出这个范围活动，并要对每次采购活动中这个范围内的决策支持信息负责。

（2）招标"一招就灵"。招标的采购方式给人以客观、公平、透明的印象，很多管理者认为采取招标方式可以引入竞争，降低成本，也就万事大吉了。但有时候招标也不是"一招就灵"。为什么要招标？什么情况下该招标？还有什么情况可以采用更合适的采购方式？这涉及采购方式选择的问题。常用的采购方式有很多，常用的主要有招标采购、竞争性谈判、询价采购、单一来源采购等。

招标采购。除了最终用户及相关法规要求必须实行招标的情况以外，在对采购内容的成本信息、技术信息掌握程度不够时，最好采用招标的方法，目的是获得成本信息、技术信息。

竞争性谈判。招标时，我们可能会遇到这样的情况：或者投标人数量不够，或者投标人价格、能力等不理想，有时反复招标还是不成，是否继续招标，很是让人苦恼。其实，这时候我们没有必要非认准招标不可，大可以采取竞争性谈判的方式。竞争性谈判的方法与招标很接近，作用也相仿，但程序上更灵活，效率也更高一些，可以作为招标采购的补充。

询价采购（即选购）。对于我们已经很好掌握了成本信息和技术信息的采购商品（包括物资或服务），并且有多家供应商竞争，我们就可以事先选定合格供方范围，再在合格供方范围内用"货比三家"的询价采购方式。

单一来源采购。如果我们已经完全掌握了采购商品的成本信息和技术信息，或者只有一两家供应商可以供应，公司就应该设法建立长期合作关系，争取稳定的合作、长期价格优惠和质量保证，在这个基础上可以采用单一来源采购的方式。

合理运用多种采购方式，还可以实现对分包商队伍的动态管理和优化。比如，最初我们对采购内容的成本信息、技术信息不够了解，就可以通过招标来获得信息、扩大分包商备选范围。等到对成本、技术和分包商信息有了足够了解后，转用询价采购，不必再招标。再等到条件成熟，对这种采购商品就可以固定一两家长期合作厂家了。反过来，如果对长期合作厂家不满意，可以通过扩大询价范围或招标来调整、优化供应商或对合作厂家施加压力。

（3）档案保存好，采购信息就都留下来了。在调研和咨询过程中，有不少管理者很早就意识到采购管理存在问题，但苦于无力改进或来不及改进，于是要求相关人员把所有和采购相关的记录、文件统统存档，以待具备条件时分析信息、改进工作。但实际上，从这些保存完好的采购档案中，往往还是得不到充足有用的信息，甚至有很多必要的信息永远无法获得了。这在很大程度上，就是由于采购工作过程不够规范引起的。比如，规范的采购管理要求在询价时供应商应对不同规格型号的设备单独报价，但采购人员往往把不同规格型号的设备打包，有时甚至把不同类型的设备打包询价，每次打包的方法和数量都不一样。这样一来，历次询价信息无法落实到具体产品，无从比较，在管理者决策时还是无法判断本次采购价格是高是低。可见，采购工作过程管理的改进和采购信息的收集是相互影响的，要改进采购管理还是要及早，想把资料先存下来等有条件了再谈改进，往往是到了想起改进采购管理的时候，相关的信息缺失就已经很严重了。

三、施工管理概述

施工管理是施工企业经营管理的一个重要组成部分，是企业为了完成建筑产品的施工任务，从接受施工任务起到工程验收止的全过程中，围绕施工对象和施工现场而进行的生产事务的组织管理工作。在 EPC 总承包模式中，施工管理贯穿于整个项目，对于整个项目来说，是非常重要的。

1. 工程项目施工管理的任务
（1）制订施工组织设计或质量保证计划，经监理工程师审定后组织实施；
（2）按施工计划，认真组织人力、机械、材料等资源的投入，组织施工；
（3）按施工合同要求控制好工程进度、成本、质量；
（4）对施工场地交通、施工噪声以及环境保护等方面的管理要严格遵守有关部门的规定；
（5）做好施工现场地下管线和邻近建筑物及有关文物等的保护工作；
（6）按环境卫生管理的有关规定，保证施工现场清洁；

（7）按规定程序及时主动提供业主和监理工程师需要的各种统计数据报表；

（8）及时向委托方提交竣工验收申请报告，对验收中发现的问题及时进行改进；

（9）认真做好已完工程的保护工作；

（10）完整及时地向委托方移交有关工程资料档案。

2. 工程项目施工管理的特点

（1）工程项目施工管理是一种一次性管理。项目的单件性特性，决定了项目管理的一次性特点。在项目施工管理过程中一旦出现失误，很难纠正，损失严重。工程项目永久性特征及项目施工管理的一次性特征，决定了施工项目管理的一次性成功是关键。

（2）工程项目施工管理是一种施工全过程的综合性管理。工程项目施工管理涉及包括施工准备、建筑安装及竣工验收等多个过程。在整个过程中同时又包含进度、质量、成本、安全等方面的管理。因此工程项目施工管理是全过程的综合管理。

（3）工程项目施工管理是一种约束性强的控制管理。工程项目施工管理的一次性特征，其明确的目标（成本低、进度快、质量好）、限定的时间和资源消耗、既定的功能要求和质量标准，决定了约束条件的约束强度比其他管理更高。因此，工程项目施工管理是约束性强的管理。项目管理者如何在一定时间内，在不超过这些条件的前提下，充分利用这些条件，去完成既定任务，达到预期目标，这是工程项目施工过程管理的重要特点。

3. EPC 施工管理的特点

EPC 施工管理能与设计、采购密切配合，确保工程项目的整体利益最大化，使项目得以顺利进行。EPC 施工管理一个最大的特点就是程序化管理，所有施工均以程序方式进行规范化，施工程序文件是指导、监督和检测施工的最有效文件，在施工管理中，各单位都能学习程序文件，摒弃以往经验化施工管理的弊端。EPC 的程序管理贯彻于施工管理的各方面，从施工技术到施工质量，从施工安全到计划控制，从财务管理到材料发放，从设备要求到组织要求。

EPC 模式下的施工管理非常重视计划管理。一般情况下，EPC 工程总承包单位都制订详细的一到四级施工计划，用于指导和监控施工情况，针对施工偏差寻找原因并补救，从而修正计划，确保整体计划的实现。

EPC 管理是交钥匙施工模式，要求总承包企业拥有雄厚实力，确保设计、采购、施工一次性达到验收标准，因此对于施工管理来说，质量管理尤其重要。

四、设计管理、采购管理、施工管理关系概述

采购工作在 EPC 总承包模式下发挥着重要作用，在设计、采购和施工之间居于承上启下的中心位置。设计、采购和施工有序地深度交叉，在进行设计工作（寻找适当的产品）的同时也展开了采购工作（了解产品的供货周期和价格），采购纳入设计程序，对设计进行可施工性分析，设计工作结束时采购的询价工作也同时基本结束。在 EPC 工程的项目管理中将设计阶段与采购工作相融合，不仅在保证各自合理周期的前提下可以缩短总工期，而且在设计中就需要确定工程使用的全部大宗设备和材料，所以，深化设计的完成之日，项目的建造成本也就出来了，总承包商与分包商可事先对成本做到心中有数。因此，尽管 EPC 总承包项目中设计是龙头，但工程设计的方案和结果最终要通过采购来实现，采购过程中发生的成本、采购的设备和材料的质量最终影响设计蓝图的实现和实现程

度；土建施工安装的输入主要为采购环节的输出，它需要通过采购环节获得的原材料，需要安装所采购的设备和大型机械。采购管理在工程实施中起着承上启下的核心作用。

工程项目管理中，采购和建造阶段是发生项目成本的主要环节，也是项目建造阶段降低（或控制）项目总成本的最后一个过程。项目实施过程是项目过程中投入最大的过程，而项目实施过程中的采购和建造则各自占有重要地位，其中设备和材料采购在 EPC 工程中占主要地位。

EPC 总承包项目中的采购环节承担着整体 EPC 采购的工作，采购过程能否高效准确地进行，直接影响到项目成本和项目质量。根据 EPC 设计环节中设计的具体方案进行后续的采购工作，采购应该与其他各个方面做好协调工作，采购的设备和耗材质量的过关，要在质量的基础上，尽可能地削减采购的成本。如果采购过程出现问题或者问题未能得到及时纠正，在项目到移交或试运行的时候再纠正某些错误，其代价将十分昂贵甚至无法挽回。

EPC 总承包项目中的施工环节承担着项目施工的工作，注重施工环节中团队建设的工作，只有做好施工环节的团队建设，达到各个部门各司其职的效果，才能将施工环节的各个部位责任到人，对项目进行施工质量的把关。

纵观总承包项目设计、采购、施工的三大环节，各个方面是相互联系的，设计的具体内容关系到后续采购的物资种类，采购的质量会对施工的效果产生影响，施工的具体情况也会对设计造成影响，三个方面一直在 EPC 建设的整个过程中不断发生着联系，只有将三个方面都不断完善，同时注重其各个方面的联系，才能将 EPC 项目做好（图 7-1）。

图 7-1 设计、采购、施工的关系

五、设计和采购工作的关系

EPC 项目管理必须将项目采购工作纳入工程设计程序，这是强化项目管理、提高工程质量、加快工程进度、控制项目投资的有效措施，是提升项目综合管理的必要步骤，公司相关部门都要理解、支持和创造条件，使项目采购工作和项目设计能更好地结合，以提高公司实施 EPC 总承包项目的综合水平，打造公司的品牌，取得社会的认可和信誉。当然，这里专门是指已经签订 EPC 总承包合同并在得到甲方的全部认可的条件下才有可能。把采购工作纳入工程设计程序，是要在建设项目总体统筹计划的控制下，经设计和采购的合理分工，密切配合，进行深度合理交叉，共同保证工程设计、物资采购工作的质量和进度，从而从根本上保证工程建设的进度和质量，取得保证降低工程成本控制项目投资的效果。该项工作如何合理推进，主要的做法有：

（1）设计参与采购工作并将其作为设计程序的组成部分；

（2）采购人员要参与设计方案的研究，将原有经过与甲方协调商量而确定的长名单作为设计提供供货单位的相关资料；

（3）设计按工程进度要求，按版次设计深度给采购部门人员提供采购所需要的图纸和资料配合采购开展工作；

（4）采购部门和人员按投资概算和市场情况编制标底，按设计图纸和相关资料进行订货和验收。

采购与设计在项目实施过程中是既分工又合作。采购纳入设计程序不是设计代替采购，而是仍然在项目经理的统一组织下，分工协作，各自对工作质量、进度和经济风险承担责任，共同完成项目建设任务。

采购与设计的结合取决于项目性质，在大型 EPC 总承包的新工艺项目实施过程中，在建设前期设计要向采购单位介绍工程情况征求对工程实施方案、总体布置、关键设备选型等情况，采购要向设计提供相关设备设计资料、参考价格和市场情况，参与设计方案的讨论。有时候设计还要和业主、采购联合调查，以确定合理的交货进度和质量的保证。对引进项目的实施，设计单位还要将设备、配件、材料的引进纳入询价和合同谈判议程，采购单位要参加引进谈判，提供设备分交、价款的决策建议，并参与起草相关合同附件，引进项目技术谈判前应进行引进设备预审，并完善相关的合同手续。

在基础设计或初步设计阶段，设计要把提供采购单位的资料列入设计内容，提出初步设计分解方案，提供长周期设备和关键设备的订货资料，作为采购部门的工作依据，设计单位应参加设备分交并配合采购单位开展询价和编制标书工作，采购单位随时将报价信息反馈给设计部门。

在施工图设计阶段，按设计深度和工程总体网络计划的要求，向采购部门提供订货资料，其中应该包括采购清单、规格书、数据表、订货用图纸等，配合采购部门进行询价、技术评价、厂商协调、合同谈判等工作。采购单位签订合同时应规定为保证设计进度而必需的设备安装资料的交付时间，签订合同后，采购部门要按合同期限向制造商催收设备安装资料，并及时转交给设计部门，以保证设计进度和总体网络计划顺利实现。也可委托设计按合同规定直接与供货商联系设计资料。

在项目实施和设备制造阶段，设计要参与设备出厂前的质量评定和出厂检验。

如有必要，设计单位可参与重要设备的监造、检验和现场设计，解决与设计有关的工程技术问题。

六、设计与施工工作的关系

在建筑工程之中，工程设计是建筑产品的虚拟制造者，工程施工则是建筑产品的实现者，两者存在着相互影响相互依存的紧密联系。在 EPC 总承包模式中，设计和施工的关系显得非常密切，EPC 总承包模式就是集设计、采购、施工于一身的承包模式。

建筑产品要经过决策、设计、施工、竣工、试运行等阶段。在建筑策划完成之后，建筑设计人员根据建筑策划的要求，在尽可能地符合建筑策划目标、检验决策的合理性，规避建筑策划的问题，完善策划不足的前提下，进行对建筑产品的设计。

建筑设计是设计人员通过想象将策划中的抽象概念设计成一套可执行的方案。在此过程中，设计人员将建筑产品的整体构成、结构以及各个组件通过想象的方式设计出来，使得包括诸如梁、板、柱、墙、窗等建筑元素达到创造性的结合，通过将虚拟建筑绘制在建筑图纸上，实现建筑策划所达到的目标。

当建筑产品的设计完成之后，施工人员再熟悉建筑图纸，明晰设计人员的意图，在弄清相关技术资料对建筑产品工程质量的要求的前提下合理地组织施工工序，按照建筑图纸进行建筑产品的实体建造。

设计和施工分属于建筑工程的不同阶段，同属于建筑工程管理工作中的重要组成部分。但在工程管理过程中，设计环节和施工环节之间往往处于一种相互联系、相互制约的关系，极易导致工程设计缺乏实际可行性或施工阶段的设计变更问题等，影响工程管理效果的同时，也无法保证建筑工程施工质量和经济效益。而通过对设计和施工管理工作有机整合，能够有效解决这一问题。

1. 整合设计与施工管理对于 EPC 项目管理的意义

（1）有助于降低项目投资风险。以往在工程项目中，部分设计人员忽视了工程前期勘测工作，没有对工程现场地质水文条件等进行全面勘察，使得工程设计与现场之间存在较大差异。因此在具体的施工过程中往往就会出现设计变更问题，影响项目经济效益，影响项目投资收益。而通过整合设计与施工管理，施工人员就能较早地介入工程设计。这样一来，工程设计初期就能听见施工人员的声音，能够实现对施工能力与现场环境的充分考虑，确保工程设计的可行性。因此将施工纳入设计的考虑范围，可以有效地减少甚至避免设计变更的出现，也就能够降低项目投资风险。

（2）有助于保障项目施工质量。在 EPC 项目管理模式下，总承包商对最后的工程项目产品负全部责任，因此其组织成员都是利益共同体，要确保施工建设质量高效率地完成工作。此外，设计施工管理工作的有机整合，也会使得设计与现场施工间的协调工作更容易，能够有效提升建筑施工效果，尽可能地贴近工程设计要求。这是由于通过设计与施工管理的有效联合，能够实现资源配置的优化管理，确保工程设计施工的高效开展，保证产品质量。

（3）有助于降低业主责任风险。EPC 项目管理模式下，业主单位的管理职责相对减少，管理工作变得简单，涉及的协调工作也不多。而以往业主单位的项目管理责任大部分转移给了总承包商，可以有效地缓解业主在建设高峰期的管理人员压力，也可以有效解决其技术人员不足的问题。这样一来就能够有效降低业主单位责任风险。

2. EPC 项目中整合设计与施工管理的措施

（1）完善项目组织管理体系。以 EPC 总承包方项目经理为核心，在项目经理的直接领导下，负责本工程的日常管理工作。将 EPC 总承包方与设计施工分包方的管理体系进行整合、统一，做到无缝对接。要求设计人员与施工人员能够积极配合项目管理工作，保证项目工程建设质量与施工进度。同时，还应落实 EPC 项目管理岗位职责，将工程的设计、招标投标、物料采购、施工、监理、检验、验收等一系列工作纳入项目管理体系之中，完善项目施工各个环节管理责任人的岗位责任，通过全员参与项目管理来提升项目管理整体质量。

（2）严格把控初期项目设计。

1）强化工程勘察设计。传统模式下工程项目的勘察深度不足，使得后期出现施工变更等一系列问题，EPC 模式下所有责任和经济输出都是联合体的，要尽量减少在施工中出现的变更问题，所以往往重视工程勘察。工程勘察首先是全面地了解工程项目的地质条件和特点，确保勘察结果能够满足可行性工程设计需求，避免后期方案的变更。在工程勘察的基础上提出系列设计方案进行比选，确保工程设计的安全性、经济性和生态性，还应该注意就地取材及施工的便利性。

2）精确工程概算统筹。概预算涉及业主和总承包商的利益，因此需要根据初步勘察设计确定详细的概预算方案，并统筹全面考虑，特别需要考虑总承包商的利益。一般而言，总承包商需要考虑项目实施过程中的各种不确定性因素，明确哪些是因为工程项目本身的复杂性所决定的，提出合理的概算方案。

3）积极与施工部门沟通。工程概算确定后，总承包商为了获得最大的利益，就需要充分利用设计与施工密切配合的优势。在初步设计阶段，就应该形成联合项目部和技术部，针对工程项目的各类问题进行协商处理，设计人员需要充分重视施工人员反馈的意见，施工人员需要按照设计意图开展工作，形成良好的施工组织计划，保证设计方案的方便性和可行性。

（3）严格把控实际项目施工。以往设计人员大多缺乏项目管理整体意识，在施工图设计完成后，就算基本完成了自身工作，而其在施工阶段的工作任务仅限于解决工程设计缺陷而导致的实际问题。EPC 模式下，设计与施工成为有机整体，因此设计人员在施工阶段应该承担更多的工作任务与责任。

1）据实酌情优化工程设计。设计人员应配合施工现场实际情况酌情优化工程设计，确保工程设计的经济效益与实际可行。这就要求设计人员应注重对施工人员意见的参考，在不降低设计与施工标准的前提下，对工程设计进行优化，缩短工期的同时，还能够有效节约工程造价。

2）做好工程设计变更控制。任何工程建设都不可能在初期阶段全面地考虑所有问题，在工程开展过程中因为地质条件复杂性及施工环境复杂性，总会遇到设计中没有详尽考虑的问题，需要进行设计与施工变更才能确保建设质量。传统模式下设计与施工变更效率很低，因为存在利益冲突，在 EPC 模式下设计与施工变更容易协调，可以更快取得共识。因此应在实际施工环节加强对设计变更的控制。

3）优化项目现场施工管理。项目施工现场往往会涉及很多不同专业领域的施工技术与数量庞大的施工物资，需要工作人员对其进行规范的管理与统筹规划。具体来说，项目现场施工管理的优化应包括安全管理、质量管理与材料管理等。以大型工程的统筹管理为例，施工作业时，大型工程往往面临资源分配不当的问题，部分工程资源闲置，另一部分工程则缺少设备，后续工作中，要求在施工作业开始前选定现场负责人，并选出若干分负责人，分别负责施工过程中的各项资源，以此建立完备的管理架构，提升资源利用率，优化施工管理水平。

七、采购与施工工作的关系

1. 采购管理工作

采购管理工作包括采购计划编制、询价计划编制、询价、供方选择、合同管理及合同收尾。现着重对设备及分包商的招标投标、设备及材料的技术协议、合同签订等工作进行阐述。

在招标投标过程中，应坚持公开、公平、公正和诚实信用原则。在采购招标过程中，应按《中华人民共和国招标投标法》和《工程建设项目施工招标投标办法》（七部委〔2003〕30号令）的规定开展工作。

招标文件的编制应尽量严密、周到、细致，在条款的制订中注重行业惯例和国家的有关规定，预先估计在实施中可能产生争议的问题，注重风险防范，以避免成本的额外超支。

在招标采购过程中重点考察分包方、供货方的资质行为、历史记录；认真审查其质量管理体系、质量保证条款，特别是项目管理班子的构成及到位承诺；认真审查其施工组织设计和技术方案，特别是安全措施及建筑业新技术的应用。

认真仔细完成设备及主要材料的技术协议签订。一般工程总承包项目设备及主要材料的技术参数的确定，应在招标及商务合同过程中同步进行。大型项目由于设备及主要材料技术要求高，设备参数性能及相互间衔接复杂，将这部分工作先单独进行，以初步确定商务招标投标供应商名单。

做好合同签订、合同管理及合同收尾。根据设备的复杂和难易程度选择合同类型，合同的签订应严格执行相关方会签制度，把争议控制到最小程度，避免争议范围的蔓延。根据国情，工程总承包合同签订工作可以成立业主与总承包方联合采购组，采用集中采购和现场零星采购相结合，业主、总承包方和分包方单独采购相结合的灵活采购模式。这种采购方式容易求同存异，可避免许多矛盾，确保了采购质量，缩短了采购时间，节约了材料、设备的费用。实际操作可参考以下几个原则：

（1）业主和总承包方分别委派若干人员成立联合采购组，并指定业主代表和总承包方代表。联合采购组负责对本工程土建和安装施工分包单位的物色、推荐、资格预审等工作，并经双方指定的代表一致同意邀请对象后，通过内部招标程序最终选择合格的分包单位。

（2）联合采购组负责对工程项目的主要设备及材料进行采购，具体范围以设计院编制的主要设备及材料清册为准。

（3）根据主要设备及材料清册规定的设备及材料档次，联合采购组对各类设备及材料提出技术质量要求文件和推荐的制造厂家名单，经双方指定的代表一致同意后进行采购。

（4）对采购过程的某一环节，业主代表或总承包方代表认为不满意，均有权要求中止并重复采购过程。对设备及材料质保期内出现的质量问题，联合采购组负责落实供货方的技术服务工作。

（5）联合采购组负责设备及材料的订货、中间检查、催货、清点验收、货款支付等工作。设备和材料中间检查或清点验收过程中，如业主或总承包方代表因故不能参加，应授权另一方代表全权处理，并视为对另一方的检查和验收结论不持异议。

（6）业主指定的设备或材料，若总承包方有异议，应书面向业主提出异议原因。如业主坚持而总承包方最终不同意使用，则总承包方对该设备或材料不承担责任，如总承包方最终同意使用，则不能免除总承包方对该设备或材料的责任。

（7）由业主、总承包方、监理和分包商共同对设备和材料进行中间检查或清点验收，并签字认可。验收后的材料或设备应及时移交给分包方，由分包负责管理。

（8）建立采购工作日常管理制度。

（9）制订采购工作的程序。

在实施采购时，做好合同中标的物的质量、催货、货物验收、支付、变更、担保、保险、延迟和终止等合同管理工作。

采购工作包括做好合同的收尾工作，更新所有合同记录，完成采购审计，进行采购标的物的正式验收与收尾。

2. 施工管理工作

现场施工实施主要包括施工进度管理、成本管理、QHSE 管理和综合管理等。

（1）施工进度管理要找准定位。工程总承包施工进度管理与施工总承包不同，前者的工作重点是管理和控制，后者往往更从经济效益出发，找出种种理由拖延承诺的进度按时完成。施工单位在施工组织方案中，为保证进度做出的劳动力等资源的安排，在实际施工中，往往是做不到的。如土建施工中，其木工、钢筋工及泥工的人员匹配，施工单位从经济效益考虑是按计划施工流程进行匹配，不会因为赶进度临时增加人，而将其他人员空出来。一是施工单位临时找人本身不好找；二是即使能临时找到人员，也不能干不了几天就辞去他们的工作。这就要求工程总承包管理中，预先做好这些方面的准备及考虑，而不能将精力放到以包代管上。

（2）成本管理要注意方方面面。工程总承包中的成本管理，不能因为只要进度，就不考虑施工单位的成本。应做好市场材料设备的价格趋势分析，合情合理做好合同的价格确定工作，并在工作中进行控制。只有施工单位赚钱，双赢或多赢，他们才会按照管理的要求去做到。

（3）QHSE 管理要从"交钥匙"出发。工程总承包施工阶段的 QHSE（质量、职业健康、安全、环境）管理，重点是对施工承包单位的质量、职业健康、安全和环境保证体系的有效监控。监理工程师虽然按规范要求，编制有"监理规划"和各专业"监理细则"等，运用旁站、巡视、检验等手段，对施工过程质量进行管理。但由于工程总承包实行的出发点是"交钥匙"工程，借鉴国外的项目管理模式，责任比监理更大。因此，具体操作时，工程总承包的管理比监理更操心，管理的力度更大，甚至要监督检查监理的工作。

（4）综合管理过程中不断完善。工程总承包的现场综合管理工作，关键是怎样实施好项目管理规划及按规范要求的若干计划控制等工作，并注意在实施中加以不断完善。

3. 采购和施工之间的关系

工程总承包的采购与施工之间的关系，主要分实施阶段的监造、催货、现场验收、设备验收与施工中的投资控制。

实施阶段的投资控制是全过程投资管理的重要组成部分。在这个阶段中，需要严把合同关，重点关注工程的变更控制。对实施过程中合同相关方提出的调整方案，要求提出改动的一方必须详细说明改动原因，并执行严格的会签同意制度，然后根据同意的方案进行改动，对实施的增减工程量进行严格计量，并及时将工程转化为费用额。

施工进度与采购设备及主材的监造、催货、现场验收密不可分。如果采购的设备及主材不能及时到货、现场验收不能满足设计及合同规定的技术要求等，就不能满足施工进度要求。因此采购工作要随时处理好与现场施工的进度关系，在安装调试阶段还要及时组织设备供应商参与调试、验收等工作。

第二节　设计与采购工作接口关系与协调

一、设计与采购工作的接口关系

EPC 总承包项目的采购工作是一项贯穿项目全过程且工作量较大的工作。整个项目实施过程中采购部需要与设计、施工、控制、质量、财务等部门进行对接交叉作业，接口工作在采购工作中显得尤为重要，并且直接影响到项目部日常工作运行。所谓的 EPC 总承包指承包商向业主提供包括设计、采购、施工、安装和调试直至竣工移交的全套服务。其中货物的采购费用占整个工程投资的 60% ~ 70% 以上，采购工作的采买、催交、检验以及运输的全过程均涉及与设计、施工、控制、质量、财务等部门的对接，所以采购部与项目管理关系到项目部能否正常运行，而且对 EPC 总承包的质量、进度、成本的管理有着直接的影响。

采购工作与设计工作的接口关系如图 7-2 所示。

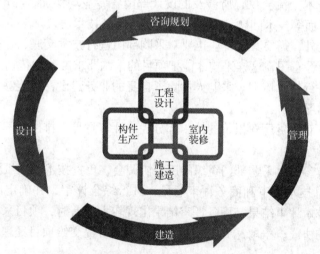

图 7-2　采购工作与设计工作的接口关系

开展初步设计时，采购分公司提供设备、材料的大致价格区间，支持造价中心进行报价工作。

项目部成立后，设计组开展详细设计，提出设备清单；采购组进行市场调查，将选定的设备资料反馈给设计组以完成相关设计；设计进行综合计算，结合造价中心意见，适度调整设计参数。如需设备变更须通知采购组及时开展与供货商的沟通，并再次确认供货商反馈的相关设备参数。

设计部门负责整个项目材料的汇总，并按设备、散装材料编码进行分类，编制设备表、散装材料表，根据编制出的设备、散装材料请购文件，请购文件的编制需要规范，让供应商看到请购文件能够准确报价。正常情况下，合同价格一经确定，请购文件中的技术要求相应的要转为合同的技术附件，并要求技术负责人会签，经控制部门提交到采购部门。由采购部门加上商务文件，汇集成完整的询价文件，向供货厂商发出询价，设计部门需要提供具有初步设计深度的工程量清单以供采购部门进行询价，如果提供的文件深度不够，很可能造成缺项、漏项、设备选型错误，造成投标价格和项目实际成本偏差很大，这是 EPC 项目投标的主要风险。对于一些 EPC 项目，比如电厂、污水处理厂、水泥厂项目等，设计部门做到的深度基本能够满足项目的成本核算要求，也就是说，如果项目中标，项目的利润空间都是可控的，这样对中标后的合同谈判、合同签订以及以后的项目执行非常有利。

采购工作参与设计过程，尤其是设计初期和业主讨论工艺路线时，采购能够参与或者旁听，对采购对工艺的理解、供货范围的确定都很重要。在采购人员无法出席会议的情况下，最终的工艺路线需要设计部门能够给采购人员讲解培训一下。采购人员只有在理解工艺流程的情况下，执行采购才能更加明确。很多项目由于采购人员对工艺流程不理解，造成对供货范围理解偏差，给现场带来很多不必要的变更。如果采购仅仅是拿到设计部门提供的请购单去采购，势必造成采购人员成为供应商和设计人员之间的传声筒。只有保证采购和设计部门的良好沟通，才能保证通过一个项目的采购，采购人员能够在执行类似的项目时得心应手，同时能够把项目的采购意图准确传达给供应商。

采购部组织技术交流会议，所涉及的设计部门各专业均参加，与厂商确认技术规格、工作内容、工作界面等技术问题，由设计部门负责签订技术协议。

除工艺专业之外，需要其他专业也要对采购部门进行技术交底，让采购人员能够清楚地明白各专业的设计意图，这样采购才能把项目的采购要求准确地传达给供应商。

对采购人员进行技术培训。采购人员除了自身的业务建设，也能够参与到设计部门的业务建设，加强学习。

设计部门负责对供货厂商报价的技术部分提出评审意见，排出推荐顺序，供采购部门确定供货厂商。

设计部门派员参加由采购部门组织的厂商协调会，负责技术及图纸资料的谈判。

采购部门汇总技术评审和商务评审意见，进行综合评审，并确定出拟签订订货合同的供货厂商。当技术评审结果与商务评审结果出现较大偏差时，项目采购经理应与项目设计经理进行充分的协商，争取达到一致的结果，否则可提交给项目经理裁定或提出风险备忘录。

由采购部门负责催交供货厂家提交的先期确定图纸（ACF）及最终确定图纸（CF），转交设计部门审查确定后，返回供货厂家。若有异议，采购部门应要求供货厂家提交修正后的图纸材料，以便重新确认。

在编制项目的进度计划时，所有设备、散装材料的采购控制点（包括认购单提出时间、货物运到现场时间）按项目合同的要求进行，由采购部门分类提出方案，经设计部门等部门的认可，提交项目经理批准。

在设备制造过程中，设计部门有责任派员处理有关的设计问题和技术问题。

根据订货合同规定，需由供 / 需双方共同参加检验、监造环节，采购部门组织检验会议，必要时可请设计人员参加产品实验、试运转等出厂前的检验工作。

由于设计变更而引起的采购变更，均应按变更程序办理。设计部门负责设计变更而引起的散装材料变更的修改工作，项目材料控制部门负责项目的散装材料汇总工作。

厂商货物的最终文件，技术部分的内容由设计部门负责审核。如有异议，采购部门应要求厂商提交修正后的最终文件，以便重新确认。

二、设计与采购工作在成本控制中的协调关系

设计部门在设计物料规格时，不可过分强调追求理想，而忽略价格和市场因素，而采购部门也不可太强调价格因素而忽略品质要求。因此设计部门应征询采购部门的意见，而采购部门也应根据市场情报，建议适当的规格标准。总之，两者必须密切协调，才能顺利进行采购。另外，为了呈现标准化，设计部门应于设计前多征询采购部门的意见，以尽量减少物料品种，在此方面，两者应密切协调，产生良好的互动关系。在新产品的设计方面，采购部门应随时提供有关物料规格、性能、价格等最新资讯，以供技术部门参考。目前对于物料的使用不仅要符合保护消费者的要求，也要达到环境保护及职业安全、健康的标准，使工程规格的设计更趋严格，因此限制了采购人员使用替代性物料或物品的机会。所以技术部门与采购部门必须加强联系与沟通，以保证产品品质。

采购阶段是项目成本控制的实现阶段。为有效控制成本，项目部采购部门与设计部门应紧密结合，发现工程的特点、难点及关注点。设计部门准确编制出设备、材料的技术要求和范围，采购部门合理确定询价文件中的评标标准及办法，实现合理低价中标，有效控制成本。

设计部门负责编制和提交设备和材料请购文件给采购部门。采购部门接到设备请购文件后将其作为询价文件的技术要求部分进行询价文件的编制，并向供货厂商发出询价。在采购部门发出询价文件之前，设计人员根据设备、材料的技术参数和技术特性，以及同类装置投产后对供货厂商提供的设备、材料运行状况的信息反馈等情况向采购推荐合格供货厂商。

采购部门收到供货厂商的报价文件后，组织设计人员在内的技术专家进行技术部分的评审。设计人员通过认真评审后写出书面的评审意见和排出推荐顺序，并参加由采购部门组织的厂商协调会，负责技术及图纸资料方面的谈判。技术评审和商务评审后，汇总技术评审和商务评审意见，进行综合评审，最终确定拟签订订货合同的供货厂商。

合同谈判过程中，采购部门应组织项目设计人员参加技术及图纸资料等方面的谈判。在谈判过程中，设计人员需要全面核对询价、报价文件中的技术说明和供货范围并落实技术问题，并负责编制技术协议书，作为设备、材料合同的技术附件。设备合同签订后，采购部门向供货厂商催交合同要求的图纸及技术资料并转交设计部门。设计部门确认图纸及技术资料后及时反馈给供货厂商。如没有异议，采购部门要求供货厂商按合同要求的份数发出蓝图。在供货厂商进行设备制造过程中，如有设计问题或技术问题，设计部门应派设计人员进行处理。如合同中规定必须由供需双方共同参加检验、监造的环节，采购部门应组织设计人员参加产品的试验、试运转以及出厂前的检验工作。如设计变更或设计修改图纸、技术文件，设计部门应按规定向采购部门发工作联系函，采购部门根据有关变更函件

进行采购变更。

三、采购管理与设计管理的信息协调关系

在集成项目团队中，采购过程与设计过程并行进行，设计与采购工作合理交叉、密切结合。在设计过程中，采购人员充分发挥自身专业特长，在材料、设备的采购方面优化设计方案，而设计人员在进行初步设计时就需要对工程项目所需采购的材料、设备的种类、数量、质量进行优化，并作为采购人员进行工作的重要依据。在 EPC 总承包项目中，采购阶段与设计阶段的信息沟通主要包括：

（1）设计人员在工作过程中，随着对工程项目理解的加深，需要分期向采购部门提交所需材料、设备的请购文件。请购文件中需要对材料、设备的相关技术参数进行详细说明，如采购人员发现请购文件中的材料、设备有超出标准等情况，应及时向设计部门反馈，经过论证后进行适当修改。同时，采购人员应密切关注相关材料、设备的更新换代情况，尽量采用技术先进、质量可靠、造价低廉的新型材料、设备。

（2）采购部门收到各供应商的报价书后，应邀请设计部门对报价书中的技术部分进行技术评审，而设计人员应从质量、工期、造价的角度对各报价书进行综合评价，为采购部门在选择供应商上提供重要参考意见。

（3）由于 EPC 项目的复杂性，有些重要设备需要定制，如水电工程中的发电机组。对于需要定制的重要设备，采购部门应将供应商提供的相关资料转交给设计部门，设计人员需要对其进行专业审查，对制造商提出修改意见并及时返回给其重要设备的先期确认图和最终确认图。采购人员应重点跟踪这些设备的制造过程，使其满足整体工期、质量要求，在跟踪过程中，应将中间检查的结果及时反馈到设计部门并形成检查报告。

（4）前文已经提到设计变更几乎不可避免，但是经过设计优化，将设计变更的时间尽量提前。发生设计变更，势必会对采购工作产生影响，如采购材料的种类、数量等，同时也会影响总承包商与供应商之间的合作关系，有可能产生合同纠纷。因此采购人员应密切关注设计变更的情况，与设计人员保持良好的信息沟通，一旦发生设计变更应及时调整采购计划；在与供应商签订采购合同时也应在合同中对设计变更的处理做出明确约定。通过采购阶段与设计阶段有效的信息沟通，可以确定采购计划编制的合理性，保证采购的材料、设备的数量、质量满足设计需求，使采购、施工、试运行阶段能够按照项目的整体进度计划实施，有效地控制项目的成本。

四、设计管理和采购管理协调需注意的事项

目前，很多 EPC 总承包项目采购实施过程中都会存在一些设计与采购的问题，需要项目实施者给予更多的重视。在采购开始进行设备、材料招标时，往往需要设计部门提供详细、正确的技术要求及图纸，但有时由于设计人员的经验不足，或者采购人员忽视了业主的要求，造成采购部门发出的设备、材料招标文件不完整或错误。这样不可避免地造成了用高价钱采购了便宜货，或者货到现场后无法通过验收和实施投产。所以设计部门应认真对待设备、材料招标文件的技术文件的编制；采购人员在设备、材料招标文件编制时应重视项目业主的招标文件对设备、材料的要求。

在设计人员推荐新的设备、材料厂家时，由于对新的设备、材料厂家不了解，仅按设

备、材料厂家提交的资料来推荐设备厂家。而采购部门也未对设计部门推荐的厂家进行深入的调查和考察，直接把一些实力不足或者不是同一个质量档次的厂家纳入同一设备、材料的邀请招标厂家名单中。这样往往容易造成招标无法进行或选择了不符合要求的设备、材料厂家，影响工程进度和工程质量。

设备、材料招标评标过程中，设计人员往往忽视厂家投标文件中一些设备、材料的规格、型号的一些细小的变化，而采购部门与设备厂家签订合同时，合同的分项报价表仅按设备厂家的投标文件编制的型号，这样容易造成设备、材料招标文件和合同的偏差，采购实施工程中就容易与设备、材料厂家发生纠纷。为了避免这个问题，设计人员应在进行招标文件技术部分的评审时严格把关，仔细核对投标文件的技术偏差。采购部门应在合同签订过程中组织设计人员对合同中的技术文件，尤其是对各设备、材料厂家提供的元器件及配件清单进行仔细核对。采购合同签订后，采购部门不能及时向设备、材料厂家催要图纸并要设计人员确认，或设计人员没有仔细确认图纸，往往容易让一些不良厂家钻空子。比如说电气设计人员不认真确认厂家提供的图纸，厂家在图纸中对一些重要的元器件进行了修改。货到现场开箱验收时，才发现问题，换影响工期进度，不换影响质量。还有一个更大的原因就是发货之前没有去厂家验货。所以按合同要求，采购部门应及时向设备、材料供应商催要图纸及其他资料，并尽快提供给设计部门进行图纸确认，如有问题，尽快反馈给设备、材料厂家进行修改。同时在设备发货前，采购部门应组织设计人员对关键设备进行出货前的验收。

设备合同签订后，有些设计人员未经项目经理批准也未通知采购部门，擅自与设备厂家商谈对设备上的一些元器件或配件的技术要求进行了修改，从而降低了设备质量，导致无法验收，影响工程进度和质量。针对这种情况：第一就是加强设计人员素质教育；第二就是在合同中严格规范要求。

第三节　设计与施工工作接口关系与协调

一、设计与施工工作的接口关系

设计与施工工作之间的接口是比较敏感的部分，是最容易扯皮的地方。如果设计阶段不能合理规划并解决接口问题，在后期就容易出现专业分包商之间施工配合不到位、整改工作量大等问题，造成项目协调工作量及成本增加，最终导致工期延误、质量下降等后果。

前面介绍了采购管理与设计管理的接口关系，接口一词起源于 IT 行业，就是指不同系统（或子程序）交接并通过彼此作用的部分，如计算机软件组件间的接口为硬件接口，而工程项目是一个长期系统性工程，涉及多系统、多行业、多工种的交叉作业，彼此间存在诸多相互作用和联系，这种作用或联系即为项目接口。

在 EPC 总承包模式下，设计接口质量直接影响总承包商的核心利益。设计接口管控不到位，必将造成专业间图纸相互脱离，进而造成建造阶段各专业间相互冲突、相互影响，进而影响工程进度及工程品质。

因为国内 EPC 模式正处于发展起步的阶段，总承包商及分包商设计接口意识较为薄弱，无系统管控方式，多依赖于设计单位把控设计图纸的质量，从而为后续施工留下极大的风险，因此必须通过科学的管理，较好地实现设计接口管理工作，为工程总承包项目管理提供借鉴。

EPC 总承包模式的设计阶段主要包括四个阶段，即项目的前期阶段、投标阶段、实施阶段、后期服务阶段。最关键的阶段为实施阶段，也就是施工图设计阶段，这一阶段直接决定了实施时的困难程度，也是设计阶段和施工阶段的最薄弱的"接口"部分，如果施工图设计部分设计得非常合理，施工时既可以减少工期，又可以节约成本。

1. 项目前期阶段

EPC 总承包商设计管理的重点是主动为业主提供前期项目可行性研究、融资贷款安排与初期方案设计等服务。该阶段设计控制的重点是倾听业主的想法，了解业主的需求，选择设计分包商，利用业内成熟的技术满足 EPC 合同的要求，提供符合业主需求的产品等。

通过对特定工艺、施工方法、设备产品的统筹规划，为下一步项目投标或议标增强自身的优势和竞争力，这个时期所做的可行性研究报告直接说明了项目实施的可行性，为后来的施工阶段提供了借鉴。

2. 项目投标阶段

EPC 总承包商设计管理的重点是根据项目的性质和技术要求，按照业主要求，提出初步设计方案，编制工程量清单，提交项目预算书，并与采购方案、施工方案进行反复的协调、比较、调整、优化，以求取得最佳功能性、经济性、可靠性的初步设计方案，增强投标或议标的竞争力。

在激烈的市场竞争中，业主对 EPC 项目一般都采用总价包干的形式进行招标，故投标或议标总价是决定项目成败的关键。在勘察设计深度和时间受限的前提条件下，如何编制合理、准确、详细、适用的工作量清单，是 EPC 总承包商在该阶段设计管理的核心。这就要求设计人员认真研究 EPC 合同中的"业主要求"，研读招标文件和技术标准、规范，充分了解业主的意图，对设计方案进行多方比选，严格把握关键技术标准，收集市场信息，深入了解当地实际的技术、经济水平，并进行必要的现场踏勘。

在方案比较和材料设备选用上，在满足业主的基本要求下必须注意技术与经济的最佳结合。在价格上，要通过技术比较、经济分析等手段，在满足业主要求的前提下提出合理报价，这样才有可能中标，为以后的施工奠定基础。

3. 项目实施阶段

EPC 总承包商设计管理的重点是在确保设计进度、质量、控制投资的前提下，完成施工图设计，这个阶段也是设计阶段的重中之重，它的合理与否直接决定后期的施工，所以务必尽善尽美。在 EPC 总承包项目中，设计又分为两步：一是初步设计完成后要由工程师对项目功能及技术进行审查，通过设计审查对工艺流程和设计方案提出修改意见，审查通过后才进行施工图设计；二是在进行专业设计时，EPC 总承包商应提供拟定设备的主要技术参数和应用范围等支撑文件供审查。对于工程实施过程中出现设计条件的变化以及现场施工提出的技术变更，根据可行性论证和技术性、经济性方案评估，履行设计变更手续，在工程竣工时提交设计资料的最终版本。

项目实施阶段的设计一般采取限额设计，即按照批准的投资估算控制初步设计，按照批准的初步设计总概算控制施工图设计，同时各设计专业在保证达到使用功能的前提下，按照分配的投资限额控制设计，严格控制因初步设计和施工图设计不合理导致的变更，确保总投资限额不被突破。限额设计通过投资分解和工程量控制，将审定的投资额和工程量先行分解到各个专业，然后再分解到各单位工程和分部工程，实现对设计规模、设计标准、工程数量和概预算指标等各方面的控制，以达到对工程投资的控制与管理。

4. 项目后期服务阶段

这一阶段，EPC 总承包商设计管理的重点是完成工程竣工文件的准备和审核、操作手册的编写，准备预试车和试车方案，编制备品备件清单，进行有关技术、管理、维护的人员培训，指导试车和维修工作，配合 EPC 总承包商进行工程竣工验收、结算、移交等。

二、设计与施工的相互关系

在工程建设过程中，建筑设计师进行建筑产品的抽象设计，建筑施工者按设计方案将建筑产品实现，二者存在着相互影响相互依存的紧密联系。

1. 建筑设计指导建筑施工的完成

建筑设计师通过绘制建筑图纸，对建筑产品进行虚拟建设。一个完整的建筑设计方案必须包括以下四个方面：①产品的初步设计；②产品的方案设计；③扩初设计；④建筑施工图设计。

建筑设计师首先要进行建筑产品概念、建筑功能、建筑布局以及建筑形态的设计，此阶段称为初步设计。当初步设计完成之后，建筑产品的大体形态已经构建完成，接下来，建筑师拿出建筑方案和包括水电气暖等方面的扩初设计方案，然后设计建筑施工图，交付施工人员按照施工图进行建设。

2. 建筑设计可以预见建筑施工中的问题

在建筑设计的过程中，建筑师不断地与政府部门、项目委托方、施工人员进行交流，了解建筑产品的内外部环境，因此，在其设计中能够预见性地指出建设施工中可能会遇到的问题，在设计的过程中进行规避，以保证施工工作的顺利进行。

3. 建筑施工可以检验建筑设计的合理性

在建筑设计的过程中，建筑设计师在设计中往往有一些难以实现甚至无法实现的构思和提案，由于设计师在虚拟空间构造建筑结构，因而很多时候无法全面考虑建筑施工中的实际情况。因此在建筑施工时，施工人员能够发现在设计过程中的误差和疏漏，从而提高设计的合理性。

4. 建筑设计和建筑施工共同引领建筑的创新

建筑产品是人类重要的艺术成果，是人类文明的重要组成部分。建筑的发展代表着文化的流行发展趋势，因此时代性是建筑产品的重要特点。不论建筑的设计还是施工，都是通过各种手段将创造性的产品完成，其中同时体现了创新性。

三、设计管理与施工管理的矛盾及解决办法

在工程建设中，工程设计是为实现目标而制订方案的过程，施工是为实现目标而进行具体实施的过程，二者的好坏直接影响着项目的施工质量、功能、安全性等。但是在项目实施过程中，二者经常出现这样那样的矛盾，对项目的实施造成影响。

1. 解决设计与施工矛盾的重要性

设计和施工是不能分开的。施工是将设计的图纸变为现实，为人所用，如果脱离开施工，那么再好的设计也是摆设，只能是一件艺术品。设计和施工是建筑工程中两个不可或缺的环节，设计是一个工程的灵魂，施工则是工程的血肉。换个说法，设计的目的是指导施工，施工的目的则是实现设计。设计和施工都应该多体谅对方，设计者要多去现场了解情况，不能规定得太死，要留给施工方一些余地让他们发挥，不然也会影响设计者想要追求的质量目标。

2. 设计与施工的主要矛盾及其原因

总结现在工程项目中出现的关于设计与施工的矛盾，可以归结为以下三点：一是设计滞后，赶不上施工进度要求；二是设计与施工有时出现互相冲突的地方，或与实际施工现场情况不符，导致施工无法实施；三是设计方与施工方就某些问题相互扯皮，延误工期。造成这些问题的原因是多方面的。

（1）项目业主方面。业主单位盲目提前工期，要求设计和施工加快工程进度，造成设计周期短，设计图纸细化程度不够就拿出来指导施工，施工方来不及详细看施工图就进行施工。

业主为减少投资成本，要求设计方不断变更设计，但是在施工过程中又要求达到好的效果，使施工难度增加，施工方不愿自行承担多出的费用而与设计相互推责任。

（2）设计方面。有很多工程项目由于时间紧或为节省开支不进行实地勘察，采用以前较早时期的资料或其他项目的资料进行设计或修改，而在实际施工过程中发现设计与实际情况不符，要进行设计变更，这不仅给设计审查带来麻烦，而且会造成工期拖延、投资超预算甚至施工方索赔等一系列问题。

现在各个行业工程越来越多，每个设计人员手里可能同时有几个工程的设计工作，做这个工程就得放下其他项目，哪个催得急就做哪个，出现施工图滞后现象，影响施工进度。而且在设计中往往照搬其他设计结构，对自身设计的图纸所表达内容含糊不清，使得施工人员在施工中无法明确设计者意图，一些设计甚至存在严重的设计问题导致建筑工程质量事故的发生。

好多设计人员都是刚大学毕业就直接进了设计院，对施工过程一窍不通，毫无经验，只会闭门造车，对自己的设计成果是否在施工中有可操作性根本没有概念，经常出现施工图纸相互冲突的现象，无法施工。

设计中各专业协调配合差，有时在施工过程中发现需要设计解决或明确的问题，设计各部门相互推诿，有些一经改动就牵扯大范围改动的设计问题，哪个部门都不愿意花过多时间，而把责任推给其他部门。

（3）施工单位方面。有时施工单位为减小施工难度，不断要求设计变更，设计方不可能对项目做出大的改变，造成项目实施的相互扯皮。

一些建筑施工人员的工作不够细致，业务能力不足，不能很好地熟悉施工图纸，职业技能不够强，对于施工设计中的细节、工程设计中的关键部位和薄弱环节不够明确，从而影响了工程质量。

一些建筑施工管理人员无法在其管理中做到面面俱到，不能合理按照施工设计组织施工工序、安排施工技术措施、把握好施工进度，不能协调好设计人员和施工人员的关系，从而影响了施工的顺利进行和及时完工。

随着经济的快速发展，工程项目越来越多，施工队伍也越来越多，工程管理人员和施工人员素质水平参差不齐，整体素质较差，发现不了图纸中的问题，按照错误设计进行施工，最后不得不返工或变更设计，而对于由施工方原因造成的变更，设计方又不愿承担，出现工期延误现象。

3. 解决办法

解决设计与施工的主要矛盾，大致应从以下几方面着手：

（1）作为业主单位，应正确认识该项目的重要性和对工程本身有深刻了解，不要盲目缩短工期，不要随便为减少投资而进行设计变更。

（2）设计的前期工作要做扎实，设计前对项目实地进行细致勘察，掌握准确的资料才能做符合实际的设计，减少施工中的设计变更工作量。

（3）设计人员应多到工地去了解施工的实际情况，虚心听取相关意见和建议，在充分了解情况后，看是否应该更改设计或完善设计，这样才能做出既经济适用又方便的施工设计。

（4）设计部门作为专业性极强的单位，要应对设计工作量增加的情况，必须调整人员结构，充实技术力量，聘请有经验的专家做技术顾问，不断提高自身技术水平和市场竞争力。

（5）设计各专业间必须有一个工作能力和沟通能力强的人进行协调，可避免出现设计图纸中相互矛盾和相互推诿的现象。

（6）施工单位应加强自身管理水平，提高施工人员素质，增强责任心，不要出现识图错误现象，在对设计有疑问时及时提出意见，以便设计单位参考修改；当设计没问题时，不能为减小施工难度而不按图施工。

第四节 采购与施工工作接口关系与协调

一、采购与施工工作的接口关系

项目施工经理：根据项目管理计划和总体进度要求，编制施工进度计划。

项目采购经理：根据项目管理计划和总体进度要求，编制采购进度计划。

项目施工库房管理人员：做好设备材料现场开箱检验、入库工作；管理在库的设备材料，包括安全保管及严格执行出入库规定。

项目采购人员：做好设备材料现场开箱检验、移交入库，并做好设备材料现场开箱的后续工作。

采购部门按批准的采购进度计划将材料的供货速度计划提交给施工部门，明确材料的到货时间及数量，以及进库的时间要求等。施工部门应根据供货计划做好接货的准备，如明确存放场地、接货手续，建立接货台等。

根据材料的类型，要求不同等级的库房设施和临时堆场，施工部门应在材料运抵现场之前，把库房、堆场准备完毕。库房、堆场所必备的设施，如道路、照明、排水、货架以及吊车、机具等设施必须备齐。

库房管理人员必须提前准备好开箱检验用的工具、量具以及必需的仪器等。

材料运抵现场后采购人员要及时与施工部门的库房人员进行交接，按库房管理要求一起进行开箱检验，主要进行数量的清点和外观的检查，并详细做好检验记录。

采用抽真空、氮封等特殊防腐包装措施的材料，开箱后要较长时间才能安装时，双方可办理先验收的备忘录，待临安装时，再开箱检验。为避免安装时因缺件这类材料而影响工期，需要在装运前做好更加细致的清点检查。

材料检验后，双方办理验收入库手续，由库房主管和验收人签字的入库单要返回一起交采购部门保管。

入库的材料，库房管理人员要做好维护、保养工作。

开箱检验出现的产品质量、缺件、缺资料等问题，应在检验记录中做详细的记载，由采购部门负责与供货厂商联系解决。进口的材料涉及外商索赔的问题，需由国家商检局出具证明，由用户或承包商组织有关人员处理。

材料在安装、试车以及质保过程中，出现与制造质量有关的问题，采购部门应及时与供货厂商联系，找出原因，采取措施，把问题处理好。

仓库管理部门在项目完工时，要分类将库存物资清点统计清楚，并注明物资的由来（如变更遗留、设计采购余量等），提交采购部门处理。

二、采购管理与施工管理的信息协调关系

EPC 项目中施工阶段是按照设计文件、图纸的描述和要求，具体组织施工建造的阶段，即把设计蓝图付诸实现的过程，是将采购的材料、设备建造成建筑产品的过程，也是将设计的质量和采购的质量转化为建筑产品质量的过程。在施工过程中，采购人员按照总体进度计划，将材料、设备分批交付给施工人员，而施工人员需将材料、设备的使用情况反馈给采购人员，而且采购阶段和施工阶段存在大量的重叠，因此需要大量的信息沟通。

在 EPC 总承包项目中，采购阶段与施工阶段的信息沟通主要包括：

（1）施工阶段所需要的材料、设备都需要经过采购阶段来满足，因此施工进度需要与采购进度进行有效的协调。施工计划确定后，施工部门需根据各个施工节点向采购部门报送相关材料、设备需求情况，而采购部门需对所有材料、设备进行跟踪，使材料、设备质量和运抵施工现场的时间能够满足施工人员的要求。

（2）材料、设备运抵施工现场后，采购部门组织包括施工人员在内的相关专业人员对产品进行开箱检验，而施工人员需要对材料、设备的质量进行检查，并与供应商进行交接，同时对材料、设备进行妥善保管。

（3）在施工过程中，施工人员如发现所使用的材料、设备与设计要求存在差异，应保存使用情况，并及时向采购部门反映，采购人员应立即与供应商联系，与施工人员一起寻找出现差异的原因，并积极采用补救措施，避免成本进一步浪费。

（4）由于 EPC 总承包项目的复杂性，施工过程中可能出现与设计考虑不符的情况，因此需要进行设计变更，而设计变更势必会使采购计划进行调整，有些设备的生产、运输周期较长，这样采购计划的调整又会影响施工过程。调整采购计划时，采购、施工人员应一起分析对材料、设备供应和运输的影响，以及对施工、安装进度的影响，积极采取措施，尽量减少干扰，从而节约成本。

采购阶段工作的质量可以说是开展施工阶段的基础，采购人员与施工人员也不仅是简单的材料、设备的交接，还有大量的信息交流。只有通过有效的信息沟通管理，才能保证采购阶段与施工阶段之间顺利的衔接，使工程项目能够按进度计划正常实施，实现项目的总体目标。

复习思考题

1. 简述 EPC 施工管理的特点以及和普通的承包模式的区别。
2. 简述设计管理、采购管理、施工管理两两之间的区别。
3. 简述设计管理、采购管理、施工管理两两之间的接口关系。
4. 设计管理与施工管理的矛盾是什么？有什么解决办法？
5. 举例说明在 EPC 模式中，设计、采购、施工之间的关系是什么？

第八章　EPC工程总承包组织关系协调措施

本章学习目标

工程项目运作过程中所涉及的利益相关者众多，包括业主、施工总包商、分包商、设计方、供应商、监理单位、咨询单位等。对业主或项目经理而言，针对工程项目成员间的关系进行协调管理是一个具有较高复杂性的问题。作为项目管理部应充分认识协调工作的重要性，加强管理，建立科学的管理模式，不断地从工作中汲取经验教训，使协调工作更好地实现。

重点掌握：项目组织协调原则、项目内部关系协调、项目外部关系协调、项目建设管理组织协调的方法。

一般掌握：对组织协调的认识、项目组织协调的范围及内容。

本章学习导航

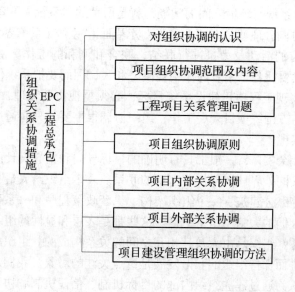

第一节　对组织协调的认识

一、组织协调的概念

项目在运行的过程中会涉及很多方面的关系，为了处理好这些关系，保证实现项目的目标，就需要协调。所谓协调，就是以一定的组织形式、手段和方法，对项目中产生的不畅关系进行疏通，对产生的干扰和障碍予以排除的活动。协调的目的是力求得到各方面协助，促使各方协同一致，齐心协力，以实现自己的预定目标。项目的协调其实就是一种沟通，沟通提供了一个重要的在人、思想和信息之间的联络方式。项目沟通管理确保通过正式的结构和步骤，及时和适当地对项目信息进行收集、分发、储存和处理，并对非正式的沟通网络进行必要的控制，以利于项目目标的实现。

项目系统是一个由人员、物质、信息等构成的人为组织系统，是由若干相互联系而又相互制约的要素有组织、有秩序地组成的具有特定功能和目标的统一体。项目的协调关系一般可以分为三大类：一是"人员 / 人员界面"；二是"系统 / 系统界面"；三是"系统 / 环境界面"。

（1）项目组织是人的组织，是各类人员组成的。人的差别是客观存在的，由于每个人的经历、心理、性格、习惯、能力、任务和作用不同，在一起工作，必定存在潜在的人员矛盾或危机。这种人和人之间的间隔，就是所谓的"人员 / 人员界面"。

（2）如果把项目系统看作是一个大系统，则可以认为它实际上是由若干个子系统组成的一个完整体系。各个子系统的功能不同，目标不同，内部工作人员的利益不同，容易产生各自为政的趋势和相互推诿的现象。这种子系统和子系统之间的间隔，就是所谓的"系统 / 系统界面"。

（3）项目系统在运作过程中，必须和周围的环境相适应。所以项目系统必然是一个开放的系统。它能主动地向外部世界取得必要的能量、物质和信息。在这个过程中，存在许多障碍和阻力。这种系统与环境之间的间隔，就是所谓的"系统 / 环境界面"。

工程项目建设协调管理就是在"人员 / 人员界面""系统 / 系统界面"和"系统 / 环境界面"之间，对所有的活动及力量进行联结、联合和调和的工作。由动态相关性原理可知，总体的作用规模要比各子系统的作用规模之和大，因而要把系统作为一个整体来研究和处理，为了顺利实现工程项目建设系统目标，必须重视协调管理，发挥系统整体功能。要保证项目的各参与方围绕项目开展工作，组织协调很重要，只有通过积极的组织协调才能使项目目标顺利实现。

组织作为一个社会实体，一般都具有明确的目标导向和精心设计的结构与有意识协调的活动系统，同时又同外界环境保持着密切的联系。一个组织给人最直观的印象是其呈现于外部的因素：一幢办公建筑、一个组织架构、一套政策程序和一系列品牌形象等，给人以强烈的刺激，在人们的大脑中留下记忆。这些都是表层和显性的组织要素。组织的实质是人与人之间的关系，组织是由人及其相互之间的关系构成的。组织内部人与人之间的关系如何协调一致，进而保持组织的和谐发展是重点关注的对象。我们从建立和完善组织内部协调机制开始，认为通过建立组织内部的目标机制、信任机制和协调机制可以有效地提高组织内部的协调性，促进组织目标的实现和可持续发展。

二、协调的内涵及其发展的必然性

1916 年亨利·法约尔在其公开发表的著作《工业管理与一般管理》中提出管理的五项职能和一般管理的 14 条原则，其中五项职能包括计划、组织、指挥、协调和控制。法约尔第一次将协调作为一项重要的管理活动，并认为协调就是让企业人员团结一致，使企业中的所有活动和努力得到统一和谐。

巴纳德在其 1938 年的代表作《经理人员的职能》中认为，社会的各级组织都是一个协作的系统，即由相互进行协作的各个人组成的系统，组织中最富有创造性的就是协调。"组织的定义就是一个有意识地对人的活动或力量进行协调的关系"，这些协作系统是正式组织，都包含有三个要素，即协作的意愿、共同的目标和信息联系。非正式组织也起着重要的作用，它同正式组织互相创造条件，在某些方面对正式组织产生积极的影响。组织中经理人员的作用就是在协作系统中作为相互联系的中心，并对协作的努力进行协调，以便能够维持运转。巴纳德认为，所谓管理就是在不断变化的环境中，使协作系统达到均衡，并能使其长期延续下去的过程或职能，"组织是一个有意识地协调各种活动的体系，其中最关键的是经理人员"。

从管理学家对于协调内涵的解释，我们可以知道协调是组织顺畅运行的核心要素，管理的本质就是协调，而协调的产生直接缘于组织内部的分工、组织柔性与组织冲突，协调的实质也正是有效协调、促进、解决组织内部的分工、柔性和冲突。

1. 分工与协调

分工是人类社会发展的基础，人类社会的绝大多数组织都是分工的产物。从现有的理论文献来看，大部分学者都认为分工主要包括社会分工和组织内分工两类。人们对分工以及分工效率的认识是随着分工的深化而不断加深的，这种认识过程体现了分工效率的演进过程。

亚当·斯密作为分工理论的集大成者，认为企业的起源是分工，分工是生产率进步的源泉。他发现只要交易机会存在，专门制造一种商品以便与其他专业人员制造的另一种商品交易，即可以赚取利润："许多利益的分工，原不是人类智慧的结果，尽管人类智慧预见到分工会产生普遍富裕并想利用它来实现普遍富裕。它是不以广大效用为目标的一种人类倾向缓慢而逐渐造成的结果。这种倾向就是互通有无、物物交换、互相交易"。

马克思从协作生产出发，认为协作一方面可使劳动空间范围扩大，另一方面又使得生产资料因共同消费而得到多项节约，不仅提高了个人生产力，还创造了集体力。他的重要贡献就在于将协作与分工联系了起来。分工往往仅是带来具体产品数量的生产效率的提高，而并不一定能带来作用价值或价值的增进，关键是对生产劳动的分配，即协调。要使分立的劳动有效率，根本上不在于个体技术的改进，更在于分立劳动之间的协调，也就是说，分工带来的效益不仅源于斯密意义上的劳动支出强度和密度的提高（即内生的绝对优势），而更主要的是劳动者之间协调水平的增进所带来的劳动有效性的提高。从这个意义上说，协调是价值创造的根本来源，而协调的对象就是分立劳动。从另一意义上讲，协调的外在表现就是分立劳动之间的互惠合作。因此合作就是人类社会发展的基础，是文明出现的真正内涵。

通过对分工与协调关系的初步了解，可以清晰地看到分工与协调是相统一和联系的，分工并不能必然带来效率，只有通过分工与协作的相互促进才能真正提高效率，带来社会和企业财富的增值。为此，从企业分工的角度来看，协调是促进企业内部分工与外部分工相互联系的桥梁，两者之间是互为补充和互为前提的。

2. 柔性与协调

柔性是一个与动态环境相适应的概念，出于不同的背景和目的，人们对于柔性的界定存在着一定的差异。在动态权变理论中，组织柔性是被视作在组织与环境之间维持一种动态适合的组织潜力，包括被动防御或主动进攻。组织学习理论把组织柔性视作创造出使单环学习与双环学习之间求得动态平衡的过程的组织学习系统的反思能力。在企业家精神和创新理论中，柔性被视作促进企业家活动和创新的能力，包括惯例繁殖和破坏化两个方面；在战略管理的线性模型中，柔性是快速制订计划的能力；在单环学习中，柔性是探测到对现有惯例和价值观背离的能力和速度；在双环学习中，柔性是调整整体惯例和价值观的能力以及实施这些调整的速度。渐近创新学派认为，柔性是抛弃惯例以便提高适应和利用未来机会的组织能力。在战略管理领域，战略柔性被视作一种战略资产，是企业对大规模的、充满不确定性的、对企业绩效有重大影响和快速环境变化的适应能力。

协调是一项重要的管理职能，资源内部要素之间、资源之间、功能之间及企业之间都存在协调，在柔性管理中尤其如此。在柔性管理中，各功能柔性很大部分是通过资源富余获得的，如果不合理协调利用，将是巨大的浪费，企业不仅柔性没有实现，而且成本和效益也会恶化。他们认为企业的整体柔性不仅与各功能柔性有关，而且与功能柔性之间的匹配程度有关。要达到这种功能柔性的匹配性，就需要企业具有协调柔性。

3. 冲突与协调

在我们的社会生活中，冲突作为一种普遍现象而广泛存在，直接渗透到社会生活中的每一个角落，大到举世瞩目的海湾危机，小到家庭生活中的琐碎事情。从企业角度来看，一般面临着两方面的冲突：一是与外部竞争对手的冲突，企业一般都有明确的认识和行之有效的应对之策；二是企业内部的冲突，由于存在大量复杂的人际和业务关系，处理起来则需要艰巨的沟通和协调工作。从宽泛的角度看，冲突是有明显抵触的社会力量之间的争夺、竞争、争执和紧张状态。同时，有一些学者从狭义的角度将冲突界定为对立各方之间激烈的争斗。冲突是一方企图剥夺、控制、伤害或者消灭另一方并与另一方的意志相对抗的互动。真正的冲突是一场战斗，其目标是限制、压制和消灭，否则将受到对方的伤害。对于冲突起源的认识，各派学说强调的重点不同。西方社会冲突论者往往将韦伯的财产、权力和声望三维分层标准作为分析冲突原因的根据，认为社会资源的稀缺性及其分配是引发社会冲突的最终根源。

冲突管理的技术可以分为解决冲突的技术和激发冲突的技术。其中，解决冲突的技术包括冲突方通过坦诚沟通、协商确定并解决问题，或者提出共同的目标，并采取回避、缓和、折中的方式，改变人和结构的因素；激发冲突的技术包括运用沟通、引进外人、重构组织和认命一位吹毛求疵者。为此，解决激发冲突的根本途径仍是协商、协调和协作。冲突的协调方式可以利用上对下的权威命令，也可以利用相互之间的信任关系。权威方式一般是用于应急的冲突之中，通过冲突方共同认可的权威来采取强制手段化解争端，但解决冲突最为有效的途径还应当是基于信任关系的协商方式。在信任的基础上，各群体和个体之间才能共同认可目标，相互协作和包容共处，直到实现组织的目标。

三、协调的机制

在管理学中，管理机制一般是指系统内各子系统、各要素之间相互作用、相互联系、相互制约的形式及其运动原则和内在的、本质的工作方式。从这个意义上说，协调机制其实就是解决组织系统内各子系统和要素间相互作用、相互联系、相互制约的原则及方式。

1. 目标机制

目标是指期望的成果，这些成果可能是个人的、小组的或整个组织努力的结果。目标为所有的管理决策指明了方向，并且作为标准可用来衡量实际的绩效。协调是组织实现既定目标的必要条件，通过建立科学的协调机制，才能确保各子系统、要素之间无间协作、高效运行、共担风险和共享利益。

一般来看，组织的目标是多重性的。按照德鲁克在《管理的实践》一书中所提出的目标管理（MBO），组织目标的层级结构中包括组织的整体目标、事业目标、部门目标和个人目标。MBO 的共同要素是：明确目标、参与决策、规定期限和反馈绩效。

在组织发展过程当中必然存在着围绕目标的多重关系协调，包括组织目标与部门目标的协调、部门目标与个人目标的协调、上下级的责任与目标的协调、部门之间目标的横向协调、由上到下的纵向协调等。

德鲁克提倡的目标管理，其实质是一种"参与、民主、自我控制"的管理方式，非常强调重视人的因素。在这样一种管理模式下，每个组织成员都能发现工作的兴趣和价值，享受工作的满足感和成就感。通过目标和激励，将个人利益和组织利益紧密联系在一起。个人从一个服从命令式的盲从者转变成自己掌握命运，有一定独立空间的积极工作者，出现了上下级之间相互尊重、相互支持和平等信赖的良好状况，实现了全员参与、全员保证和全员管理的愿望，表现出了良好的整体协调性。

为此，协调的目标机制应该遵循 MBO 的管理模式：一是应做到目标简明扼要，并尽可能转换为定量目标，从而可以进行度量和评价；二是目标应由上下级共同设定，包括共同参与目标的选择和对如何实现目标达成一致意见；三是每个目标的完成都应有明确的时间期限，保证整体组织目标的按进度推进；四是要及时和不断地进行绩效的反馈，并督促调整目标和行动。协调的目标机制是一个动态的概念，它要根据执行的情况不断地对目标、计划、行动和绩效指标进行调整。所以，不仅是如何制订目标的问题，而应是如何实现目标、提升组织绩效的重要环节，需要引起企业组织的广泛重视。

2. 信任机制

国内外学者对于信任的研究角度比较广泛，一般认为对信任的研究起始于社会学领域，后来逐渐扩展到管理学及其他领域。杨中芳和鼓泗清（1999）认为，最早从社会心理方面研究"信任"的是多伊奇（Deutsch，1962）："所谓一个人对某件事的发生具有信任（心），是指他预期这件事会发生，并且根据这一预期做出相应行动，虽然他明白倘若此一事件并未如预期般地出现，此一行动所可能带给他的坏处比如果此一事如期出现所可能带来的好处要大"。从预期的角度出发，霍斯默（Hosmer，1995）认为："信任是个体面临一个预期的损失大于预期的利益之不可预料事件时，所做的一个非理性的选择行为"。上述学者对于信任的定义基本上有三个共同之处：信任首先是一种预期，在此预期下会有所行动；信任是基于对未来事件不可预料的前提下产生的；信任可能会产生某种非理性行为和意识。

卢曼（Luhmann）从新功能主义角度，认为信任是用来减少社会交往的复杂性的机制，可以用一种带有保障性的安全感弥补所需要的信息，并概括出一些行为的预期。卢曼还区分了人际信任和制度信任。前者建立在熟悉度及人与人之间感情联系的基础上，后者则是用外在的、像法律一样的惩戒式或预防式的机制来降低社会交往的复杂性。巴伯尔（Barber）将信任视为一种通过社会交往所习得和确定的预期。

在企业组织中，基于信任关系的合作机制是成本低、效能好的一种协调机制。郑伯埙（1999）认为，信任是维持组织效能与维系组织生存的重要因素。在对组织效能的影响方面，信任可以有效地降低管理事务的处理成本，防范投机行为，而且也能降低对未来的不确定性，促使组织内部的资源做更合理的运用，并提升组织效能。因此信任机制是企业组织内部单元相互合作和协调的基础。我们可以将企业内部的信任机制概括为过程型、特征型和规范型三种机制形式。

过程型机制是指行为的连续性决定了过去的行为往往会进一步强化相互间的信任和依赖。这实质上也是强调了无论采取"制度信任"和"人际信任"，还是采取"信誉信任"和"道德信任"，都必须认真审视企业文化传统中的"路径依赖性"。过程型机制强调在企业的运作中，应提高行为的透明度，加强沟通，本着积极的合作态度对于信任关系的行为予以激励。

特征型机制是指企业组织应形成能够涵盖不同背景和文化特征的各成员的企业文化和行为模式，以保证企业成员相互间的信任受到最小的干扰和破坏。建立这样的特征型机制，首先是应识别有利于企业发展的文化、行为特征和模式，在共同建立公司愿景的基础上，逐步将个体文化统一到企业的整体文化之中；其次是对各成员间不同的社会和文化特征，应持兼收并蓄的态度，加强沟通和理解、求同存异、相互学习、扬长避短，最终形成一种能够为所有成员接受的行为准则和企业文化。

规范型机制是指应采取一些能够防止相互欺骗并鼓励合作的制度性措施，以确保信任机制的建立和实施。这些措施包括：一是对于违反信任的行为加大惩罚力度，给予公开曝光并予以经济和职能等方面的严厉处罚；二是企业高层管理者以身作则，提倡和鼓励诚信经营、团结合作、共同奋进和共担风险的企业作风。

3. 协商机制

协商就是找到一个折中的解来满足各种相互矛盾的目标，协商过程是一个搜索动态问题空间的过程。协商机制主要是指在企业组织内部建立和完善通过协商的方式来解决可能产生的各种群体之间的冲突，以最终顺利实现组织的目标。关于协商的传统理论，通常都是在规范性假定及公理体系下导出各种各样的解，它们对实际谈判中的冲突情况往往又难以奏效。传统协商理论的模型与方法是建立在效用偏好与效用理论基础上的，主要是用效用函数来反映决策者偏好情况，通过使效用函数最大或是选择最大效用值所对应的方案进行决策。效用函数把人的偏好结构集结成一个实函数，使涉及人的复杂决策问题转化成了纯数学问题。从某种程度上说，效用的概念在人的认知能力和对策模型的非现实性之间建立起了纽带和桥梁。但是，由于要获得决策者对现实问题的效用是一个非常困难和基本不可能的事情。因此，在建立效用函数的同时，实际上已经在决策问题上隐含地加了一些假定，使其不可避免地存在一些无法克服的缺陷。

既然以传统的协商理论不能很好地解决实践中的冲突，那么可以尝试转换一个视角，即从社会网络关系的角度来研究组织内部各不同主体间的协商机制，可能会有一个更为贴切实际的解决方案。

社会网络关系的观点认为，经济行为不仅受到社会环境演进的影响，同时也受到所嵌入的社会网络位置的影响，并认为网络关系的结构同样会影响到个体的行为。目前，许多学者都是从战略网络的角度对企业行为进行研究。实际上，从嵌入的概念来看，同样适用于研究组织内部关系网络中不同主体的行为研究。与市场交易关系不同，嵌入关系提供了协商解决争端的机制，这种机制采用协商、惯例、相互谅解等灵活的方法解决争端。在嵌入关系中，协商解决问题的机制提高了企业在市场中的竞争力，增强了企业的学习能力和创新能力，一旦在企业内部建立起了信任和信息交换机制，将会在企业内部真正形成一种紧密合作的伙伴式团队。

企业内部协商机制的完善主要着力于以下两点：①建立良好的信息交换机制，在企业内部应进行各专属信息的交换和交流，实行信息的开放和共享，在实践中，信息交换可能涉及产品研发、生产、营销、物流和成本等各个环节，在不同部门之间建立顺畅的信息沟通渠道，并进行相互交换和交流，是企业在市场竞争中成败的关键。②设立有关协商机制的程序和制度，建立各级协商领导小组，规定协商的效率和效果，以免决策过程过于缓慢，不利于把握外部市场机会。

随着现代建筑的科技含量越来越高、施工新技术与新产品的日益更新发展，施工中协调工作的牵涉面越来越广，施工中各专业的协调对施工的重要性愈显突出，只有加强这方面的管理，把问题、隐患消灭在萌芽状态，才能保证工程质量，从而得到最好的建筑产品。

第二节　项目组织协调范围及内容

协调的范围可以分为系统内部的协调和对系统的外层协调。系统内部的协调包括项目经理部内部协调、项目经理部与企业的协调以及项目经理部与作业层的协调。从项目组织与外部世界的联系程度看，工程项目外层协调又可以分为近外层协调和远外层协调。近外层和远外层的主要区别是，工程项目与近外层关联单位一般有合同关系，包括直接的和间接的合同关系，如与业主、监理人、设计单位、供货商、分包商和保险人等的关系；和远外层关联单位一般没有合同关系，但却有着法律、法规和社会公德等约束的关系，如与政府、项目周边居民社区组织、环保、交通、环卫、绿化、文物、消防和公安等单位的关系。通过以一定的组织形、手段和方法，对项目管理中产生的关系进行沟通，对产生的干扰和障碍予以排除。

一、项目组织内部协调

项目组织内部协调包括人际关系、组织关系的协调。项目组织内部人际关系指项目经理部各成员之间、项目经理部成员与下属班组之间、班组相互之间的人员工作关系的总称。内部人际关系的协调主要是通过各种交流、活动，增进相互之间的了解和亲和力，促进相互之间的工作支持，另外还可以通过调解、互谅互让来缓和工作之间的利益冲突、化解矛盾、增强责任感、提高工作效率。组织关系协调是指项目组织内部各部门之间工作关系的协调，如项目组织内部的岗位、职能和制度的设置等。对各部门进行合理分工，使其有效协作，提高工作效率。

二、项目远外层组织与协调

根据我国行业管理规定及法规、法律，政府的各行业主管部门均会对项目的实施行使不同的审批权或管理权，如何能与政府的各行业主管部门进行充分、有效的组织协调，将直接影响项目建设各项目标的实现。

三、项目近外层组织与协调

（1）发包单位。业主代表项目的所有者，对项目具有特殊的权利，而项目经理为业主管理项目，最重要的职责是保证业主满意。

（2）分包单位。项目经理部与分包人关系的协调应按分包合同执行，正确处理技术关系、经济关系，正确处理项目进度控制、质量控制、安全控制、成本控制、生产要素管理和现场管理中的协作关系。

（3）监理单位。在施工过程中接受监理单位的检查监督，落实监理单位提出的合理要求，确保监理在工作中的权威。施工中充分考虑项目参与各方的利益，严格按图施工，履行合同和规范标准，树立监理工作的公信力。

（4）设计单位。结构施工前，应组织好图纸会审工作，各专业人员均需参加，特别注意管道井部位，各专业要根据实测实量的管道井平面，计算出合适的平面尺寸，保证管道安装时有足够的有效空间，布置时让专业人员严格参照施工图来处理。会审情况比较复杂，通常是几个专业交叉来对一个部门完成具体审查，这样的话总是会有一些问题被找出，比如位置重叠、距侧墙太近等，这些问题只要按照图纸会审的流程进行下去最终会有一个圆满的结果。专业设计人员必须要按照现场的具体情况和资源来完成调度，对可能出现的管道位置问题进行不断的协调处理，唯一的要求就是要达到设计和应用的标准。提前协调避免了问题在施工过程中出现。

（5）供应单位。项目经理依据施工进度计划组织生产负责人编制材料用量计划，经项目经理或公司审核后，及时依据材料用量计划联系厂家组织材料进场，主要材料进场时，项目经理组织材料员、监理单位、建设单位等对进场材料进行现场检查（检查材料合格证、材料规格型号、外观质量等），符合要求后及时填写材料报验单，提交现场监理验收，监理应给出答复意见。对于需要复试的及时进行现场取样送检，如有不合格材料及时联系供应单位进行更换，避免因材料不合格造成窝工现象。

通过对项目建设单位、地勘单位、设计单位、承包商、监理单位、材料和设备供应单位，以及与政府有关部门之间的协调，做好调和、联合和联结的工作，以使所有参建人员在实现工程项目总目标上做到步调一致，达到运行一体化。

四、项目的组织协调内容

项目的组织协调内容主要包括：①负责处理项目参建各方之间的矛盾及问题；②协

助项目法人处理工程拆迁中的各种问题和矛盾；③负责向建设主管部门办理各种审批及其他手续；④负责处理与本工程有关的纠纷事宜。在整个项目建设过程中，建设管理单位应当自始至终处于组织领导地位，对设计单位、施工单位、监理单位、材料供应商、配套设施的建设单位与施工单位等起督促、协调作用。而项目建设管理的重要工作或者说主要工作、大量工作就是组织协调。

对于项目建设管理组织协调，具有以下优势的公司能更好地发挥协调作用。

（1）综合管理实力强。公司所代理的项目均按业主目标圆满完成，所完成项目均受到了市政府及相关部门的好评。通过完成的项目业绩足以证明公司作为项目建设期代理业主有较强的施工组织能力和较高的施工组织管理水平，其项目综合管理实力和管理人员的指挥水平已得到社会的公认等。

（2）管理人员素质高。项目管理人员的素质是决定项目建设管理能否顺利进行的关键，公司在项目中配置的主要管理人员均是一直承担项目建设管理的专业人员，其思想素质好，业务能力强，文化素质高，身体健康，管理和协调经验丰富，工作责任心强。配备的整个项目管理班子管理人员结构合理、专业齐全、老中青结合、工作上彼此配合默契，对搞好项目的建设管理有充足的实力和信心。

（3）熟悉基建程序。公司长期从事政府投资项目的建设管理工作，与政府相关职能部门建立了良好的工作关系，与水、电、气、通信、市政、消防、文管、卫生防疫、环保、人防、园林绿化以及建委、规划局、国土等部门的工作交往密切，熟悉其办事程序和工作制度。

（4）前期协调专职人员。公司有一定数量的专业人员长期负责项目的前期报批、报建工作，对基本建设程序十分熟悉，办事效率高，能保证工程如期开工，并在整个项目管理过程中，公司可指派一名长期从事对外联络的专职人员负责项目的外部协调和联系工作。

（5）充足的人才资源。公司拥有招标代理资质、监理资质、造价咨询资质和工程咨询资质，其人才资源可以共享，各类专业人才齐备，实力雄厚，能保证同时做好多个项目的建设管理工作。

（6）管理和协调经验丰富。公司需要积累丰富的项目管理经验，在项目管理过程中若发现问题能及时对症下药、解决问题，以保证项目建设的顺利进行。

第三节　工程项目关系管理问题

在工程实践中，项目成员之间长短期目标均不一致且决策较为分散，在一定程度上会降低工程项目的管理绩效。项目成员各自负责相应的工作，看似责任清晰、制度明确，事实却并非如此。成员间存在着较为复杂的交互关系，在工程建设过程中高度关联且紧密耦合。成员均由独立的法人单位构成，具有各自的目标与决策权。在目标存在差异的情况下，项目成员间的关系如果协调不好将导致施工资源浪费、工程成本提高、工程进度延缓、工程风险增加，从而对工程建设目标产生负面影响。因此研究者与工程实践人员越来越关注项目成员之间的关系对工程管理过程的影响，试图从多方面对成员之间的关系进行协调，以期提高工程建设绩效。目前工程项目成员关系的重要性已经得到了广泛共识，一些学者试图通过合同、管理制度与流程等多方面的建设与优化，达到对成员关系的有效协调。

目前，激励策略作为一种较为有效的协调机制能够有效地提高成员的努力程度。大部分激励策略的使用是基于业主需求，由业主和其他咨询团队决定，少部分则由承包商及其合作成员为了分担风险谈判决定。此外，通过对工期、质量、安全等工程目标进行重要性排序发现，质量比工期、成本更受业主的关心。因此，关于质量的激励条款使用最多，但我国工程建设合同中一般缺少风险配置的激励条款。

一些学者提出，为了协调工程项目成员关系，应使成员间形成基于"文化认同"的关系契约形式。认为项目成员交流最多的内容集中在文化和政治方面，文化可表现为工程项目成员的共同价值观与意识形态。工程组织文化建设的重要内容包括管理支持、交流机制、关系维护、团体参与、决策支持等影响工程绩效的"软"因素。组织文化能够影响组织成员的作业目标、任务努力程度、资源消耗以及成员在面对机遇和威胁时的思考、感受和决策结果等。因此，良好的工程组织文化能够提高组织交流的效率，加强组织成员之间的合作关系，提高决策的效率等。

实际上，工程实践中的成员关系已经从传统的对抗性合作关系逐渐转化为长期合作共赢的关系。目前，业主与承包商之间的关系已成为主要研究内容之一，研究者已经意识到合作关系具有动态变化的特征，强调采用有利的工具来加强关系。在合作过程中，承包商对合作的态度较为积极，主要原因在于合作双方可以共担风险、提高技术创新能力、及时响应市场、提高资源利用效率和满足客户需求。有些研究则识别了促使合作成功的主要因素，比如，从伙伴关系中得到的资源供应，平等、信任和理解，非金融利益因素，合作目标，经验与业务适合度等。

第四节　项目组织协调原则

组织协调是指以事实为依据，以法律、法规为准绳，在与控制目标一致的前提下，组织协调项目各参与方在合理的工期内保质保量完成施工任务。

一、严格按照相关法律法规施工

相关法律法规是保障施工顺利进行的根本原则，如果缺少了相关法律法规的指导，那么在具体施工过程当中就会出现许多问题，比如违法扰民、突发事件频繁出现等，可见法律法规对于施工的顺利进行是一个基础的保障。法律法规是客观化的框架约束体制，对于施工的许多环节都是一个有效的提示和保障，同时也是惩戒的手段和方式，它客观地要求施工人员必须按照法律法规许可的内容去实施，不能做出违法的事件，在不可控因素导致的问题出现后可以依照相关制度及时地解决，避免过多的损失。对于出现的噪声扰民事件，也可以合理地控制在一个范围内，按照相关规定与其他部门积极沟通协商将噪声问题及时解决。做好对施工现场噪声的控制，做好对周边环境的保护，做好对现场扬尘的控制。

二、了解工程概况，有备而战

要做好每项工作，都必须在工作前对这项工作进行全面了解，这样才能更好地开展工作。对于建筑施工工程，也要做好施工前的准备，了解工程概况，所谓"知己知彼，百战百胜"。不了解工程情况，盲目工作，出现工作失误就不可避免。因此，要顺利开展工作，必须有备而战。做好施工前的准备工作，首先要熟悉施工图纸、有关技术规范和操作规程，了解设计要求及细部、节点做法，弄清有关技术资料对工程质量的要求；其次要熟悉施工组织设计及有关技术经济文件对施工顺序、施工方法、技术措施、施工进度及现场施工总平面布置的要求，弄清完成施工任务中的薄弱环节和关键部位；最后对施工现场进行勘察和了解，熟悉施工图纸，只是对工程的纸上了解，这是不够的，要清楚、全面了解工程，掌握工程概况，必须亲自到现场进行勘察、了解，这样认真了解工程的基本情况，才能更好地实施管理，落实施工方法，更好地完善工作。

三、实行有目标的组织协调

实行有目标的组织协调是基层施工技术的一项十分关键的工作。做好施工准备，向施工人员交代清楚施工任务要求和施工方法，为完成施工任务，实现建筑施工整体目标创造了良好的条件。尤其重要的是在施工全过程中应按照施工组织设计和有关技术、经济文件的要求，围绕质量、工期、成本等制订施工目标，在每个阶段、每个工序、每项施工任务中积极组织平衡，严格协调控制，使施工中人、财、物和各种关系能够保持最好的结合，确保工程的顺利进行。当然，在施工的不同阶段、不同部位，对不同班组，甚至不同操作人员或在不同事物中，基层施工技术员的组织协调方式不能千篇一律。基层施工技术员在施工阶段的组织管理中应区别不同情况，根据轻重缓急，把主要精力用在影响实现施工整体目标最薄弱的环节上去，发现有偏离目标的倾向就应在施工过程中及时采取措施，加以补救。

关键部位要组织有关人员加强检查，预防事故的发生，凡属关键部位施工的主要操作人员，必须强调其应有相应的技术操作水平。俗话说："尺有所短，寸有所长"，在一个施工班组中，人员技能有所差异是必然的，那就需要依靠施工技术员的科学合理分配。例如，在砖砌体工程中，人员协调安排就应要求按技术分工。技术底子厚的人员安排在砌墙角的位置，确保墙与墙之间的成角垂直，分配技术生疏的人员砌墙身中部。同时实行"熟手带生"的方法，让熟练的人员带着新手，发挥互助互利的精神确保砖砌体工程的质量。

施工管理当然离不开"管"和"理"。要管好人手的分配，也要"理"顺施工的程序。要随时纠正现场施工各种违章、违反施工操作规程及现场施工规定的倾向性问题。例如，在砖砌体工程中，出现通缝、交角处不同步砌筑、预留洞口处没有设置预留钢筋和墙体长度超出规范的要求而没有设置构造柱等施工技术问题，要及时处理，避免过大的翻工现象而造成经济上不必要的损失。

此外，如遇设计修改或施工条件变化，应组织有关人员修改补充原有施工方案，要随时进行补充交底，同时办理工程增量或减量记录，并办理相应手续。还要在图纸上标识修改的内容，以便于施工的顺利进行。

在做好以上工作的基础上，还要严格质量自检、互检、交接检的制度，及时进行工程隐检、预检，并督促有关人员做好分部分项工程质量评定。

四、安全管理，预防为主

安全管理工作在建筑行业是一项重点工作，安全工作的好坏会直接影响企业的名誉及其管理工作的素质。因此，在施工管理工作上，一定要把安全教育工作放在施工管理工作中的首位。作为施工管理人员必须做好安全措施，对所有的进场人员做好安全教育与宣传工作。要以预防为主，安全第一。让施工人员自觉遵守安全规则，执行安全措施，这样才能保障企业生存和工程的效益。

五、强化组织管理，建立良好的人际关系

在管理某一建设工程时，要确保这项工程能够按质、按量地安全完成，不但需要有一定的技术，还需要有科学的管理。施工管理中的科学管理就是注重良好集体的建设。各项工作能否顺利开展，很大程度上取决于集体的凝聚力，集体的凝聚力越强，管理工作的开展就越顺利，越有效果。因此必须加强集体的管理，有目的、有计划地开展工作，使集体的凝聚力越来越强。

六、公平、公正原则

我们在 EPC 总承包管理过程中，无论是在工作安排、作业面使用，还是在机械、库房提供等方面，都将以业主利益、工程利益为重，视同业主指定分包商为自有分包商，一视同仁，以确保整个工程施工能顺利进行。在总承包管理中，所涉及的专业多、分包单位多、系统复杂、工期紧、协调难度大。因此，只有以严谨的态度，借助科学、先进的方法、手段来进行管理协调，才能很好地实现管理目标，体现出管理的质量和水平。

作为管理者，要通过协调将各个分包单位之间的交叉影响减至最小，将影响施工总承包管理目标实现的不利因素减至最小。在总承包管理中，公正、公平是前提，科学是基础，统一是手段，控制是保证，协调是灵魂。

第五节　项目内部关系协调

一、项目内部人际关系的协调

一个施工项目具有许多种复杂的关系，最难处理的就是人际关系。人际关系无处不在，施工项目中的人际关系和其他环境当中的人际关系有所不同，它具有很强的专业性作为支持，如果缺乏这种专业性，那么就不能起到很好的效果。施工项目中的人际关系必须建立在对专业技能了解熟悉的情况下才能发挥其价值，比如在管理层、项目部、作业层之间，关键要搞清楚这几方面之间的业务关系、技术联系，才能有针对性地进行人际关系的处理，否则就会浪费时间和精力，做无用功。

项目部是由人组成的工作体系，工作效率很大程度上取决于人际关系的协调程度，项目经理应首先抓好人际关系的协调，激励项目经理部成员。

（1）在人员安排上要量才录用。对项目经理部各种人员，要根据每个人的专长进行安排，做到人尽其才。人员的搭配应注意能力互补和性格互补，人员配置应尽可能少而精，

防止力不胜任和忙闲不均现象。

（2）在工作委任上要职责分明。对项目经理部内的每一个岗位，都应订立明确的目标和岗位责任，应通过职能清理，使管理职能不重不漏，做到事事有人管，人人有专责，同时明确岗位职权。

（3）在成绩评价上要实事求是。谁都希望自己的工作做出成绩，并得到肯定。但工作成绩的取得，不仅需要主观努力，而且需要一定的工作条件和相互配合。要发扬民主作风，实事求是评价，以免人员无功自傲或有功受屈，使每个人热爱自己的工作，并对工作充满信心希望。

（4）在矛盾调解上要恰到好处。人员之间的矛盾总是存在的，一旦出现矛盾就应进行调解，要多听取项目监理机构成员的意见和建议，及时沟通，使人员始终处于团结、和谐、热情高涨的工作气氛之中。

二、项目经理部内部组织关系的协调

组织关系是事关施工项目顺利完成的重要关系纽带，比如在项目中期的时候，需要进行许多立体交叉施工，需要许多层面的共同协作才能完成项目工作，这时候组织关系的作用就凸显出来了，因为这事关项目质量和进度，因此不可小觑。

（1）在职能划分的基础上设置组织机构，根据工程对象及委托监理合同所规定的工作内容确定职能划分，并相应设置配套的组织机构。

（2）明确规定每个部门的目标、职责和权限，最好以规章制度的形式做出明文规定。

（3）事先约定各个部门在工作中的相互关系。在工程建设中许多工作是由多个部门共同完成的，其中有主办、牵头和协作、配合之分，事先约定，才不至于出现误事、脱节等贻误工作的现象。

（4）建立信息沟通制度，如采用工作例会、业务碰头会，发会议纪要、工作流程图或信息传递卡等方式来沟通信息，这样可使局部了解全局，服从并适应全局需要。

（5）及时消除工作中的矛盾或冲突。项目经理应采用民主的作风，注意从心理学、行为科学的角度激励各个成员的工作积极性；采用公开的信息政策，让大家了解建设工程实施情况、遇到的问题；经常性地指导工作，和成员一起商讨遇到的问题，多倾听他们的意见、建议，鼓励大家同舟共济。

三、项目经理部内部需求关系的协调

（1）对管理设备、材料的平衡。建设管理开始时，要做好管理规划的编写工作，提出合理的建设管理资源配置，要注意抓住期限上的及时性、规格上的明确性、数量上的准确性、质量上的规定性。

（2）对项目管理人员的平衡。要抓住调度环节，注意各专业管理人员的配合。一个工程包括多个分部分项工程，复杂性和技术要求各不相同，这就存在管理人员配备、衔接和调度问题。

第六节 项目外部关系协调

EPC 总承包项目对工程中的设计、采购、施工等工作过程进行了整合,增强了各个环节的紧密性,较之其他工程承包模式拥有更好的协调控制效果,在提高工作效率、保证工程质量方面具有无可比拟的优势。尤其是通过总承包的管理真正体现总承包为业主分担现场总体协调、管理的作用,为业主提供更加优质的工程服务和产品。然而,由于 EPC 总承包项目覆盖了从项目启动直到项目移交至业主的整个实施过程,项目周期长、规模大、涉及范围广、风险因素数量多且种类繁杂,致使 EPC 总承包项目在项目实施周期内面临较大的风险,特别是来自外部关系的影响,在项目建设过程中,受各种影响制约,加之项目目标的多元性,且参与方和关联方众多,相互之间的要求和关系错综复杂,难免出现制约、矛盾和冲突,这就需要总承包商从大局和全局出发,通过科学和合理的安排与调整,使之趋于协调一致。总承包商在很大程度上是在进行沟通协调工作,这项工作不仅反映总承包商管理水平和能力的高低,也直接关系到项目建设的成效。只有通过及时有效的沟通与协调,才能达成项目建设的顺利运转,从而最终圆满完成项目建设目标。在预定的进度、质量目标内建成项目的关键主要取决于各个质量行为主体之间的良好合作,相互支持、相互配合。因此,在实现工程项目的过程中,应做好如下组织协调工作。

一、与业主方的协调

项目建设总包单位是接受项目业主的指令、指导和监督并对其负责,积极协调参建各方和建设项目所在地周边的关系,协助业主与政府相关部门及时联络、沟通,并办理相关管理手续。因此,项目管理人员必须与业主保持良好的沟通,积极地向业主汇报工作情况,让业主及时了解整个工程项目的进展,确保业主建设意图的实现。

(1)项目管理人员要理解建设工程总目标、理解业主的意图。对于未能参加项目决策过程的项目管理人员,必须了解项目构思的基础、起因、出发点,否则可能对建设管理目标及完成任务有不完整的理解,会给工作带来很大的困难。

(2)利用工作之便做好建设管理宣传工作,增进业主对建设管理工作的理解,特别是对建设工程管理各方职责及监理程序的理解;主动帮助业主处理建设工程中的事务性工作,以自己规范化、标准化、制度化的工作去影响和促进双方工作的协调一致。

(3)尊重业主,让业主一起投入建设工程全过程。尽管有预定的目标,但建设工程实施必须执行业主的指令,使业主满意。对业主提出的某些不适当的要求,只要不属于原则问题,都可先执行,然后利用适当时机、采取适当方式加以说明或解释;对于原则性问题,可采取书面报告等方式说明原委,尽量避免发生误解,以使建设工程顺利实施。

二、与设计单位的协调

(1)项目经理部应与设计院联系,进一步了解设计意图及工程要求,根据设计意图完善施工方案,并协助设计院完善施工图设计。

(2)向设计院提交根据施工总进度计划而编制的设计出图计划书,积极参与设计的深化工作。

（3）主持施工图审查，协助业主会同设计师、供应商（制造商）提出建议，完善设计内容和设备物资选型。

（4）对施工中出现的情况，除按建筑师、监理的要求及时处理外，还应积极修正可能出现的设计错误，并会同业主、建筑师、监理及分包方按照总进度与整体效果要求验收小样板间，进行部位验收、中间质量验收和竣工验收等。

（5）根据业主指令，组织设计方参加机电设备、装饰材料、卫生洁具的选型、选材和定货，参加新材料的定样采购。

（6）协调各施工分包单位在施工中需与建筑师协商解决的问题，协助建筑师解决诸如多管道并列等原因引起的标高、几何尺寸的平衡协调工作，协助建筑师解决不可预测因素引起的地质沉降、裂缝等变化。

三、与政府及有关职能部门的协调

地方关系问题是影响工程建设进度和投资控制的最主要因素之一，涉及的行政许可的办理以及审查备案均需要通过政府渠道来履行程序，往往这些手续的办理对整个工程进展起决定性作用。同时施工现场附近的外部环境和关系协调，在施工过程中绝对不能忽视，因为施工过程中往往对周围环境等造成或多或少的影响，这种影响的消除和利益的平衡，均需要当地政府和周边居民的大力支持。

必须加强与政府各职能部门的联系，了解政府的有关政策，及时办理相关手续，决不违章作业，确保工程严格按国家规定的基本建设程序顺利进行。在工程建设过程中，建设管理单位应主动要求有关管理部门到现场检查和指导工作，对管理部门提出的有关整改问题应积极、及时进行改正和处理，不断完善和提高现场建设管理水平。

建设管理单位严格按基本建设程序办理相关前期手续，有关手续包括立项批复，定点通知书，可研批复，环评批复，初步设计批复，年度投资计划，建设工程用地许可证，规划许可证，开工许可证，初步设计和施工图设计的消防审查意见书、图纸审查书，质监备案通知，水、电、气、通信、道路开口、市政排水等的申请批准书等。在办理手续时保证按政府及有关职能部门的规定要求提供项目完整的报批所需有关资料和文件，在项目前期，及时与水、电、气、市政部门取得联系，根据项目建设要求提前向上述部门提出项目的供水、供电、供气、通信和市政雨（污）水排放、道路开口的申请要求，以便相关部门及时进行配套建设的准备工作。

依据政府的有关批文和政策规定，参与工程建设的各单位秉持负责的态度，严格按照科学的办事程序，将有利于协调好和政府部门的关系。

四、与监理单位的协调

聘请项目监理的目的在于为项目建设提供技术和智力服务，要做好组织协调工作，必须调动监理的协调积极性，充分发挥现场监理的协调能力和作用。让监理单位一起参与项目建设全过程。通过监理招标和合同协议，将一部分工程项目建设的管理权授予监理单位，尊重和发挥监理单位的协调作用，共同做好施工现场组织协调工作。由于项目管理单位与监理单位的职责不同，往往所采用的管理方法和手段也不一样，难免会发生矛盾和争执。因此项目建设管理人员必须做好与监理人员的协调沟通工作。

（1）让监理人员理解项目、项目过程和业主的意向，减少项目监理人员非程序的干预和越级指挥。

（2）尊重项目监理机构的现场监督管理和协调组织的职权。

（3）在做决策时，做好与监理单位的沟通与协调，以获取监理人员提供的更加充分的信息，从而清楚了解项目的全貌、项目实施状况、方案的利弊得失及对目标的影响。

（4）尊重监理人员，随时与项目监理机构之间互相通报情况以及及早通知监理机构做好应由监理人员完成的工作。

五、与承包商的协调

建设管理人员对质量、进度和投资的控制都是通过承包商的工作来实现的，所以做好与承包商的协调工作是建设管理组织协调工作的重要内容。项目建设管理人员与承包商的协调应坚持原则，实事求是，严格按规范、规程办事，讲究科学态度；应注意语言艺术的应用、感情交流和用权适度的问题。

（1）与承包商项目经理关系的协调。从承包商项目经理及现场技术负责人的角度来说，他们最希望项目建设管理人员是公正、通情达理并容易理解别人的；希望从建设管理人员处得到明确而不是含糊的指示，并且能够对他们所询问的问题给予及时的答复。因此，建设管理人员应善于理解承包商项目经理的意见，工作方法要灵活。

（2）进度问题的协调。由于影响进度的因素错综复杂，因而进度问题的协调工作也十分复杂。实践证明，有两项协调工作很有效：一是建设管理人员和承包商双方共同商定一级网络计划，并由双方主要负责人签字，作为工程施工合同的附件；二是设立提前竣工奖，由监理工程师按一级网络计划节点考核，分期支付阶段工期奖，如果整个工程最终不能保证工期，由业主从工程款中将已付的阶段工期奖扣回并按合同规定予以罚款。

（3）质量问题的协调。在质量控制方面应实行监理工程师质量签字认可制度。没有出厂证明、不符合使用要求的原材料、设备和构件不准使用，但在建设工程实施过程中，设计变更或工程内容的增减是经常出现的，有些是合同签订时无法预料和明确规定的。对于这种变更，项目建设管理人员要认真研究，合理计算价格，与设计、监理、业主和施工等方充分协商，达成一致意见后方可实施工程变更。

（4）对承包商违约行为的处理。在施工过程中，项目建设管理人员对承包商的某些违约行为进行处理是一件很慎重而又难免的事情。当发现承包商采用一种不适当的方法进行施工，或是用了不符合合同规定的材料时，项目建设管理人员应根据业主授予的权利及时处理承包商违约行为。

（5）合同争议的协调。对于工程中的合同争议，项目建设管理人员首先应建议采用协商解决的方式，协商不成时才由当事人向合同管理机关申请调解。只有当对方严重违约而使自己的利益受到重大损失且不能得到补偿时才采用仲裁或诉讼手段。如果遇到非常棘手的合同争议问题，不妨暂时搁置等待时机，另谋良策。

（6）对分包单位的管理。主要是对分包单位明确合同管理范围，分层次管理。将总包合同作为一个独立的合同单元进行投资、进度、质量控制和合同管理，不直接和分包合同发生关系。对分包合同中的工程质量、进度进行直接跟踪监控，通过总包商进行调控、纠偏。分包商在施工中发生的问题，由总包商负责协调处理，必要时，监理工程师帮助协调。

1）项目经理部会同公司总部对选定的分包单位予以考察，并采用竞争录用的方法，使所选择的分包单位（含供应商），无论资质、管理、经验都符合工程要求。

2）责成分包单位严格按"施工组织设计"、"施工总进度计划"编制实施"单项工程进度计划"和"单项工程施工组织设计"，建立质保体系，确保"施工组织设计"所规定的总目标的实现。

3）责成分包单位选用的设备、材料必须事前征得业主和项目经理部的审定，严禁擅自使用代用材料和劣质材料。

4）各分包单位严格按照项目经理部制订的总平面布置图施工，并按项目经理部制订的现场标准化施工的文明管理规定做好施工的标准化工作。

5）分包单位进场前必须与项目经理部签订工程承包合同，严格以合同条款来检查落实分包单位的责任、义务。任何分包单位的失误均应视作项目经理部的工作失误。

6）项目经理部将以各个指令组织指挥各分包施工单位科学合理地进行生产作业，协调施工中所产生的各类矛盾。

（7）处理好人际关系。在施工过程中，项目建设管理人员处于一种十分特殊的位置。项目建设管理人员必须善于处理各种人际关系，既要严格遵守职业道德，礼貌而坚决地拒收任何礼物，以保证行为的公正性，又要利用各种机会增进与各方面人员的友谊与合作，以利于工程的进展。否则，便有可能引起业主或承包商对其可信赖程度的怀疑。

六、与材料供应商的协调

对一些重要材料、设备，建设管理单位将通过招标方式确定供应商，并负责供应到现场，由施工、监理负责检查验收。一般材料、设备由施工单位通过市场调查后报建设管理单位核准认价，材料工程师和监理检查验收。有关材料的管理由材料工程师具体负责。

对业主招标提供的材料、设备，应严格按照业主在《材料采购授权书》中确定的材料要求向供应商提出供货计划，订立供货协议，协调、督促供货商按合同供货，并由合同管理工程师负责全部供货合同的管理工作。

在监理合同中明确承建单位与供应商间的协调为监理单位的监理职责范围，建设管理单位随时了解相互间的进度情况，依据合同和国家相关法规维护双方的利益，共同确保工程建设的顺利进行。

七、前期工作协调

在与业主签订合同后，项目管理单位即安排专人（由长期从事项目管理并熟悉前期手续办理程序的项目经理负责）开始办理相关前期手续。一切前期工作的目的要以确保工程的顺利实施为目标，前期规划设计、红线控制、现场勘察、摸底及其他影响后续工作的工作应及早安排进行。对可能影响实施进度的设计、征地拆迁和配套水、电、气、通信的落实等，力求提前与相关各方联系和开展工作。经办人员应严格按基本建设程序和有关规定要求及时办理相关的前期手续。

在正式开工前，项目部还应对现场的施工用水、用电接入点向施工单位明确，提前进行现场三通一平，提供地勘报告和现有地下、周边管网管线等原始资料，明确临时设施搭设的范围和要求，施工区域的范围及防护要求。必须完全具备开工条件后才允许开工。

八、拆迁安置协调

拆迁安置是影响工程开工条件的一个重要因素，因此建设管理单位应密切协助业主做好拆迁安置工作。项目部应及时根据规划红线、设计图向业主提供有关拆迁的范围和要求，并协助业主确定或选择拆迁单位和提出拆迁安置计划方案。

建设管理单位将指定专人进行拆迁安置协调，由长期从事项目管理并有前期征地拆迁经验的项目副经理和现场管理负责人负责。管理人员应充分熟悉和了解政府的拆迁政策和规定，熟悉拆迁程序，对拆迁和迁改管线杆对象应实地摸查详尽，了解拆迁对象的想法，向被拆迁单位或个人宣传项目建设的必要性、拆迁安置政策，做好被拆迁对象的补偿或安置，以得到其对项目建设的充分理解与支持。在正式拆迁前应至少提前三至七天发布拆迁安置公告。拆迁安置和迁改管线杆必须保证在工程开工前完成。

九、设计与施工间的协调

施工单位应熟悉设计施工图，了解设计的意图，对设计不明确或有误或对施工质量、进度有影响的应及早提出由设计解决。建设管理单位组织设计、监理、施工及相关部门进行图纸会审，设计单位应向建设管理单位、监理单位、施工单位进行设计交底。工程建设过程中设计单位应及时解决施工单位提出的有关设计问题。施工中的任何技术经济变更必须经建设管理单位和设计单位的双重认可方可实施。

十、进度计划与质量控制间的协调

质量与进度是工程项目管理中的两个主要目标，质量控制是按性能指标要求，即确保工程项目质量达到要求，进度控制是按时，即确保工程项目如期完工。

工程项目的质量和进度之间的关系是对立统一的。一方面，工程项目质量、进度存在着对立的一面，即如果强调质量，就不得不降低进度；而如果强调进度，就需要降低质量要求。另一方面，工程项目的质量、进度之间存在着统一的一面，即如果项目业主适当提高工程项目质量要求和功能要求，会造成工期延长；而如果工程项目进度计划制订得既可行又优化，使工程进展连续、均衡，则不但可以使工期缩短，而且有可能获得较好的质量和较低的成本。

做到有质量的进度是工程项目的基本要求，质量是企业生存的根本，进度是企业生存的元素。企业应该在保证质量的前提下，通过管理措施、技术措施等合理优化工期，完成企业的进度目标。如果片面地强调某一方面，就会导致另一方面难以得到保证。当进度与质量出现冲突时，以质量为中心。

十一、变更与投资、质量、进度的协调

任何变更均须建设管理单位的认可，技术变更必须在经设计认可后由建设管理单位认可。变更的原则为在保证质量的前提下，力争投资节约、工期合理。所有变更应是工程建设必要性变更或设计错、漏、缺项变更或工程技术原因变更。

十二、与配套专业管线施工单位的协调

若项目涉及总图给水管网、煤气管网、通信管沟、电力管沟、市政排水等配套建设，在进行设计时应一并考虑，同时将工程实施计划向设计及上述管线相关部门提供，要求配合。

建设管理单位必须加强与各专业管线部门和施工单位的联系，随时了解工程进度情况，要求各专业管线单位与总包单位密切配合，同时要求总包单位应保证为各专业管线施工单位提供必要的施工条件。专业管线施工单位与总包单位的目标应统一，彼此之间的工作均是为工程服务，在工作中发生矛盾或冲突时，应由建设管理单位现场人员和监理工程师进行协调处理。

十三、交通与施工运输协调

建设管理单位在工程开工前必须与公安交通管理部门联系协调，对施工范围及周边的公共交通做出合理布置并公告，规定施工运输线路。施工单位应保证按公安交通管理部门的要求组织施工线路。在施工现场及周边，建设管理单位应监督和检查施工单位是否派专职人员负责维持秩序和指挥交通，协调施工及施工运输与交通间的矛盾，以确保秩序良好。

十四、与现场周边单位、居民等的协调

在开工前，项目部应熟悉现场周边单位、居民等周边环境情况，对交通和施工应做到合理组织并解决好周边单位、居民的出行问题，加强同周边单位、居民的联系，通过向他们宣传建设工程的重要性和社会公益性，协调好与周边单位及居民的关系，争取他们对工程建设的支持和理解。在工程建设过程中对周边可能造成的影响，建设管理单位应提前告知对方并在媒体和现场同时公告，同时要求施工单位做好人流导向通道和标志措施，加强施工管理和采取有效的施工方法与措施，尽量做到"便民不扰民"，以保证工程能顺利实施。

十五、施工单位交叉作业间的协调

项目中各参建施工单位、不同工种施工单位间应加强协调联系，由建设管理单位在合同中明确彼此的职责范围，合同未明确的由现场代表指令明确，施工单位应执行。前期工作施工单位应为后期工作创造条件，后期工作施工单位应确保前期施工单位的成品保护。

十六、建设管理的内外综合协调

项目部内既要分工职责、责任到位，又要相互密切配合协作。外部综合协调由项目部指定专人保证工作上的联系，各分工职责负责人应主动与相关部门和人员联系，保证工作的顺利进行。内部协调主要是通过有关规章制度约束机制和加强管理人员的学习交流，既各岗其责，又配合协作。外部协调主要是通过加强联系和彼此沟通，并以主人翁的思想对待项目的建设管理工作和项目各参建方。

第七节　项目建设管理组织协调的方法

从理论上讲，协调工作并不十分复杂，只要在施工中能严格按规范要求做好每一道工序，并及时进行工序交接，就不会出现矛盾，至少会大大减少问题的出现。但在实际工作中，成员的异质性导致了其目标的多元性，加之成员之间的交互关系复杂多样，从而导致了工程项目运作过程中纵横交错的关系以及各种形式的目标冲突。成员间关系协调的关键与难点就是对主体冲突性目标的处理。协调好成员间的冲突性目标尤为重要。由于人为的、技术上、管理上的因素，各专业之间存在的问题和矛盾是非常突出且非常琐碎，究竟应该如何处理和解决这些问题呢？

一、充分认识协调工作的重要性

作为工程的建设者、管理者，设计、监理到施工的各专业班主首先要从对业主、用户负责的角度认识问题，要从履行合同中自己的责任义务的角度认真对待协调问题。同时，提高行业标准，做好各专业的协调工作是十分重要的。

（1）总承包商要熟悉掌握各级政府及主管部门的相关法律法规、政策及其变化情况，向有关部门及时完备地提供相关行政许可、备案审查等要求的资料和证明文件，熟悉相关审批要求和程序，在开工前办理好各项手续，如征地、借地手续，爆破作业项目许可，临省道爆破施工行政许可，林业砍伐许可，下穿省道施工许可，下穿天然气管道许可，江河导截流施工许可等。

（2）总承包商应与发包人建立畅通的信息交流渠道，理解发包人的意图及项目总目标，明确总承包商应提供服务的范围。同时也要求及时将实施项目中遇到的问题和要求与发包人沟通，使发包人适时掌握项目信息，了解承包商的处境，为其决策提供可靠依据，争取发包人的支持和谅解。

总承包商应积极服务业主，从根本上讲，要学会从业主角度去考虑问题，促成总承包商与业主利益的一致性。如协助或参与业主落实开工前的重大事宜和现场施工条件，包括规划立项、征地拆迁、施工许可、杆线迁移等。尽管这些工作并非一定是承包商的合同责任范围，但总承包商的提前介入和适当支持配合，为业主分忧，推动工程进展，可以得到业主的信任和支持。

（3）总承包商应与监理单位通力合作，监理和实施一套完备可行的工作秩序和流程。总承包商应及时向监理机构提供有关生产计划等各方面的资料信息，应按相关规定和施工合同的要求接受监理单位的监督和管理，搞好协作配合。

二、加强管理，建立科学的管理模式

这里所强调的加强管理是指在现有管理水平的基础上，针对影响工程质量品质的一些关键问题，从技术上、人事制度上建立更有效的、更加科学的管理体制，明确每一个施工人员的目标责任，从而达到进一步提高管理水平的目的。

（1）工程项目中多元目标的协调。对于工程项目，特别是大型复杂工程而言，工程目标多元化、复杂的建设环境、关键技术创新需求等会使得项目成员间的利益协调变得更加困难，需要在兼顾主体自身目标的同时与其他主体进行统筹和平衡，需要对项目的系统目标进行设计与优化。比如实现诸如质量、安全、进度、投资等工程目标之间的协调，要综合考虑工程的社会、经济、环境等目标。不同层次、不同领域的多元目标形成了工程项目成员关系协调的目标体系。因此，需要从多目标和多任务交互关系中寻找目标控制的均衡点、主体交互的界面、工程阶段交互的界面，相应明确对每个成员的控制目标，通过对相关成员的激励和文化熏陶实现对其行为的引导。

（2）工程项目中异质性多主体的协调。工程项目成员间的冲突解决与关系协调，需要在综合考虑相关主体异质性目标的基础上，寻找使多方共赢的解决方案。例如，钱塘江三桥在资金紧缺情况下赶工完成，导致通车八年后即面临多次耗资巨大的维护整修，并于2011年发生坍塌事故。此外，还有云南"最短命公路"事件以及"保障房强拆"等事件。除了施工单位自身的道德缺陷外，工程建设过程中主体利益协调没有达成"共赢"也是此类事故发生的重要原因。如在"最短命公路"事件中，业主为了自身政绩迫使施工单位赶工，忽视了施工单位的利益，而施工单位迫于工期与成本的压力，只能舍弃工程质量。项目成员具有理性经济人特性，为了获取自身利益而损害其他主体的利益可能会导致其他主体的机会主义行为。由此可知，工程项目成员关系的协调过程实际是多主体协商解决方案实现共赢的过程。

（3）工程项目中全生命周期多阶段的协调。为了在工程建设过程中实现较好的经济效益与社会效益，需要面向工程全生命周期协调主体之间的目标冲突。承包商的目标为压缩工期所获得的施工期收益，而业主所关注的是压缩工期的成本、保证施工质量和施工进度等多目标。因此双方谈判过程中在压缩工期的幅度与压缩工期成本之间产生冲突。而立足于工程全生命周期角度考虑，工程质量水平对工程后期维护成本和运营周期均有着重要的影响，工期压缩必须在保证工程质量的基础上进行，在谈判过程中必须同时考虑工期压缩幅度、工期压缩成本以及工期压缩对工程质量影响三方面的关系，承包商应向业主公开其施工成本，而业主则需要从全生命周期角度上牺牲施工成本这一短期利益，从而获得工程全生命周期上的整体收益增值。

三、加强组织协调

（1）技术协调。要提高设计图纸的质量，减少因技术错误带来的协调问题。设计图纸质量的好坏直接关系到工程质量的优劣。图纸会签又关系到各专业的协调，设计人员对自己设计的部分一般都较为严密和完整，但与其他工种的工作就不一定能够一致。这就需要在图纸会签时找出问题并认真落实，从图纸上加以解决。同时，图纸会审与交底也是技术协调的重要环节。图纸的会审应将各专业的交叉与协调工作列为重点。进一步找出设计中存在的技术问题，再从图纸上解决问题。而技术交底是让施工队、班组充分理解设计意图，了解施工的各个环节，从而减少交叉协调问题。

（2）管理协调。协调工作不仅要从技术下功夫，更要建立一整套健全的管理制度。通过管理以减少施工中各专业的配合问题，建立以业主、监理为主的统一领导，由专人统一指挥，解决各施工单位的协调工作，作为业主管理人员、监理人员，首先要全面了解、掌握各专业的工序和设计的要求，这样才有可能统筹各专业的施工队伍，保证施工的每一个环节有序到位。

要建立问题责任制度；建立由管理层到班组逐级的责任制度；建立奖罚制度，在责任制度的基础上建立奖惩制度，提高施工人员的责任心和积极性；建立严格的隐蔽验收与中间验收制度。其中，隐蔽验收与中间验收是做好协调管理工作的关键。此时的工作已从图纸阶段进入实物阶段，各专业之间的问题也更加形象与直观，问题更容易发现，同时也最容易解决和补救。通过各部门的认真检查，可以把问题减少到最小。

对管理者也有要求，项目的开展需要多个职能部门的协助并涉及复杂的技术问题，但又不要求技术专家全日制参与，矩阵组织是令人满意的选择，尤其是在若干项目需要共享技术专家的情况下作用更明显，不过它的复杂性对项目经理是一个挑战。项目经理在项目管理中起着非常重要的作用，他是一个项目全面管理的核心和焦点。随着全球性竞争的加强和客户发展战略性合作需求的增长，对项目经理的要求也越来越高。只有那些注重选拔、培养优秀项目经理的公司才可能在竞争中立于不败之地。项目经理的能力要求既包括个性因素方面的要求，也包括管理技能和技术技能方面的要求。项目经理个性方面的素质通常体现在他与组织中其他人的交往过程中所表现出来的理解力和行为方式上。素质优秀的项目经理能够有效地理解项目中其他人的需求和动机并具有良好的沟通能力，具体内容包括：调动下属工作积极性的号召力；有效倾听、劝告和理解他人行为的交流能力；表达灵活、耐心和耐力的应变能力；对政策高度敏感；自尊；热情。项目经理还要有工程技术和项目管理复合型的知识结构。

总承包项目经理除了具备施工管理技术，还需要具备项目管理、商务、法律和资金运作能力，因此需要具有工程技术、经济管理、法律和投融资等方面的专业知识，把握宏观的战略管理能力。总承包项目经理应该具备整体观念和全局意识，能够从项目总目标出发配置项目资源和协调专业分包商之间的关系，满足业主要求；良好的职业精神和团队建设能力，总承包项目经理的职业精神是总承包商发挥技术和管理优势的必要条件，也是获得业主信任和满意的重要前提。总承包项目的顺利实施需要多学科、多专业技术人才的共同协作，因此总承包项目经理的团队建设能力对项目目标的实现具有重要意义。总承包项目实施过程中参与主体多，组织关系复杂，总承包项目经理需要协调项目部与企业总部、业主、专业分包商以及设备材料供货商之间的互动关系，为项目顺利实施创造良好的组织环境。环境的复杂性和易变性是建设工程总承包项目具有的基本特征，突发事件的处理和应急方案决策能力是总承包项目经理必须具备的重要素质之一。

（3）组织协调。建立专门的协调会议制度，施工中业主、监理人员应定期组织各专业施工单位举行协调会议，解决施工中的协调问题。对于较复杂的部位，在施工前应组织专门的协调会，使各专业队伍进一步明确施工顺序和责任。这里要强调的一点是，对于会签、会审以及隐蔽验收，所制订的制度决不能是一个形式，而应是实实在在的，所有的技术管理人员对自己的工作承担相关责任。

1）会议协调法。为做好三大目标的动态跟踪管理，项目建设管理人员应督促项目监理机构的总监理工程师建立例会制度，定期组织工地会议，针对出现的质量、进度、投资、安全等问题重点协调解决。

第一次工地会议。第一次工地会议是建设工程尚未全面开展前，履约各方相互认识、确定联络方式的会议，也是检查开工前各项准备工作是否就绪并明确工作程序的会议。第一次工地会议应在项目总监理工程师下达开工令之前举行，会议由项目建设管理单位和监理单位共同主持。

现场例会。现场例会是由监理工程师组织并主持，按一定的程序召开的，研究施工中出现的计划、进度、质量、安全及工程款支付等的工地会议。每次例会都要将会议讨论的问题和决定记录下来，形成会议纪要，供与会单位确认和落实。现场例会应当定期召开，参加人员包括项目监理人员、承包商人员、建设管理人员及其他有关单位代表。

专业性协调会议。除定期召开现场例会外，还应根据需要组织召开一些专业性协调会议，其目的是通过多方的协调来解决具体技术经济问题、材料供应问题、协调配合问题。例如，加工订货会、业主直接分包的工程内容承包商与总承包商之间的协调会、专业性较强的分包单位进场协调会等。

2）交谈协调法。为了保持信息畅通、寻求协作和帮助、正确及时发布工程指令，常采用交谈协调方法。它包括面对面的交谈和电话交谈。

3）书面协调法。当会议和交谈不方便或不需要时，或者需要精确地表达自己的意见时，可采用书面协调法。

4）访问协调法。访问协调法主要用于外部协调中，有走访和邀访两种形式。

5）情况介绍法。要重视任何场合下的每一次介绍，要使别人能够理解你介绍的内容、问题和困难、你想得到的协助等。

6）项目月报法。项目月报制度是发包人定期了解项目进展的有效方式，每月月末总承包单位以月报的形式向发包人报告本月项目建设进度、质量、安全文明、资金使用情况；项目存在的问题以及需要发包人协调的问题；报告上月问题的处理情况；报告下月的主要计划和安排。

要实行严格的现场日志、周报、月报的编写及汇报例会，定期存档。首先由项目部专人负责定期汇总施工分包商、设计管理部、合同采购部、工程管理部、综合管理部的各个部门的现场记录，形成日志、周报、月报的报告形式，并重点将月报装订抄送发包人及监理单位备查。

月报应于每月固定期限前整理出稿，抄送发包人及监理单位，上报上月现场实施情况，内容主要包含：①本月综述：概述设计、采购、施工情况，并对本月执行情况进行总体评价（是否正常），第一期月报还应包含工程概况，表述工程名称、工程地点、工程内容、总承包范围及参建各方。②项目进展：包含设计进展、采购进展、施工进展。描述本月实际完成情况，与月度和年度计划进行比对（存在问题及对策），文字说明下月计划，其中施工进展采用横道图表示与年度计划比对情况，标明关键线路提前或滞后时间。③工程费用：简述本月执行情况，列"本月收款、付款对比表"；简述下月计划，列"项目收款、付款月计划表"。④质量管理：总体评价，并对检查验收过程中发现的不合格产品进行描述及处理。⑤HSE管理：职业健康管理、安全管理、环境管理，总体评价，并描述检查过程中发现的问题及处理。⑥工程变更：根据总承包合同、分包（采购）合同的约定，对合同变更的处理及结果。⑦存在的问题和处理措施。

7）报告制度法。项目实施过程中需要向发包人、监理单位提交的主要报告包括（不限于）：项目总体进度计划；施工组织设计、专项工程施工方案；危险性较大的工程专项施工方案；质量、安全保证体系；开工报告；安全事故应急预案；周报、月报；工程进度款申请报告；申请工程交工（移交）报告；竣工报告；结算报告；项目实施过程中如果遇到工程质量重大事故、安全责任事故必须按相关规定报告建设单位、监理、主管部门；与项目相关的其他专题报告。

四、发现问题，总结经验

施工中会出现各种各样的问题，协调管理也不例外。作为技术管理人员，要善于不断地总结前人的或以前工作中的经验教训。施工中协调部分的常见问题如下：

（1）电气部分与土建的协调：各种电气开关与门开启方向之间的关系，暗埋线管过密对结构的影响，线管在施工中的堵塞等。

（2）给排水与建筑结构的协调：卫生间等地方给排水管线预留孔洞与施工后卫生洁具之间的位置，以及管线标高、部分穿楼板水管的防渗漏。

（3）建筑的外表、功能与结构的关系：各种预制件、顶埋件、装饰与结构的关系，施工的特点、要求。

（4）各辅助专业之间的协调：各种消防、通风管线穿梁时，楼面净空是否影响结构与使用，大型设备的安装通道，附件的预埋深度，以及弱电系统、控制系统等。

五、提高施工管理人员的业务水平、综合素质

建筑产品质量的好坏与管理人员的水平素质不可分，在做好管理的同时，应加强施工管理人员的技术培训、专业水平的提高，以及对新技术、新产品的了解掌握。培养施工人员的敬业精神与细致的工作作风，在施工中不遗琐碎、不留后患。

六、树立全员协调共赢意识

既然沟通协调是总承包管理中一项全方位的工作，总承包商就要在内部加强管理，使全体员工树立沟通意识，明确总承包商的协调管理是以业主服务为主体，以项目为服务目标，在政府相关法规下，有多方参与，需要相互信任、相互尊重和相互合作的全方位全过程的综合管理工作，在此基础上才能保证承包商的利益，以达到各方利益的共赢。

七、利用信息技术

尽量利用计算机网络技术建立资源共享的信息平台，实现对项目实行动态综合协调管理，并通过网络技术实现网上信息查询、交流办公，提高工作效率。

〰〰〰 **复习思考题** 〰〰〰〰〰〰〰〰〰〰〰〰〰〰〰〰〰〰〰〰〰〰〰〰〰〰〰

1. 简述组织协调的概念。
2. 简述项目组织协调的原则。
3. 项目部与业主方进行协调时应注意什么？
4. 简述项目建设管理组织协调的方法。

第九章　EPC 工程总承包安全及文明施工控制措施

本章学习目标

通过本章的学习，可以初步掌握 EPC 工程总承包安全及文明施工控制措施的相关内容，包括安全管理控制体系、安全管理控制措施、文明施工控制措施、突发事件应急救援预案等内容。

重点掌握：安全管理控制体系、安全管理控制措施、文明施工控制措施。

一般掌握：安全及文明施工概述。

本章学习导航

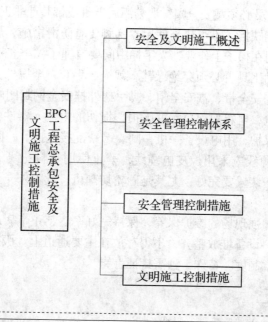

第一节　安全及文明施工概述

为确保工程在施工过程中的安全，减少轻伤事故，杜绝发生重大事故，需要建立健全各级安全生产责任制，切实分解、落实安全生产责任制，明确各级人员在安全生产方面的职责，并认真严格执行，确保工程安全生产目标的实现。

一、安全制度

应建立安全责任制，落实责任人。安全措施是对施工项目安全生产进行计划、组织、指挥、协调或监控的一系列活动，它可以保证施工中的人身安全、设备安全、结构安全、财产安全，并创造适宜的施工环境。在施工中要坚持"安全第一，预防为主"的方针。项目负责人是该项目的责任人，控制的重点是施工中人员的不安全行为、设备设施的不安全状态、作业环境的不安全因素以及管理上的不安全缺陷。责任人在施工前要进行安全检查，把不安全因素消灭在萌芽状态。

应设专职安全员，全面负责施工工程的安全，统筹工程安全生产工作，保证并监督各项措施的实施。加强安全教育和宣传工作，使安全意识得到进一步提高。

应加强施工现场管理，坚持"三不放过""工前交底和工后讲评"的制度，加强施工现场用电安全管理，严格按照现行行业标准《施工现场临时用电安全技术规范》JGJ 46 及其他有关规定执行。工作人员要严格按照施工规范进行施工，施工期间谨慎小心，杜绝一切侥幸心理的存在，要深刻认识到"安全生产"是争取效益的主要因素。

二、安全规则

（1）凡进入工地人员必须戴安全帽，严禁酒后上班或带其他非工地工作人员进入工地。

（2）使用梯子不能缺挡，不可垫高使用，梯脚要有防滑措施，超过两米的梯子要有监护人，严禁两人以上同在梯子上作业，人字梯中间要有绳子扣牢。

（3）使用移动电动工具者必须穿绝缘鞋、戴绝缘手套，金属外壳必须接地保护或接零保护。高空作业时要扎安全带、戴安全帽、脚手架外挂安全网封闭施工。

（4）现场临时用电，电箱要保持完好无损，损伤的电气元器件必须及时更换。照明动力要分开，并有二级保护，用电设备一机一闸，严禁乱接乱拖、一闸多机。

（5）现场临时电源线应采用橡皮电缆线，禁止使用塑料花线，禁止使用电线直接插入插座内。设备的防护装置要完好，尤其是砂轮切割机，设备外壳要有完好的接地或接零保护。

（6）施工设备要加强现场的维护保养，保持完好率，禁止带病运转和超负荷作业。

（7）施工现场材料设备堆放整齐，不得存放在主要通道上。服从工地的安全管理，遵守工地安全管理的规章制度。特殊工种需持证上岗。

三、文明施工

文明施工是指在建设工程和房屋拆除等活动中，按照规定采取措施，保障施工现场作业环境、改善市容环境卫生和维护施工人员身体健康，并有效减少对周边环境影响的施工活动。施工现场文明施工的管理范围既包括施工作业区的管理，也包括办公区和生活区的管理。做到文明施工，主要包括以下几个方面：

（1）设置安全警示标志牌。在易发伤亡事故（或危险）处设置明显的、符合国家标准要求的安全警示标志牌。

（2）现场设封闭围挡。现场采用封闭围挡，高度不小于1.8 m，围挡材料可采用彩色、定型钢板，砖、混凝土砌块等墙体。

（3）悬挂牌、图。在进门处悬挂工程概况、管理人员名单及监督电话、安全生产、文明施工、消防保卫的信息及施工现场总平面图。

（4）场容场貌合规。道路畅通，排水沟、排水设施通畅，工地地面硬化处理，绿化。

（5）材料堆放达标。材料、构件、料具等堆放时悬挂有名称、品种、规格等标牌，水泥和其他易飞扬细颗粒建筑材料应密闭存放或采取覆盖等措施，易燃、易爆和有毒有害物品分类存放。

（6）现场防火。消防器材配置合理，符合消防要求。

（7）垃圾分类存放清运。施工现场应设置密闭式垃圾站，施工垃圾、生活垃圾应分类存放。

（8）现场办公生活设施符合卫生、安全要求。施工现场办公、生活区与作业区分开设置，保持安全距离，工地办公室、现场宿舍、食堂、厕所、饮水处、休息场所符合卫生和安全要求。

（9）注意施工现场临时用电安全。按要求架设临时用电线路的电杆等，或电缆埋地的地沟；对靠近施工现场的外电线路，设置木质、塑料等绝缘体的防护设施；施工现场保护零钱的重复接地不应少于三处。

第二节　安全管理控制体系

一、安全生产管理体系

建立项目安全领导组，项目安全领导组对项目安全全面负责，实行分级管理。建立健全四个安全制度：安全责任制、安全教育制度、安全设施验收制度、安全检查制度。安全生产管理体系见图9-1。

二、安全生产管理办法

（1）安全"巡检挂牌制"。"巡检挂牌制"是指在生产装置现场和生产重点部位要实行巡检时的"挂牌制"。操作工定期到现场按一定巡检路线进行安全检查时，一定要在现场进行挂牌警示，这对于防止因他人不明现场情况而误操作所可能引发的事故具有重要的作用。

（2）现场定置管理法。为了保障安全生产，通过严格的标准化设计和建设要求规范，实现生产资料物态和职工生产与操作行为的规范化空间管理。在车间和岗位现场，生产和作业过程的工具、设备、材料、工件等的位置要规范，要符合标准和功效学的要求，要文

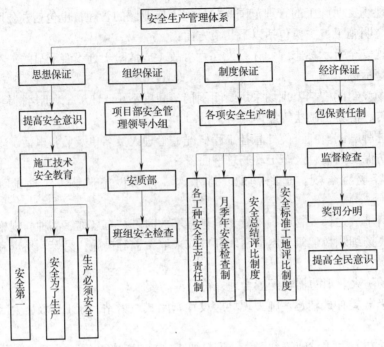

图 9-1   安全生产管理体系

明管理，要进行科学物流设计。现场定置管理可以创造良好的生产物态环境，使物态环境的隐患得以消除，也可以控制工人作业操作过程的空间行为状态，使行为失误减少和消除。定置管理由车间生产管理人员和班组长组织实施。

（3）现场"三点控制"法。对生产现场的"危险点、危害点、事故多发点"进行强化的控制管理，进行挂牌制，标明其危险或危害的性质、类型、标准定量、注意事项等内容，以警示现场人员。

（4）防电气误操作"五步操作方法"。防电气误操作"五步操作方法"是指：周密检查、认真填票、实行双监、模拟操作、口令操作。这种方法既从管理上层层把关，堵塞漏洞，消除思想上的误差，同时又在开动机器时要求作业人员按规范和程序操作，消除行为上的错误。

（5）风险抵押制。采取安全生产风险抵押制方式进行事故指标或安全措施目标控制的管理（责任书、承包目标、考核内容、奖惩办法等）称为风险抵押制。这种管理方式可以强化安全意识和安全管理的力度，使安全管理落到实处，严格安全管理。年初进行承包抵押，年终给予考核，根据考核结果确定其关键点在于抵押金的强度和考核的科学性。

（6）危险工作申请、审批制度。易燃易爆场所的焊接、动火及进入有毒或缺氧的容器、坑道工作，非建筑行业的高空作业，以及其他容易发生危险的作业都必须在工作前制订可靠的安全措施，包括应急后备措施，向安全技术部门或专业机构提出申请，经审查批准方可作业，必要时设专人监护。企业应有相应的管理制度，将危险作业严格控制起来。易燃易爆、有毒危险品的运输、储存、使用也应有严格的安全管理制度。需经常进行的危险作业应有完善的安全操作规程，常用危险品应有严格的管理制度。

（7）全面管理法。全面管理法是指：企业应用各种法规、条例、规范等，通过安全生产责任制建设，建立安全文件系统，定员、定责进行全面安全管理。全面管理的目的是明确安全目标、强化安全责任、落实安全技术措施，做到横向管理到边（各职能部门）、纵向管理到底（班组岗位）。全面安全管理需要企业一把手的支持和推动，企业各个部门和全体员工的参与。

（8）安全目标管理。安全目标管理就是企业在安全制度建设、安全措施改造、安全技术应用、安全教育等方面指定出各个工作阶段的目标，实现目标化的管理。目标管理可以使安全管理更加科学化、系统化，避免盲目性。这种管理方法的目的是使安全管理做到有目标、有计划、有步骤、有措施、有资金、有条件。

（9）"四全"管理法。"四全"管理的内容是：全员管理、全面管理、全过程管理、全天候管理。管理的目的是使人人、处处、事事、时时把安全放在首位。这种管理方法的对象包括：全员——全体职工；全面——各管理部门和各班组；全过程——设计、采购、施工等生产环节；全天候——全年、全月、全天。"四全"是一种系统的、动态的、科学的、规范化的管理方法，其关键点在于在重视"全"的基础上，也要强调重点（人员、部门、过程和时间）。

（10）"三群"管理法。"三群"管理法的内容是：推行群策、群力、群管的管理方法，即群策——人人献计献策；群力——人人遵章守纪，为做好安全管理工作出力；群管——人人参与监督检查。管理目的是创造全方位的科学管理、严格管理的群众氛围，使安全责任得以贯彻、安全规章得以遵守、事故预防对策得以落实。这种管理方法需要全体员工的参与，一般由各级管理人员和安全部门共同组织实施。

（11）"三负责"制。"三负责"制管理的内容是：从文化精神的角度激励情感、从行政与法律的角度明确"三负责"，即向职工负责、向家人负责、向自己负责。采用这种管理方法的目的是通过各种教育的手段，学习规程、制度，明确责任，落实"安全生产，人人有责"的原则，激发安全生产的责任心与责任感。其关键问题是确定安全生产责任制，并将责任落实到位。

（12）无隐患管理法。无隐患管理法是通过对生产过程中的隐患进行辨识、分析、管理和控制，以达到消除事故隐患、实现本质安全化与超前预防事故的目的。管理中要随时对隐患当前的信息进行反馈，以便与隐患整治工程动态对应。管理对象涉及人、机、环境和管理四要素，安全专业部门与技术生产部门结合才能实现管理。

（13）"绿色岗位"建设。"绿色岗位"建设是指针对特殊危险及有害岗位进行全方位（包括人、机、环境）的安全建设。建设方式：定方案、实施措施，进行工程技术的全面改造。目的是提高特殊危险作业岗位事故防范的能力。

第三节　安全管理控制措施

一、建设单位在项目建设管理中的安全控制措施

在施工招标阶段，应将安全生产管理体系、安全生产管理制度和施工中的安全技术措施以及安全生产组织机构作为选择监理单位与施工承包商的一个评标标准。

（1）督促、监督设计单位按照国家规定制定的建筑安全规程和技术规范进行建筑工程设计，确保工程的安全性能。

（2）及时、准确地向建筑施工企业提供与施工现场相关的地下管线资料，并要求其采取有效措施加以保护。

（3）及时按要求和规定支付施工承包商合理的安全文明施工增加费。

（4）及时为项目经理部人员购买工伤意外保险，支付保险费。

（5）配备专职的安全生产管理人员，并定期进行安全培训。

（6）严格按照有关卫生防疫部门的要求检查工地食堂的运营情况。

（7）严格按照有关建设行政部门的要求监控夜间施工情况。

（8）严格按有关环保部门的要求监控施工现场对大气污染的程度。

（9）通过合同形式明确违反有关规定的处罚条款，以保障建设项目的顺利进行。

二、建设单位对监理方面的安全控制措施

将监理对安全施工的监管签订在委托监理合同工作职责范围内，以便明确监理单位在安全监理方面的责任。

（1）要求项目监理机构配备安全控制专业监理工程师，并要求监理规划中有专项的安全控制监理措施。

（2）督促监理单位对承包商的安全管理体系、安全管理组织机构、安全管理制度及专项安全管理人员进行检查并监督执行。

（3）督促监理单位检查、审查承包商对基坑、护壁、脚手架搭拆、基坑降水等涉及安全生产的技术措施。了解监理单位对安全防范措施的审查意见，及时审批有关单位报送的安全施工措施方案。

（4）督促监理单位检查承包商进场设备、机具的工作状态，对塔吊安装、设备、材料、构件吊装等专项工艺编制专项施工方案，并对施工中的技术措施进行审批。

（5）督促监理单位检查电工、焊工、吊装工等特种作业人员的上岗证，督促其在施工中遵守有关法律、法规和建筑行业安全规章、规程，不得违章指挥和违章作业。

（6）检查落实监理单位对施工安全监控点的到位情况，检查承包商的安全生产管理体系和安全机构设置，人员配备及安全监控设备、仪器情况，检查承建单位的安全责任人是否到位。

三、工程总承包单位的安全控制措施

项目经理、生产和质量副经理、安全监督员、各专业工长、安全员必须按照各自的安全技术管理职责，进行层层安全意识教育和安全技术交底。实行安全工作纵向到底，横向到边，责任到人，目标到岗，专兼职检查结合，杜绝重大事故发生。

安全监督员是现场的安全执法人员，所有施工人员必须接受其监督检查，在安全与生产发生矛盾时，实施安全一票否决权。

施工项目经理和各专业工长是现场安全施工的主要管理层，对所管工程或分部工程的安全生产负直接责任。必须经常检查施工现场环境安全和安全防护设施，巡视作业点的安全情况。不违章指挥，制止违章作业，并组织职工安全技术学习，提高职工安全意识和预

防事故能力。

　　所有施工人员必须认真贯彻执行国家和行业的安全方针、政策法规和法令，严格实行分公司制订的现场安全生产奖惩办法。

　　施工项目经理每半月组织一次安全检查和安全评议活动，对检查中发现的问题要进行批评教育，并下发整改通知书，即时整改。对安全工作执行好的班组和个人，要给予表扬和奖励。

第四节　文明施工控制措施

一、文明施工控制措施

1. 建设管理单位对文明施工的控制措施

　　在招标时，将文明施工、施工中对环境卫生的保护措施作为选择承包商和分包单位的一个评标标准。要求项目经理部认真贯彻执行国家、市有关环境保护、劳动保护的政策、法规和通知精神，对防尘、防噪和保障施工现场整洁、环境卫生进行有效的管理；严格要求对承建单位施工产生的泥浆未经沉淀处理不准排入市政管网，废浆和渣土必须严格执行市泥渣土的有关管理规定，采用封闭式运输工具运到指定的地点排放，严禁污染城市道路和周围环境；要求承建单位施工现场必须有顺畅的排水系统；要求现场整洁，检查承建单位的材料是否按批准的施工组织设计要求进行分类分别堆放整齐，并悬挂标识，严禁乱放。

　　检查落实承建单位是否按安全文明施工合同要求进行施工临时设施搭设、施工现场围护、工地硬化处理，并要求监理单位进行检查落实；检查承建单位的环境卫生保护管理制度是否齐全和挂牌上墙，措施是否到位；检查现场各出入口是否设置洗车槽，工地内车辆必须在出入口冲洗干净才允许上路，避免污染城市道路。

2. 建设管理单位和监理单位对施工承包商文明施工控制措施

　　施工现场的"六牌二图"齐全，工程概况牌、管理人员名单和监督电话牌、消防保卫牌、安全生产牌、文明施工牌、施工现场平面图、工程立面图，各种标牌应悬挂在门前或场地的明显位置。

　　严格遵守社会公德、职业道德、职业纪律，妥善处理施工现场周围的公共关系，争取有关单位和群众的谅解和支持，对可能发出噪声的施工作业要采取隔声措施，尽量做到施工不扰民。

3. 施工现场大气污染控制措施

　　建设工程在施工准备工作中做好施工道路堆场的规划和设置，并进行硬化处理。可利用设计中的永久性道路，也可设置临时施工道路，基层要坚实，面层要硬化，以减少扬尘。使用中要随时洒水，损坏的面层要随时修复，保持完好，以防止浮土产生。高层或多层建筑清理施工垃圾，应使用封闭的专用垃圾道或采用容器吊运，严禁随意凌空抛撒造成污染。施工垃圾要随时清运，清运时，随时洒水减少扬尘。在规划市区、郊区、城镇和居民稠密区、风景旅游区、疗养区及国家规定的文物保护区内施工时，施工现场要制订洒水降尘制度，配备专用洒水设备并专人负责洒水和清理浮土，在易产生扬尘的季节，施工道路和场地应洒水降尘；旧建筑物等拆除作业时，应配合洒水，以减少扬尘污染。

易飞扬的颗粒散体材料应尽量安排库内存放，若露天存放要防潮和严密遮盖，运输和装卸时要防止遗撒飞扬，以减少扬尘。混凝土施工要尽量使用商品混凝土，施工现场必须搭设的搅拌设备，必须封闭搭设并设置喷淋除尘装置方可进行施工。防水施工应采用冷油聚氨酯，现场不熬制沥青，减少空气污染，必须熬制沥青时，应使用密闭并有烟尘处理装置的加热设备。

施工中选用的原材料和化工制品，要选择新型绿色环保型材料，以防止有毒、有害气体释放污染大气环境；施工现场临时采暖锅炉和茶炉等要使用清洁燃料，并加装消烟、除尘设备；食堂大灶的烟囱要加装消烟、除尘设备，加二次燃烧或烧型煤；城市和郊区城镇的施工现场应自行对茶炉、大灶、锅炉等的烟尘浓度图进行现测，并检查和抽查。

4. 施工现场水污染控制措施

搅拌设备废水排放要实行控制，凡在施工现场进行搅拌作业的，必须在搅拌机前台及运输车辆清洗处设置沉淀池。排放的废水要排入沉淀池内，经二次沉淀后，方可排入市政污水管线或回收用于洒水降尘，未经处理的泥浆水严禁直接排入市政污水管线；施工现场水石作业产生的污水禁止随地排放；作业时要严格控制污水流向，排入合理位置设置的沉淀池，经沉淀后方可排入市政污水管线；禁止将有毒有害的废弃物用作土方回填，以免污染地下水和环境。

焊接作业乙炔发生罐的污水排放要控制，施工现场由于气焊作业使用乙炔发生罐而产生的污水，严禁随地倾倒，要求用专用容器集中存放，污水倒入沉淀池处理，以免污染水资源环境；施工现场要设置专用的油化油料库，油库内严禁放置其他物资，库房地面和墙面要做防渗漏的特殊处理，储存、使用和保管要专人负责，防止油料的跑、冒、漏，污染水体。

5. 施工现场噪声污染控制措施

施工现场应遵守建筑施工场界限值规定的降噪限值，制订降噪制度和措施，以防扰民；提倡文明施工，施工和生活中不准大声喧哗，增强全体施工人员防噪声扰民的自觉意识。施工操作过程中要尽量减少因人为因素产生的噪声，如易发强噪声的材料装卸，应采用人扛和吊运，堆放不发生大的声响；工地机械的鸣笛装置换用低音喇叭；禁止人为有意敲打钢铁制品等。

生产加工过程产生强噪声的成品、半成品的制作加工作业应尽量放在工厂、车间中完成，减少现场加工制作产生的噪声；施工过程中应尽量选用低噪声的或有消声降噪装置的施工机械，施工现场的强噪声机械（搅拌机、电锯、电锤、砂轮机等）要设置封闭的机械棚，以隔声和防止强噪声扩散；结构施工中混凝土的振捣作业要积极推广使用免振捣自密实混凝土、低频振捣器和搭建隔声屏等"四新"应用，科学有效地降低施工噪声。

加强施工现场环境噪声的长期监测，采取专人、专测、专查的原则，并依据监测结果填写噪声测量记录，凡超过控制标准的，要及时调整噪声超标的有关因素，达到施工噪声不扰民的目的；凡在居民稠密区进行噪声作业的，必须严格控制作业时间，一般晚 22 时至早 6 时不得作业，特殊情况需连续作业，应按规定办理夜间施工许可证，并应尽量采取降噪措施，配合建设单位事先做好周围群众的工作，并报所在地环保部门备案后方可施工。

6. 施工现场固体物污染控制措施

施工现场运输车辆不得超量运载。采取有效措施封挡严密，杜绝漏撒污染道路；施工现场应设专人管理出入车辆的物料运输，防止漏撒。土方开挖过程中的运土车驶出现场前必须将土方拍实，将车轮冲洗干净，严防泥土上路污染正式道路和漏撒现象发生；施工现场清运建筑渣土和其他散装材料时，装车不得过满，防止上路运输中产生扬尘和造成漏撒污染。

7. 施工现场治安保卫管理控制措施

健全组织机构，形成系统化管理体系；全面掌握施工现场情况的基础上制订保卫工作方案，建立健全出入、治安及防盗等各项规章制度；严格执行护卫制度措施，组织定期检查，消除安全隐患；及时处理现场治安问题，坚持保卫工作的奖励与处罚制度。

8. 施工现场消防安全管理控制措施

申办消防安全施工许可证，布设消防设备，配足灭火器材；成立防火领导小组、义务消防队，制订施工现场防火工作预案；加强防火宣传教育，积极培训义务消防队，落实制度措施，加强动态管理。

9. 施工现场交通安全管理控制措施

总承包的施工现场要成立交通安全管理机构，制订工程施工现场交通安全管理制度，制订相应的安全措施；开展交通安全法规教育，加强对施工现场全部车辆的管理；加强对机动车辆、驾驶员的管理，签订交通安全责任书，齐抓共管，责任到人。

10. 施工现场环境卫生管理控制措施

施工现场要设医务室或专职卫生管理人员，负责卫生防疫工作，进行卫生责任分区，设立标志牌，注明负责人；建筑垃圾要分类堆放于指定堆场或容器内，每天清运；施工现场办公室内要做到窗明地净，办公台文具摆放整齐；施工现场食堂必须办理卫生许可证；施工现场厕所要做到有顶，门窗齐全并有纱，每天清理干净。

二、突发事件应急救援预案

1. 突发事件应急救援管理组织机构

建立以项目经理为组长，项目副经理、技术负责人为副组长，各施工队队长为组员的突发事件应急救援管理领导小组，成立突发事件应急救援队伍，在项目上形成纵横网络的应急救援管理组织机构。

2. 突发事件应急救援培训制度

组织所有人员学习并掌握在突发事件下的自救方法，以减少伤亡，以及简易条件下救护伤员的急救措施。工人在上岗前要进行突发事件救援教育，针对工程特点定期进行培训和演练，培养自救及救援必备的基本知识和技能。有计划地针对生产知识、安全操作规程、施工纪律、救护方法进行培训和考核。

3. 日常检查和演习

为了确保应急救助的快速反应能力和效果，必须研究和制订安全排险救助的技术措施，做到统一指挥、分工明确、各尽其责、搞好协作和配合。同时对整个系统的各个环节进行经常性的检查并实战演习，当突如其来的险情发生时，能够指挥得当，应对自如，真正发挥其抢险救助的作用，达到减轻或避免损失的目的。

施工现场配备必要的医疗急救设备，随时提供救助服务，与现场附近医院及时联系，以确保受伤人员能够得到及时救治；施工现场配备受过急救培训，掌握急救、抢救和具备工程抢险技能的专兼职人员；聘请专业救护人员，对职工进行自救和急救知识的教育，添置必要的急救药品和器材。

4. 救援物资的准备

配备担架、绷带等急救医疗设备。起重机、吊车和类似设备均应装有超载报警装置。在办公区、生活区、仓库设置足够数量的灭火器材，并经消防部门的检查认可，同时经常抽查，保证性能完好。现场配备抽水机和发电设备以备抢险应急时用水用电的需要。

建立材料及设备的安全管理制度，所有机械设备进场前必须验收，并记录在案，保证其安全使用。对进场的起重设备进行验收，操作人员必须持证上岗。安全环保部门每月对设备进行安全检查，并保存记录，一旦发现故障，及时排除。出现事故立即向领导报告。组长立即组织抢险队伍，进入应急状态，控制事故蔓延发展。联络组及时联络救援队伍、车辆和物资。救援、运输队及时、稳妥地疏散现场人员，正确快速地引导救援、救护车辆。救护队对伤员正确施救。保护事故现场。

5. 突发触电事故应急救援处置

（1）触电事故的应急处理。当发现有人触电，不要惊慌，首先要尽快切断电源。注意救护人千万不要用手直接去拉触电的人，防止发生救护人触电事故。脱离电源的方法，应根据现场具体条件，果断采取适当的方法和措施，一般有以下几种方法和措施：如果开关或按钮距离触电地点很近，应迅速拉开开关，切断电源，并应准备充足照明，以便进行抢救；如果开关距离触电地点很远，可用绝缘手钳或用干燥木柄的斧、刀、铁锹等把电线切断；当导线搭在触电人身上或压在身下时，可用干燥的木棒、木板或其他带有绝缘柄（手握绝缘柄）工具，迅速将电线挑开，注意千万不能使用任何金属棒或湿的东西去挑电线，以免救护人触电；如果触电人的衣服是干燥的，而且不是紧缠在身上时，救护人员可站在干燥的木板上，或用干衣服、干围巾等把自己一只手作严格绝缘包裹，然后用这一只手拉触电人的衣服，把他拉离带电体；如果人在较高处触电，必须采取保护措施防止切断电源后触电人从高处摔下。

（2）伤员脱离电源后的处理。触电伤员如神志清醒，应使其就地躺开，严密监视，暂时不要站立或走动；触电者如神志不清，应就地仰面躺开，确保气道通畅，并用 5s 的时间间隔呼叫伤员或轻拍其肩部，以判断伤员是否意识丧失。禁止摆动伤员头部呼叫伤员。坚持就地正确抢救，并尽快联系医院进行抢救。

触电伤员如意识丧失，应在 10s 内用看、听、试的方法判断伤员呼吸情况。看：看伤员的胸部、腹部有无起伏动作；听：耳贴近伤员的口，听有无呼气声音；试：试测口鼻有无呼气的气流，再用两手指轻试一侧喉结旁凹陷处的颈动脉有无搏动。若看、听、试的结果，既无呼吸又无动脉搏动，可判定呼吸、心跳已停止，应立即用心肺复苏法进行抢救。

6. 火灾应急预案处置

当工人驻地、办公区及库房发生火灾，在场人员及相关人员应按照以下步骤处置：

（1）初起火灾，现场人员应就近取材，进行现场自救、扑救，控制火势蔓延。必要时，应切断电源，防止触电。自救、扑救火灾时，应区别不同情况、场所，使用不同的灭火器材。扑灭电器火灾时，应使用干粉灭火器、二氧化碳灭火器，严禁用水或泡沫灭火器，防止触电。扑灭油类火灾时，应使用干粉灭火器、二氧化碳灭火器或泡沫灭火器。

（2）火势较大或有人员受伤时，现场人员在组织自救的同时，应通过各种通信工具向项目部应急指挥中心办公室报告，及时拨打火警电话"119"、急救中心电话"120"或公安指挥中心电话"110"求得外部支援，求援时必须讲明地点、火势大小、起火物资、联系电话等详细情况，并派人到路上接警。

（3）项目部应急指挥中心办公室接到电话通知后立即根据报告情况启动应急响应，并在第一时间赶到事故现场，并通知项目部应急车辆及各现场专业救援组赶到事故现场做好应急准备。

（4）现场救援组将受伤人员及时转送医院进行紧急救护。现场抢救组配合有关部门积极灭火。现场保护组组织人员疏散、物资抢救，尽可能减少生命财产损失，防止事故蔓延。可能对区域内外人群安全构成威胁时，必须对与事故应急救援无关的人员进行紧急疏散。火灾扑灭后，善后处理组要对起火单位进行现场保护，接受事故调查并如实提供火灾事故的情况，协助消防部门认定火灾原因，核定火灾损失，查明火灾直接责任。

7. 机械人员伤亡事故应急预案处置

施工现场发生机械人员伤亡事故时，在场人员及相关人员应按照以下步骤处置：

（1）发生机械人员伤亡时，现场人员应立即对人员进行固定、包扎、止血、紧急救护等。同时通过各种通信工具向项目部安全负责人、项目部应急指挥中心办公室报告。事故报告内容应包括事故发生的时间、地点、部位（单位）、简要经过、伤亡人数和已采取的应急措施等。

（2）项目部安全部门、应急指挥中心办公室接到电话通知后立即根据报告情况启动应急响应，并在第一时间赶到事故现场，通知项目部应急车辆及各现场专业救援组赶到事故现场做好应急准备。必要时，应立即同急救中心取得联系，求得外部支援。

（3）现场救援和抢救组立即组织现场车辆送受伤人员到附近医院抢救，并电话通知医院做好抢救人员的准备。如有人员死亡时善后处理组应立即做好书面报告，并积极配合、协助调查及处理好死亡人员的善后事宜。应急指挥中心根据事故原因采取相应的防制措施，对操作人员进行培训，确保按操作规程工作。

8. 食物中毒事故应急预案处置

当项目部和各施工队员工发生食物中毒事件时，在场人员及相关人员应按照以下步骤处置：

（1）通过各种通信工具向项目部安全负责人、项目部应急指挥中心办公室报告，并自觉维护现场次序。项目部应急指挥中心办公室接到电话通知后立即根据报告情况启动应急响应，并在第一时间赶到事故现场，通知项目部应急车辆及各现场专业救援组赶到事故现场做好应急准备。

（2）现场救援和抢救组立即组织现场车辆送食物中毒人员到附近医院抢救，并电话通知医院做好抢救人员的准备。

（3）应急指挥中心的善后处理组妥善安排中毒人员后，应立即对食物中毒原因进行调查并记录存档。现场保护组如发现食物中毒原因可疑时，应立即保护好现场并上报当地派出所、公安局调查食物中毒原因。

（4）如有人员死亡时善后处理组应立即做好书面报告，上报当地安全生产监督局，并积极配合、协助调查及处理好死亡人员的善后事宜。

（5）应急指挥中心根据事故原因采取相应的防制措施，督促食堂每天进行卫生检查，凡是不符合卫生条件和来历不明的食物，一律严禁食用。

9. 压力容器发生爆炸事故应急预案处置

当施工现场、职工食堂用压力容器发生爆炸时，在场人员及相关人员应按照以下步骤处置：

（1）通过各种通信工具向项目部安全负责人、应急指挥中心办公室报告，并自觉维护现场次序。

（2）项目部应急指挥中心办公室接到电话通知立即根据报告情况启动应急响应，并在第一时间赶到事故现场，通知项目部应急车辆及各现场专业救援组赶到事故现场做好应急准备。

（3）现场抢救组和救援组立即组织现场车辆送受伤人员到附近医院抢救，并电话通知医院做好抢救人员的准备。

（4）善后处理组组织人力、物力调查事故原因并进行记录，如有人员死亡时应做好书面报告，上报当地安全生产监督局，并积极配合、协助调查及处理好死亡人员的善后事宜。

（5）项目部安全部门根据事故发生的原因制订针对性强的纠正预防措施，并督促相关人员落实整改。

10. 坍塌事故应急预案处置

当施工现场发生边坡坍塌、架子垮塌等各种坍塌事故时，在场人员及相关人员应按照以下步骤处置：

（1）应立即通过有线或无线电话紧急通知项目部安全负责人、项目部应急指挥中心办公室，施工班组长要立即清点人员明确是否有人被压在坍塌物下，并立即组织人员进行现场维护。

（2）应急指挥中心、项目部安全管理人员在接到通知后立即根据报告情况启动应急响应，并在第一时间赶到事故现场，通知项目部应急车辆及各现场专业救援组赶到事故现场做好应急准备。

（3）应急指挥中心根据现场情况，安排各应急组根据自己的职责对现场进行抢救。现场抢救组安排受伤人员到医院抢救，同时查明是否有人埋在坍塌物下，如有应立即安排目击人员指示位置，组织人力进行抢救。现场保护组组织到场人员设立警戒线和安全标志，在抢救的同时必须指派安全巡查员进行警戒，密切注意周围边坡、架子的情况，如有继续坍塌的危险，应及时发出警报防止事态扩大。

（4）抢险完成后善后处理组及相关人员调查事故原因并进行记录，根据事故严重程度分别上报当地派出所、公安局、安全生产监督局和总公司。

（5）指挥中心根据调查结果明确责任，对违规操作的施工班组和施工队处罚，坚决杜绝不按施工规范进行施工的任何行为。

（6）项目部应急指挥中心根据事故原因制订纠正预防措施并督促相关人员进行落实整改。

11. 急性传染病事故应急预案处置

（1）当工地现场发现急性传染病时，项目部安全负责人、项目部应急指挥中心应立即启动应急响应，组织各专业救援组人员对已被传染人员进行隔离，控制人员流动，并立即通知附近医院。

（2）现场救援组和抢救组在医生的指导下采取必要的消毒措施，禁止无关人员接触传染病人，听候医院的统一安排。

（3）现场保护组应检查所有过往车辆，任何车辆在未经医务人员消毒和允许的情况下，严禁载送病人，防止传染源扩大。

（4）善后处理组在应急指挥中心的指导下，调查传染病的起因，向指挥中心提交书面报告。指挥中心根据事故的情况明确责任并采取纠正和预防措施。

12. 高处坠落及高处落物伤人事故应急预案处置

当施工现场发生高处坠落、高处落物伤人事故时，在场人员及相关人员应按照以下步骤处置：

（1）对当事人进行伤势判断，如果是一般轻微的高处坠落、落物伤人，当事人头脑清醒，没有伤及要害，在场人员通过各种通信工具通知项目部安全负责人安排车辆送当事人到附近医院治疗，事后项目部用书面报告说明事故发生的原因，并在项目部应急指挥中心办公室备案，做好纠正和预防措施。

（2）如是受伤人员众多并且有严重的高处坠落、落物伤人、伤及要害或已有人员死亡时，在场人员应立即通过各种通信工具通知项目部安全负责人、项目部应急指挥中心办公室。

（3）项目部应急指挥中心接到电话通知后立即根据报告情况启动应急响应，并在第一时间赶到事故现场，通知项目部应急车辆及各现场专业救援组赶到事故现场做好应急准备。

（4）现场抢救组和救援组立即组织现场车辆送伤员到附近医院抢救，并电话通知医院做好抢救人员的准备。

（5）善后处理组组织人力、物力调查事故原因并进行记录，如有人员死亡时应做好书面报告，上报当地安全生产监督局，并积极配合、协助调查及处理好死亡人员的善后事宜。

（6）指挥中心应督促施工队检查各种高空作业的设施、设备以及防护装置是否安全可靠，对高处作业人员进行培训和安全规程教育，对有安全隐患的高空作业设备、防护装置及个人安全设备应立即更换，对不按有关安全规程作业的施工班组和工人进行惩罚。

复习思考题

1. 简述安全生产管理体系的相关内容。
2. 安全生产管理办法有哪些？
3. 安全管理控制措施有哪些？
4. 文明施工控制措施有哪些？

第十章　EPC工程总承包风险管理

本章学习目标

通过本章的学习，可以初步掌握风险管理概述、风险管理目标及方法、风险管理的工作内容、设计阶段风险管理措施、采购阶段风险管理措施、施工阶段风险管理措施、项目总体风险管理的相关内容。

重点掌握：风险管理目标及方法、风险管理的工作内容、设计阶段风险管理措施、采购阶段风险管理措施、施工阶段风险管理措施。

一般掌握：风险管理概述、项目总体风险管理。

本章学习导航

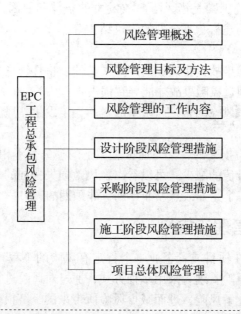

第一节　风险管理概述

一、风险的含义与特点

风险是指某一事件发生后组织承受损失的可能性，或者用于描述与预期状况产生偏离的程度。企业如果能够全面、及时地掌握风险的特点，就可以对症下药地构建或调整企业的风险控制体系来提升管理效率，将风险可能带来的不利影响降到最低。掌握并控制风险与企业经济效益的增长有着紧密的联系。总结风险特征如下：

（1）客观性。风险是客观存在的，不以人的意志为转移。由于具有客观性，就需要企业及时采取规避、接受或者利用的方式正确面对风险。

（2）不确定性。不确定性是风险的本质，由于事物具有复杂性与相互关联性，风险会随着事物的发展前进过程中产生新的类型。有可能一个细小的异变就会带来连锁反应，产生牵一发而动全身的后果，所以，风险很难被全方面地认知和控制。

（3）可测性。虽然风险的本质是不确定的，但并非代表对客观事物变化情况毫不知情，而是指对风险的测评是不确定的。对风险的测量过程，就是企业对风险评估的过程，根据搜集到的以往的大量资料，利用定性或定量的方法可测量类似事例发生的概率及其带来的损失程度，并且可以通过构建风险评估模型成为风险测评的基础。

（4）发展性。随着我国的社会进步和发展，风险也在不断地变化与发展，尤其是随着高新科学技术的发展和应用，风险的发展步伐也不断加快。风险会因时间、空间因素的不断变化而发展变化。

一般来说，风险具备下列要素：

（1）风险因素：风险因素是指风险事故发生的条件和原因，根据其性质可以分为物质风险因素（如不合格的建材、不合理的建筑结构等）和人为风险因素（疏忽、侥幸、欺诈等）。

（2）风险事故：风险事故是指造成财产损失的偶发事件，它是造成损失的直接原因和外在原因，即风险只有通过风险事故才能导致损失。

（3）风险概率：具备风险因素，风险事故也不一定发生。风险概率即描述风险事故发生的不确定性的指标。

（4）风险损失：风险损失的含义与通常意义下的损失是不相同的，它指的是非故意、非计划、非预期的经济价值的减少。可以看出，风险损失一词的外延要小得多，它必须满足两个条件才能成立：一个是非故意、非计划、非预期的，另一个是经济价值的减少。

二、工程风险管理的含义

风险管理是指如何在项目或者企业一个肯定有风险的工程环境里把风险减至最低的管理过程。工程项目的风险管理者采用多种方式，通过对风险进行识别、分析、评估、实施、预防等手段预防和化解风险，进而减少风险所带来的经济损失和工期损失。风险管理作为一门新兴管理学科，在具有自身的独特功能的基础上，涵盖管理学的协调、计划、组织、指挥、控制等职能。

工程项目风险是和目标计划紧密相关的，工程项目风险管理就是以完成项目目标为目的，对项目过程中的风险进行识别和控制，及早防范、规避、消除或把风险的影响程度降到最低，保证项目的进度、费用和质量，使管理者对项目整个过程中可能遇到的各种不利的因素做到心中有数，防止危机的发生或者控制风险后果的蔓延。

三、EPC 工程总承包项目的风险划分

EPC 工程总承包项目的风险就是指在 EPC 工程总承包项目的实施过程中，由于一些不确定因素的影响，使项目的实际收益与预期收益发生一定的偏差，从而有蒙受损失的可能性。按照风险大小强弱程度的不同，大致可以将项目风险划分为三个层次。

（1）第一层次是致命的项目风险。指损失很大、后果特别严重的风险，这类风险导致重大损失的直接后果往往会威胁经营主体的生存。

（2）第二层次是风险造成的损失明显但不构成对企业的致命性威胁。这类风险的直接后果是使经营主体遭受一定的损失，并对其生产经营管理某些方面带来较大的不利影响或留有一定后遗症。

（3）第三层次是轻微企业风险。指损失较小、后果不甚明显，如某项目在执行过程中出现事故，造成几十万元人民币损失，导致对经营主体生产经营不构成重要影响的风险，这类风险一般情况下无碍大局，仅对经营主体形成局部和微小的伤害。

这三个层次风险的划分并非绝对的，一般风险和轻微风险在一定条件下会转化为特别的致命风险，特别是经过一段时期的积累之后会发生质的变化，如应收账款长期无法收回，从局部和短期来看是一般风险和轻微风险，但是企业的项目应收款项大部分不能收回，长期被其他企业占用，那么，其后果对企业来说将是灾难性的，一般风险和轻微风险就转化为致命风险。所以，对企业风险的识别、分析和控制主要是针对致命企业风险和一般企业风险，因为这是矛盾的主要方面，是风险管理的主要使命所在，这也是研究 EPC 工程总承包项目风险的原因。

四、EPC 工程总承包项目风险的主要特征

1. EPC 项目涉及面广

EPC 项目在实施过程中，利益相关者多，社会关系错综交织，工程环境复杂。由于承包商往往都不仅在承包商注册地履行合同，有时还要在承包商国家以外的国家履行合同，这就使承包商必须适应不同的社会政治、经济环境、法律环境的要求。所以，在投标或议标前必须了解清楚当地的法律法规和相关政策。在合同履行过程中，项目所在地的政治、法律、社会经济环境、资金、劳务状况等的不确定因素较多，使风险发生的机率增加，还可能遇到不同的业主（包括政府部门和私营公司）、不同的技术标准和规范、不同的地理和气候条件，又由于 EPC 建设涉及工程的整体设计、安装、土建、设备采购、运输、现场调试、试运行等多方面的工作，对公司综合管理水平要求很高。

由于整个承包工作环节多，牵扯面广，履行合同所面临的各种主观不确定因素较多，各种风险发生的可能性也必然增加。又加之在履行过程中，承包商不但要处理好与业主的关系、与业主工程师的关系、与业主的其他承包商的关系，还要处理好与自己分包商、供货商的关系。如此复杂的关系，使承包商常常处于纷繁复杂和变化莫测的环境中，令承包

商控制不确定因素发生的难度增加，合同管理变得极其复杂，风险管理的难度相应增大。

2. 工期长

一般 EPC 工程项目合同工期都较长，少则十几个月，多则几年。在这较长的一段时间里，主客观不确定因素发生、变化的概率大大增加，比如各种自然灾害发生的概率、原材料、劳动力和汇率变动等影响价格变动的各种不确定性因素发生变化带来的各种风险，对企业的工程管理，尤其是风险管理增加了一定难度，技术性、技巧性要求较高。

3. 合同金额高

EPC 工程本身由于其系统复杂、技术含量高，所以成本、费用相对较高，少则几亿人民币，多则几十亿美元。如果出现主观或客观方面的各种不确定因素影响项目收款不及时的情况，就会给承包商的资金周转带来影响，首先，加大了项目的财务费用，其次，大量资金的长期不能收回，必然给企业整体的经营管理活动带来影响，这种影响有时对企业而言很可能是致命的，20 世纪末的亚洲金融危机中许多企业就是因流动资金不足而破产的。

由于 EPC 工程总承包项目的上述特点，我们不难看出，EPC 工程总承包市场不仅是风险发生频率较高的一个领域，而且一旦风险发生可能将带来巨大的损失，有时甚至因为连锁反应会影响到企业的经营活动。在任何一项 EPC 工程总承包项目中，利润和风险总是潜在并存的，正是由于风险的存在，一方面带来了获取利润的机会，另一方面也构筑了不具备控制风险能力的企业进入的障碍。换言之，EPC 工程总承包项目是机遇和挑战并存，只要成功地预防和控制了 EPC 工程总承包项目中的风险，就能够为企业赚取较大的利润，提高企业工程总承包能力。

五、EPC 模式下常见的承包商风险

1. 项目定义不准确的风险

在 EPC 项目的招标阶段，业主往往只能给出项目的预期目标、功能要求及设计基准，业主应该对这些内容的准确性负责。但是，如果这些地方出现不合理、遗漏或失误以及工程建设中业主指令变更，将会引起工期和费用风险。

2. 投标盲目报价的风险

在 EPC 投标阶段，承包商常常面对许多不确定的情况。由于项目决策阶段的初步设计不完善，业主提供的资料可能比较粗略，造成设计构想和施工方案变化频繁或者使预估的工程量和实际的工程量相差甚远；总承包商在投标前对工程所在地的市场行情及现场条件了解不足导致设计勘探方面出现疏漏而使预计的成本可能会增加；主要材料和大型设备的价格波动估计不足；在极短的时间内来不及对所需设备和材料全部进行一次询价；地质资料不全或者出现地下障碍物，造成基础费用增加等。在众多的不确定因素下，总承包商以固定总价方式签订总承包合同，总承包的投标风险要大得多。如果报价太低，利润目标就难以实现。

在 EPC 项目中，业主在放弃一些工程控制权的同时把大部分风险转嫁给承包商，承包商要将风险可能带来的损失考虑进去，提高报价，可是报价过高又难以中标。因此在 EPC 项目投标中，承包商将面临失去获得工程机会和可能获得工程的同时制造了潜在的财务风险的双重压力。

3. 贸然进入市场的风险

因为不同区域有着特定的工程背景，特别是在国际工程承包市场上，如果在情况不清晰的条件下盲目投标，必将带来极大的风险。这种风险是经常发生的，由于总承包项目合同额大，具有很强的诱惑力。有些公司在逐利心理驱动下为了获取总承包项目，不注重了解工程所在地的政治、经济和地理环境因素和分析招标条件、自身条件与投标风险，仅仅依靠当地代理人提供的有限的、不准确的信息仓促投标，这种做法造成的损失是典型的贸然进入市场的风险。

4. 合同文本缺陷的风险

一般情况下，合同文本存在缺陷的风险也要由承包商来承担。除了预期目标、功能要求和设计标准的准确性应由业主负责之外，承包商要对合同文件的准确性和充分性负责。也就是说，如果合同文件中存在错误、遗漏、不一致或相互矛盾等，即使有关数据或资料来自业主方，业主也不承担由此造成的费用增加和工期延长的责任。

5. 工程建设过程中的风险

在EPC项目中，尽管承包商承担了设计、采购和施工管理的所有工作，但是，业主仍然有对承包商的工程设计进行审核的权力。承包商文件不满足合同要求时可能会使业主多次提出审核意见，由此造成设计工作量增加、设计工期延长，承包商要承担这些风险。同时承包商有设计深化和优化设计的义务，为满足合同中对项目的功能要求，可能需要修改投标时的方案设计，引起项目成本增加，这些风险也要由承包商来承担。在设备和材料的采购中，供货商供货延误、所采购的设备材料存在瑕疵、货物在运输途中可能发生损坏和损失，这些风险都要由承包商来承担。在工程施工过程中，发生意外事件造成工程设备损坏或者人员伤亡的风险应由承包商来承担。承包商要负责核实和解释业主提供的所有现场数据，对这些资料的准确性、充分性和完整性负责。另外，承包商还要承担施工过程中可能遭遇恶劣天气等不可预见困难的风险。

6. EPC项目本身产生的风险

由于在EPC工程总承包项目中各种不确定因素的影响，将使承包商面对许多风险，这些风险可以表现为许多形式，如业主违约，拒付工程款或迟付工程款，业主在合同执行完毕前终止合同，分包商违约、工程拖期、技术指标达不到合同规定等，所有这些风险，归结起来将使承包商承担下列一些风险责任：

（1）经济损失。承包商因履行了合同责任范围外的责任义务或为避免非承包商所应承担的风险而造成额外成本支出，即承包商由于受各种风险因素的影响而导致支付了一些不应由承包商支付的费用，而又无法得到全部补偿。

业主付款拖延或拒付部分或全部合同款的情况可能有下列几种：

1）由于承包商违约导致的业主不付款或迟付款；

2）由于业主的原因而由承包商承担其不付款或迟付款；

3）由于合同以外第三者的影响而导致业主对承包商的不付款或迟付款，如分包商违约等；

4）承包商与业主都无法预见和控制的意外事件的发生而导致的业主不付款或迟付款；

5）承担违约责任或侵权责任是指由于承包商履行合同义务引起的对业主、分包商或其他不确定的第三者承担的违约责任或由其履行合同义务而引起的侵权责任等，该种责任不但给承包商带来经济损失，还有可能给承包商带来信誉、信用损失。

（2）企业信誉、信用损失。由于某种原因导致公司信誉受损，如被业主、金融机构列入黑名单等。这种风险给承包商的经营管理工作带来极大的负面影响，甚至使其面临破产的危险。

第二节　风险管理目标及方法

一、风险管理的目标

风险管理的目标在于风险管理者通过控制意外事故风险损失，达到最佳风险控制效果和减少风险带来的最小损失，以最小成本获取最大安全保障和盈利，通过项目实施创造较高的社会与经济效益。

风险管理的目标主要包括以下几个方面：

（1）企业与组织及成员的生存和发展。风险管理的基本目标是：企业和组织在面临风险和意外事故的情形下能够维持生存，风险管理方案应使企业和组织能够在面临损失的情况下得到持续发展。实现这一目标意味着通过风险管理的种种努力，能够使经济单位、家庭、个人乃至社会避免受到灾害损失的打击。因此维持组织及成员的生存是损失后风险管理的首要目标。

（2）保证组织的各项活动恢复正常运转。风险事故的出现会给人们带来不同程度的损失和危害，进而影响或打破组织的正常状态和人们的正常生活秩序，甚至可能会使组织陷于瘫痪。实施风险管理能够有助于组织迅速恢复正常运转，帮助人们尽快从无序走向有序。这一目标要求企业在损失控制保险及其他风险管理工具中选择合适的平衡点，实现有效的风险管理绩效。

（3）尽快实现企业和组织稳定的收益。企业和经济单位在面临风险事故后，借助于风险管理，一方面可以通过经济补偿使生产经营得以及时恢复，尽最大可能保证企业经营的稳定性；另一方面可以为企业提供其他方面的帮助，使其尽快恢复到损失前的水平，并促使企业尽快实现持续增长的计划。

（4）减少忧虑和恐惧，提供安全保障。风险事故的发生不但会导致物质损毁和人身伤亡，而且会给人们带来严重的忧虑和恐惧心理。实施风险管理能够尽可能地减少人们心理上的忧虑，增进安全感，创造宽松的生产和生活环境，或通过心理疏导，消减人们因意外灾害事故导致的心理压力。因此这也是风险管理的一个重要目标。

（5）通过风险成本最小化实现企业或组织价值最大化。就总体而言，由于风险的存在而导致企业价值的减少，这就构成了风险成本。纯粹风险成本包括：①期望损失成本；②损失控制成本；③损失融资成本；④内部风险控制成本。通过全面系统的风险管理，可以减少企业的风险成本，进而减少灾害损失的发生和企业的现金流出，通过风险成本最小化而实现企业价值的最大化。这是现代企业风险管理的一个非常重要的目标。

二、风险管理的原则

1. 量力而行原则

确定哪些风险需要特殊的防范措施，最重要的是看哪些因素会引起最大的潜在损失。

有一些损失会导致财务上的灾难，逐步侵蚀企业的资产；另一些损失就只产生一些轻微的财务后果。如果一个风险的最大潜在损失的程度达到企业无法承受的地步，那么，风险留存是不可行的。

可能的损失必须被降低到一个可控制的程度，否则就必须将风险转移。如果一个风险既不能被降低到一个可控制的程度，而又无法转移的时候，那么必须将它规避。

确定企业可以安全地留存多大规模的风险的问题是非常复杂的，也是很有技术性的，各个单一风险的留存水平与企业的总体损失留存能力有关，而后者又取决于企业的现金流量、流动资产和在出现紧急情况时增加现金流量的能力。对任何企业而言，有些损失可以直接用现金流量来补偿，有些需要动用企业的现金储备或变卖流动资产来补偿，还有一些损失只能通过借贷来补偿，有些损失甚至采取所有这些措施都不能被消化。企业可以承担的损失的数额因企业而异，一家企业的损失承受水平也因时而变，主要取决于企业在发生损失时所能获得的补偿资源。

2. 与企业战略相一致原则

风险管理作为企业全部管理活动的一部分，其原则的制订应该而且必须符合企业发展战略的需要。现代风险管理必须同企业战略联系起来，只有两者相符合，企业的努力才会有效。同一个企业在不同的历史时期或企业实施不同的战略时，面对同一风险应采取不同的风险管理方法和措施。不同的企业由于其战略选择不同，对面临的同一风险也会采取不同的应对措施。

3. 低成本高效益原则

要使风险管理见效，必须采取低成本的策略，因为有时风险的发生会给企业带来灾难性的后果。如果一味地用企业的自有资金进行补偿，有时会发现其结果是难以想象的。花钱就要把风险管理好，并从风险管理中使企业受益。

风险管理和其他财务管理一样，必须遵循成本效益原则，只有当风险管理方案的所得大于支出时，该风险管理才是成功的。成本效益原则就是要对风险管理活动中的所费与所得进行分析比较，对管理行为的得失进行衡量，使成本与收益进行最优的结合，以求获得最多的盈利。

4. 考虑损失可能性原则

在确定型风险决策中，各种损失发生的概率是可以知道的，而在不确定型的风险决策中是没有这些信息的，决策中信息越充分，决策的准确程度就越高。因此对风险管理决策者而言，确定型风险决策更为安全可靠。然而，有时人们对这种可能性或概率的理解会发生偏差，因为损失是否会发生的可能性并没有损失确实发生时的可能损失程度那么重要。

这并不是说在应对风险的时候，特定风险的发生可能性是可以被忽略的。恰恰相反，即使是当潜在的损失程度表明必须对某个风险采取什么措施时，这个风险中损失的可能性对最终的风险管理决策也可能会有决定性的作用，知道这个风险会引起损失的可能性是很小、中等或很大，将帮助风险管理人员决定如何处理既定的风险。这个原则强调了针对特定的风险，在考虑采取何种应对措施时必须把损失的可能性或概率作为一个重要的因素来考虑。

三、风险识别方法

对风险做出识别是进行风险控制的第一步。若能够系统地掌握潜在的风险，就可以去评估风险有可能带来的损失，并根据企业自身需要选择适宜的方法应对风险。风险识别的方法主要有：德尔菲法、流程图分析法、头脑风暴法、情景分析法、财务状况分析法等。

1. 德尔菲法

德尔菲法又名专家意见法，它的应用前提是专家们不会见面，首先，由询问人确定好需要咨询的专家人员，并向专家们指出关于咨询的问题；其次，对专家们给出的意见进行数据的整理和统计，在专家们的意见基础上进行总结归纳，之后再将总结反馈给专家们；再次，经过与前面几次相同的问题咨询，再总结，再反馈，最终根据专家们趋于一致的预测意见得出结论，总结出的预测结论必须是能够适应工程项目物资采购市场未来发展趋势。

2. 流程图分析法

流程图分析法是根据企业业务流程分步骤绘制图表，然后对每一个步骤、每一个因素进行分析，从中发现潜在风险，并找出导致风险发生的可能因素，评测某个风险发生时会造成的损失以及会对整个企业带来的不利影响的程度。使用流程图分析法可以通过梳理工作流程，较为清晰地凸显出企业作业的薄弱点与关键点，结合企业的现存问题与相关历史资料识别企业的风险种类。

3. 头脑风暴法

头脑风暴法又称自由思考法，可以分为两类：一是直接头脑风暴法，主要指组建一个小组，让大家开始集体讨论，鼓励大家尽可能地把自己的意见和想法都表达出来，从而形成更多的风险问题或意见，成员是由熟悉采购风险工作的职员和采购知识丰富的学者专家组成；二是质疑头脑风暴法，在进行风险识别时主要是对直接头脑风暴法提出的每一个想法和建议进行质疑分析，明确核心的风险，同时排除掉不符合实际情况的风险。

4. 情景分析法

情景分析法主要被应用在两个方面：分析环境和形成决策。因为情景分析法能够在企业面临各种长期风险和短期风险时，把企业的各种威胁因素和企业外部的机遇因素可能发生的方式与企业的现实情况连接上，在基于假定的某种现象或某种趋势将会持续下去的情况下，能够预测出所预测的对象可能引发的后果或可能产生的情况。

5. 财务状况分析法

财务状况分析法是根据企业主要的财务报表对企业的财务状况深入研究，从财务指标中发现问题的一种方法。在使用财务状况分析法进行风险识别时，其优点是分析的数据资料准确、客观且外部人员易懂。但财务状况分析法的局限性也非常大，表现在三个方面：第一，从财务状况的角度仅仅能够得到量化的风险，对于由非货币形式带来的问题，如操作中的不规范、人员素质和管理决策等问题无法识别；第二，若没有合适的财务资料则无法得出正确的分析结论；第三，得出的数据不能反映公司的全貌，部分财务数据仅能被专业财务人员所利用。

从风险识别方法上来看，使用单一的方法是远远不够的，因为各种方法的侧重不同，仅使用一种方法对风险的分析都较为片面，必须将多种风险识别方法相互融通、综合运用。

第三节　风险管理的工作内容

一、风险管理的基本流程

风险管理的基本流程如图 10-1 所示。

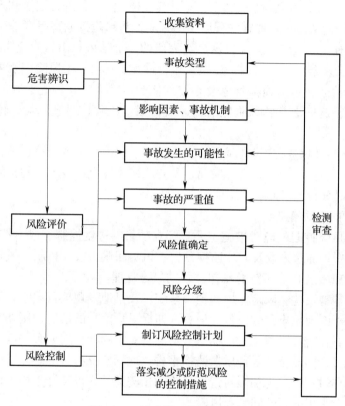

图 10-1　风险管理的基本流程图

二、EPC 总承包工程项目的风险管理

1. 风险管理的阶段

总承包项目管理过程就是一个不断的风险管理过程。其中风险有大有小，小的风险也可以酿成大的风险，只有把风险管理好、控制好，才能保证项目的目标完成。总承包项目的风险管理可以分成五个阶段：风险管理规划、风险识别、风险评价、风险应对、风险监控。

（1）风险管理规划。风险管理规划是项目执行过程中风险管理的指南性和纲领性文件，它主要包括：风险管理的主要目标、风险管理的组织机构、风险识别的主要方法、风险判断和识别的依据、风险等级的划分、风险报告的编制方式，以及风险应对措施和策略等。总之，风险管理规划将指导相关责任人按照其中的要求，对各自负责的工作项目进行风险分析和评价，找出应对措施，编制相关的程序文件和作业指导书，对风险进行有效的管理和控制，保证项目的顺利实施。

（2）风险识别。根据风险管理规划中风险识别的具体方法，找出潜在的风险因素，识别风险可能的来源，对风险产生的条件、风险的特征进行描述。风险识别时要尽可能详细地找出所有的风险因素，将其逐一地罗列出来，为下一阶段的风险评价做准备。随着项目的进行和深入，项目收集的信息也越来越多，风险因素的识别将会越做越深，所以风险识别过程是始终贯穿于整个项目过程的。

（3）风险评价。风险评价就是对已经识别出来的风险因素进行定性和定量的分析和研究，对风险发生的概率、风险危害的程度做出判断，将风险按危害程度进行排序。

（4）风险应对。风险应对就是根据已经完成的评价结果找出风险应对的方案和措施。该措施必须是综合及多角度考虑的，在项目执行过程中针对一个风险因素采取的应对措施可能是单方面的，但这项措施本身也会导致其他的风险产生，因此必须综合研究，真正找出切合实际的措施。通常的风险应对措施有：减少风险、回避风险、转移风险和接受风险。

（5）风险监控。风险监控就是对项目执行过程中的风险实施跟踪管理，随时调整风险管理规划，评价风险应对措施的执行情况，及时总结风险应对措施中的新问题，对有可能发生的新风险及时分析和研究，找出应对的方法。

2. 风险控制的应对措施

工程实施中风险控制的应对措施主要贯穿在项目的进度控制、成本控制、质量控制、合同控制等过程中，通过采取及时的监控预警、风险回避、损失控制、风险转移以及加强风险意识的教育来加强 EPC 工程总承包项目的风险管理。

（1）监控和预警。建立风险监控和预警系统，及早地发现项目风险并及早地做出防范反映。在工程中不断地收集和分析各种信息，捕捉风险前奏的信号，例如在工程中要通过天气预测警报、各种市场行情及价格动态等情况，对工程项目工期和进度的跟踪、成本的跟踪分析，并通过合同监督、各种质量监控报告、现场情况报告等手段了解工程风险。在阶段性计划的调整过程中，需加强对近期风险的预测并纳入近期计划中，同时考虑到计划的调整和修改可能带来的新的问题和风险。

（2）风险回避。风险回避是以一定的方式中断风险源，使其不发生或不再发展，从而避免可能产生的潜在损失。采用风险回避对策时需要注意以下几点：回避一种风险可能产生另一种新的风险，回避风险的同时也失去了从风险中获益的可能性，回避风险可能不实际或不可能，不可能回避所有的风险。在风险状态下，视具体情况采用不同的方法进行风险回避：①迅速恢复生产，按原计划执行；②及时修改方案、调整作业计划，恢复正常的施工；③争取获得风险的赔偿。

（3）损失控制。制订损失控制方案并积极采取措施控制风险造成的损失，即损失控制。采用损失控制对策时需要注意以下几点：

1）制订损失控制措施必须以定量风险评价的结果为依据，还必须考虑付出的代价。

2）制订预防计划必须内容全面、措施具体。

组织措施：明确各部门和人员在损失控制方面的职责分工，以使各方人员都能为实施预防计划而有效地配合，还需要建立相应的工作制度和会议制度，必要时，还应对有关人员进行安全培训。

管理措施：采取风险分隔措施，将不同的风险单位分离间隔开来，将风险局限在尽可能小的范围内，以避免在某一风险发生时，产生连锁反应或互相牵连，如在施工现场将易发生火灾的木工加工场尽可能设在远离办公用房的位置。也可采取风险分散措施，通过增加风险单位以减轻总体风险的压力，达到共同分摊总体风险的目的。

合同措施：注意合同具体条款的严明性，并做出与特定风险相应的规定，如要求承包商提供履约保证和预付款保证。

技术措施：在建设工程施工过程中常用的预防损失措施有地基加固、周围建筑物防护、材料检测等。

3）制订灾难计划应具有针对性，其内容应满足以下要求：安全撤离现场人员，援救及处理伤亡人员，控制事故的进一步发展，最大限度地减少资产和环境损害，保证受影响区域的安全，尽快恢复正常。

4）制订应急计划时应重点考虑因严重风险事故而中断，需要尽快全面恢复，并使其影响程度减至最小的工程实施过程，其内容应包括：调整整个建设工程的施工进度计划，并要求各承包商相应调整各自的施工进度计划；调整材料、设备的采购计划，并及时与材料、设备供应商联系，必要时，可能要签订补充协议；准备保险索赔依据，确定保险索赔的额度，起草保险索赔报告；全面审查可使用的资金情况，必要时需调整筹资计划等。

（4）风险转移。风险转移就是建设工程的风险应由有关各方分担，而风险分担的原则是：任何一种风险都应由最适宜承担该风险或最有能力进行损失控制的一方承担。例如，项目决策风险应由业主承担，设计风险应由设计方承担，而施工技术风险应由承包商承担。

1）非保险转移。即在签订合同过程中将工程风险转移给非保险人的对方当事人。建设工程风险非保险转移有三种：业主将合同责任和风险转移给对方当事人，承包商进行合同转让或工程分包，第三方担保。

2）保险转移。对于建设工程风险来说，保险转移是通过购买工程保险，建设工程业主或承包商作为投保人将本应由自己承担的工程风险（包括第三方责任）转移给保险公司，从而使自己免受风险损失。在做出投保工程保险决定时，必须考虑与保险有关的几个具体问题：一是保险的安排方式，即究竟是由承包商安排保险计划还是由业主安排保险计划；二是选择保险类别和保险人，一般是通过多家比选后确定，也可委托保险经纪人或保险咨询公司代为选择；三是可能要进行保险合同谈判，这项工作最好委托保险经纪人或保险咨询公司完成，但免赔额的数额或比例要由投保人自己确定。

（5）加强风险意识的教育。工程项目的环境变化、项目的实施有一定的规律性，所以风险的发生和影响也具有一定的规律性，是可以预测的。重要的是要在项目实施过程中，各参与者要有风险意识，重视风险的存在，从建设、设计、监理和施工等几方面对风险进行全面控制。

三、EPC 项目风险管理规划的主要依据

随着 EPC 项目合同的签订，标志着总承包商开始履行合同规定的约定和义务，从合同签订的那一刻起，项目管理的工作正式开始，作为项目管理的一个重要工作环节——风险管理也随即展开。为了保证项目风险管理的有效性和实用性，必须收集和整理下面的相关文件作为项目风险规划的依据。

1. 项目签订的合同及项目的开工报告

合同是业主和承包商共同遵守，履行双方责任和义务的规范性文件。在合同条款中明确地规定了项目规模、项目进度、项目目标、项目费用、项目质量及考核指标，以及细节方面比如详细的技术要求、材料的运用规定、设计执行的标准规范、制造的技术标准、施工技术要求、检验技术要求等。

开工报告（也称为项目执行文件）是项目管理的基准性文件。它是在项目正式启动后由项目经理负责，所有职能经理参与编写的文件。主要涵盖项目描述、项目目的、项目规模、项目主进度计划、项目组织机构及职责、项目特征、项目 WBS 工作分解结构等。其中项目特征主要包括：是国营还是私营的项目？不同的业主对项目的关注角度不完全一致；进度情况是合理进度还是偏松偏紧？不同的进度对费用的要求也不一样；是成熟的技术还是不成熟的技术？不成熟的技术风险发生的概率高。

2. WBS 工作分解结构

WBS 工作分解结构是项目管理的一个工具，WBS 的分解越详细，即工作分解越细，管理工作就越细，相应的工作量的检测、进度和费用的检测就会越准确。因此 WBS 工作分解结构为项目风险管理奠定了基础。

3. 进度计划

根据合同的工期要求，基于 WBS 工作分解结构编制的进度计划是项目执行的标准和依据。其详细的程度有助于分析和判断风险可能发生的阶段和时间，为风险的提前应对提供了帮助，因此进度计划要求越详细越好。

4. 项目费用预算

项目费用预算是基于报价和澄清阶段的费用预算数据，同时根据 WBS 工作分解结构得出费用预算报告。在采购方面，费用预算可以落实到单台设备和材料的预算价格；在施工方面，可以落实到施工的综合单价、特殊的施工材料费用、消耗材料费用等。费用预算做得越细，对以后判定风险因素对费用的影响就越准确可靠。

5. 同类项目的总结报告

以往同类项目的总结报告会有很多的经验和教训，特别是教训方面值得吸取和借鉴，避免在同类工程中犯同样的错误。

四、EPC 风险管理规划的主要内容

1. 建立风险管理的组织机构

风险管理组织机构应该和项目组织机构完全重合，项目组织机构中的责任人就是风险管理组织机构里的责任人。在风险管理规划中需要明确各职能负责人在风险管理过程中承担的责任和义务，目的是让各职能负责人自己进行风险的识别、分析和管理，让所有的风险了然于胸，便于风险的管理和应对。但当有些风险在项目经理一级都难以处理和应对时，必须将风险上报，由上一级领导组织专家进行讨论和研究。

2. 明确风险识别的方法和步骤

在风险管理规划中要明确风险识别的具体办法。风险识别一般采用定性识别的方法，目前总承包类型的工程项目比较行之有效的方法是头脑风暴法、对比法、专家个人判断法等。风险识别的主要目的是找出风险因素以及产生风险因素的风险源。在项目执行的

前期受很多条件的制约，比如对合同的熟悉程度不够，对新技术、新工艺的了解程度不够，对市场的了解程度不够，对项目建设周边环境的了解不够等，这时候就需要在识别时尽可能多地找出风险因素，避免有时因为管理者本身管理水平和经验的问题出现错误的判断。

在进行风险识别前，组织者应该将相关的文件和资料发到参加者的手上，这些文件应该包括合同的相关部分、开工报告、项目进度计划、WBS 工作分解、项目所在地的信息（比如相关的法律法规的规定、环境保护的要求、当地原材料市场情况等）、同类项目的一些经验数据和总结。总之，要在开始风险识别前尽可能地找到和项目相关的资料、数据和信息作为风险识别的依据。如果在识别前有些信息没有收集到，那么也可将这些未知的信息作为风险因素罗列出来。

在采用头脑风暴法时，参与者应尽可能地将自己所想到的风险因素在会上全部提出来，组织者需要注意的是在这个会上不要做任何的决策，也不要对提出者说"不"，或者说你这个根本就不是什么风险等之类的话，开会的目的是让参与者集思广益，多提问题，多发言，实际上很多的风险因素或许在刚开始就容易被忽视。头脑风暴会需要召开多次，会后将所有的风险因素归纳整理出来，形成风险识别表，如表 10-1 所示。

表 10-1 风险识别表

序号	一级风险因素	二级风险因素	三级风险因素	主要风险源描述
1	EPC 项目风险	外部风险	政治环境风险	项目所在地政局的稳定状况，当地政府对项目的认知程度
2			自然环境风险	当地的地理、生态、大气环境条件及状况
3			市场环境风险	物价指数、工资水平、通货膨胀、汇率变化等状况
4			社会环境风险	当地人文环境、普遍的文化程度
5		内部风险	组织管理风险	项目组织机构健全程度、管理人员水平、责任心和工作态度等
6			技术风险	新技术、新工艺等
7			设备材料采购风险	供应商的选择问题、技术要求错误、设备制造缺陷、采购人员责任心
8			施工风险	施工单位技术水平、管理水平、施工人员数量、熟练程度等
9			安全风险	施工人员素质、受培训教育程度、安全规章制度是否健全
10			质量风险	检验标准是否齐全、检验过程是否严格、质量控制体系是否完备
11			进度风险	进度计划合理性
12			费用风险	预算费用的准确性

因此，在风险管理规划中需要明确风险识别的方法，进行的时间，组织者、参与者的要求，风险识别的效果等。尤其值得一提的是，对于风险识别过程中由于信息不足，或者有些假设条件的因素必须引起足够的重视，当这些因素直接影响项目的目标时，必须进行调研，收集足够的数据和资料，进行反复论证，排除风险产生的可能。

3. 建立工作分解结构（WBS）和风险分解结构（RBS）的矩阵结构

所谓 RBS（Risk Breakdown Structure）实际上就是将风险识别表中已经识别的风险因素按从高到低的层次建立的一种梯形结构。项目最初的风险分解结构可能只有三级或者四级，当把 RBS 和 WBS 相关联形成一个矩阵的结构时，通过 WBS 工作分解结构下详细的工作子项划分并与 RBS 中的风险因素一一对应，就能比较容易地发现 WBS 中某种工作子项容易出现某种类型的风险。

通过 WBS-RBS 的矩阵结构分析过程可以识别更深层次的具体风险因素。从表 10-1 中可以看到，在第三级风险因素中的某一个风险因数并不一定适合所有的工作子项。如技术风险，实际上是一个笼统的概念，并不是工作分解结构 WBS 下面所有的工作都牵涉到有技术风险。因此通过建立这样的矩阵结构，可以识别出具体某一个工作子项具有技术风险，从而找出技术风险因素下面更低层次的风险因素。

4. 风险评价

风险评价是继风险识别后的第二步工作，是风险管理的重要环节。风险评价主要是对风险识别出来的单个风险因素进行定性和定量的分析和评价，通过风险发生的概率（可能性程度）以及风险发生对目标影响的程度形成风险后果严重性分级，并对所有的风险按大小进行排序，最终对项目的总体风险水平进行评价。风险评价常用的定性和定量的方法包括：主观评分法、层次分析法、模糊综合评价法、事件树法等。

在总承包项目风险管理过程中，刚开始一般采用定性的方法对风险进行评价，目的是尽快把所有识别出来的风险因素分级、排序，把风险及早地排出或者将风险纳入可接受和控制的范围。风险评价矩阵就是比较常用和快速简便的方法，如表 10-2 所示，是将风险的严重性和可能性分别为横轴和纵轴，并最后得出风险等级和排序。

表 10-2　风险评价矩阵

可能性分级	后果严重性分级				
	Ⅰ（灾难的）	Ⅱ（严重的）	Ⅲ（中度的）	Ⅳ（轻度的）	Ⅴ（轻微的）
A（肯定）	重大风险	重大风险	重大风险	高风险	高风险
B（很可能）	重大风险	重大风险	重大风险	高风险	中等风险
C（中等）	重大风险	重大风险	高风险	中等风险	低风险
D（很少）	重大风险	高风险	中等风险	低风险	低风险
E（极少发生）	高风险	高风险	中等风险	低风险	低风险

（1）风险的可能性分级。风险的可能性代表风险发生的概率（可能程度），应该明确定级为：A（肯定）、B（很可能）、C（中等）、D（很少）、E（极少发生）。

（2）风险的后果严重性分级。风险的后果严重性等级给出了风险严重性程度的定性度量，分为：灾难的、严重的、中度的、轻度的和轻微的。灾难的是指会完全导致项目的失败和重大损失，会出现特大的安全事故，导致人员的伤亡。严重的是指项目的目标完全无法达到，会给项目带来较大的损失；中度的是指会造成项目工期的延迟，费用会增加；轻度的是指进度、费用都会有影响，但进度仍然在可控制范围以内，费用的变化也是在预算范围以内，属于可接受的范畴；轻微的是指完全可以接纳的风险。

（3）风险控制建议方案。风险评价矩阵中凡是属于重大风险的，是不可以接受的，应该立即采取行动，制订解决方案；属于高风险的，也不可以接受，应该采取措施，解决可能出现的问题；对于中等风险和低风险的，属于可以承受的范围，但需要随时跟踪，掌握风险的动态，避免风险的扩大。

当通过风险评价矩阵把所有的风险因素及其等级划分出来以后，需要编制风险等级排序表，如表 10-3 所示。

表 10-3　风险等级排序表

风险编号	风险来源	发生概率	严重程度	风险级别	责任人	预计发生期间	发生征兆	应对措施	风险监控	结果	备注

在编制风险管理规划的风险评价中，需要明确定义风险的可能性等级，风险的后果严重性分级和风险等级，这样可以指导相关责任人比较准确地判断风险的后果和严重程度，为判断项目总体风险打下基础。最后的成果是风险等级排序表。

5. 最坏结果分析

前面讲到的风险识别和评价都是具有前瞻性的分析，主要是为了在风险可能发生的前期做好准备和应对措施，避免风险的发生。但在 EPC 项目的执行过程中经常会碰到已经出现了风险的情况，比如一台正在运转的设备出现了小的故障或毛病，但由于没有备件或其他原因无法停车检修，这时候就需要对其故障进行评判，连同可能发生的连带问题一起进行最坏结果预测和分析，通过最坏结果预测寻求解决的途径。这种方法是常用的风险评价方式，可以帮助管理者对风险发生后的最坏情况进行了解，从而积极地寻求解决的办法，避免小的风险酿成大的事故。

6. 风险应对

风险应对是在风险识别、评价以后，找出符合实际的风险应对措施。针对不同的风险，研究找出相应的风险应对方案及备选方案，由于一些风险有多种解决方案，需要对多种方案进行研究和比较，找出一种和目标方向最接近的方案。风险应对主要有下面几种主要的方法：

（1）回避。风险回避就是指主动改变项目计划或者项目方案以消除风险和风险条件以保证项目目标的实现。风险回避是总承包项目中经常使用的一种风险规避方式。

（2）减轻。风险减轻是一种积极和主动的风险处理方式，是通过各种技术方法和手段来减轻风险发生带来的损失，是风险无法回避的情况下所采取的积极的手段。有些风险是早知的但又无法回避的，比如在印尼做总承包工程，季节划分就是只有旱季和雨季两种，特别是雨季，时间跨度往往从第一年的 10 月份开始到第二年的 5 月份，几乎半年的时间，在这半年的时间里不可能不施工，这是无法回避的现实。因此在施工进度安排上以及施工防雨的特殊措施上都要做好提前的安排，还要特别注意隐蔽工程施工的安全性。

（3）转移。风险转移是将项目已知的风险或承担的责任转移给第三方的方式。风险转移以后也可能将风险减轻或者回避，也可能是将风险损失的部分转移到第三方或共同承担风险。

（4）接受。风险接受是指一些风险如果发生或肯定发生，其后果是在项目承受的范围以内，这主要指那些风险发生的概率很低或者风险发生的后果影响程度不严重。接受风险的结果往往会导致项目成本上升，因此项目必须建立风险基金，做好预防准备。

7. 风险监控

风险监控就是对风险规划、识别、评价、应对的全过程的监督和控制，跟踪已经识别的风险的发展变化情况。随着项目的推进，风险的不确定性会越来越小，对风险的认识也会逐渐地清晰和明朗。同时根据风险的变化情况，及时改变应对的措施。另外，在风险监控的过程中还会发现新的风险，进行项目风险预警，进而寻找新的防范措施，因此风险监控管理是一个连续和贯穿整个项目进程的风险管理活动。

第四节　设计阶段风险管理措施

一、EPC 工程总承包设计风险

对建筑工程而言，其设计风险与设计方、咨询方有着密切的关系，具体包括识别风险、评估风险、对风险进行控制等，上述过程持续不断。工程设计风险的主要特点是：来源性更多、可预见性更弱以及可变性更大。

相较其他工程项目而言，建筑工程更为系统且复杂，随着项目开展，风险也会不断变化，在管理建筑工程项目风险时，必须遵循下述原则：

风险因素主要以防范为主，一经发现，应当在第一时间内采取有效的措施进行控制，避免因风险扩大而给承包企业造成更大损失。

若识别出的风险因素确实无法规避，就必须考虑采取转移风险的途径。

如确定会发生风险，但所引发的风险尚在设计单位可控制范围之内，则可采用自留的方式进行应对。对工程建设项目而言，最为重要的部分就是工程设计，其质量水平与工期和工程项目质量之间有着密切的关联。有资料表明，民用建筑工程事故的发生有 40.1% 源于设计的失误，由此可见，对建设工程项目而言，设计十分重要，各因素对工程事故的影响如表 10-4 所示。

表 10-4　质量事故原因表

质量事故原因	设计引起	施工责任	材料原因	使用责任	其他
所占比例（%）	40.1	29.3	14.5	9.0	7.1

由表中数据可知，项目质量事故减少的关键在于在施工前的筹划阶段和在设计阶段就将风险因素进行有效控制。由于建设项目系统而复杂，不仅施工时间长，并且涉及的主体也多，因此其风险会不断变化，同时，伴随工程进展各种不确定因素也会日益明显，对整个项目建设而言，设计阶段属于前期准备阶段，因此其风险也更加不确定，所以设计阶段的风险管理对整个项目而言意义重大。

EPC 工程中的设计阶段是 EPC 项目的龙头，对采购（P）、施工（C）提供技术支撑，是决定项目成败关键的第一步，设计的好坏直接关系到项目目标的实现，是实施项目进度控制、费用控制、质量控制的基础。

在 EPC 工程中设计主要分成两个阶段，一个是基础设计（Basic Engineering Design），也是国内通常所说的初步设计，另一个就是详细设计（Detail Engineering Design）。在基础设计阶段，主要就是确定设计方案，其中主要包括工艺系统流程、总平面布置、主要的工艺设备数据表、主要的建（构）筑物设计方案以及一些重大设计方案的多方案比较等。基础设计一旦确定，相应的整个工程就有了可以依照和执行的技术性文件，接下来的详细设计以及开展的详细进度计划、采购计划、费用控制计划等管理性工作都得以进一步深化。

二、EPC 工程总承包设计风险的识别工作

企业的风险管理体系需要有一定的系统性、逻辑性，根据项目管理手册中有关风险管理的指导内容，先要进行风险的识别工作。开展风险识别工作，能够为相关方及时地提供关键信息，为风险评估提供更有力的依据，确保风险评估质量。毋庸置疑的是，如果不能准确地理解风险的定义，就会导致风险进一步增加。EPC 技术风险分类如表 10-5 所示。

表 10-5　EPC 技术风险分类表

风险分类	风险名称	风险影响	风险大小	对策/措施	风险管理部门
技术风险	设计风险	设计方案不满足业主及合同要求；设计错误；设计工作不精细、不及时、不到位等影响工程建设	中	严格执行相关设计管理规定，加强设计与工程建设管理的融合	设计部
	采购风险	采购产品的性能指标不能达到技术要求或质量不合格	低	严格按照设计的技术要求进行采购，加强监造及验收工作管理	采购部
	施工风险	施工技术方案不合理，导致不满足工程技术指标及质量要求	中	严格审查施工技术方案，严格执行施工技术要求及相关规程、规范	施工部

EPC 工程总承包企业设计风险识别的主要内容有：找到风险因素和风险形成的前提、表达风险的特征并评估其后果、完成已识别风险的分类。风险识别的过程可以多次进行，以确保识别出的风险因素的即时性、全面性。

1. EPC 设计风险识别原则

（1）全面性。在进行风险识别时，要尽量地将项目的所有环节以及项目包括的所有要素都考虑进来。

（2）针对性。类别不同的项目风险，识别的过程应有针对性。

（3）借鉴性。相同环境、同等类别、同等规模的项目，其风险因素有着很大程度上的可借鉴部分。

2. EPC 设计风险识别依据

以下列举了一些主要的识别 EPC 设计风险的依据：

（1）项目的前提、假设以及限制性因素。对于 EPC 项目而言，有很多文件都是在一定的假设性前提下拟定的，比如建议书、可行性报告、设计文件等，既然是假设性的，因此在工程建设过程中这些前提有可能是不成立的。也就是说，EPC 项目的前提中蕴含一定的风险。

（2）项目开展过程中的各项计划和方案，以及业主、总承包企业和别的利益相关者等的期望。所有项目包括 EPC 工程总承包项目中都会有一些常见熟知的多发性风险类型，或许会给项目带来消极作用，因此在进行风险识别时，也要考虑到这些依据，不同的工程总承包企业所从事的核心领域有所不同，研究某一领域相类似的工程越多，越容易找到一些多发性的风险。

（3）过去的资料。EPC 项目过去的资料能够使设计风险管理更具说服力，EPC 过去的资料所代表的是经验，或者是其他人在项目建设过程中总结的教训和成功之处。以往项目的设计修改单、设计联络函、深化设计确认函、材料进场检测报告、验收资料、事故处理记录、项目总结以及项目主要角色的口述心得等，都是获取风险因素最直接、最可靠的因素。

3. EPC 工程总承包设计风险识别方法选择

EPC 工程总承包设计风险的识别方法如表 10–6 所示。

表 10–6　设计风险识别方法

方法	基本描述
专家调查法	从专家处进行咨询，逐一寻找项目中存在的风险，针对风险可能造成的后果进行分析和预估。这种方法的优势主要体现在无需统计数据就能进行定量的预估，其缺陷为过于主观
初始清单法	全面拟定初始的风险清单，尽量避免遗漏的方面。拟定这一清单后，根据工程各方面的情况开展风险识别工作，在这一过程中排除清单中错误的风险，并对已有的风险进行改正
风险调查法	这种方法的主要内容是提供详尽确定的风险清单。在建设工程中展开风险识别工作，通常要将两种或更多的方法结合在一起使用，而风险调查方法是必须采用的。同时按照工程的进度持续进行新风险的识别

续表 10-6

方法	基 本 描 述
故障树分析法	故障树分析法通过图例对大的故障进行分解,从而得到各式各样的小故障,或者是针对导致故障的所有因素展开分析。一般情况下,当项目方经验比较欠缺时可以采用这种方法,针对投资风险进行逐一的分解,如果应用对象为大系统,采用这种方法极有可能会出现错误
流程图法	流程图法将项目完整的过程罗列出来,综合考虑工程项目本身的情况,逐步排查每项流程中存在的风险因素,以识别出项目所面临的所有风险
情景分析法	该方法假设某一现象在长时间内不会消失,构建出一个虚拟的未来环境,接着对可能发生的各种关联情况及趋势展开预测

4. 识别 EPC 工程总承包设计风险的流程

在具体进行风险识别工作时,由于必须针对全部潜在风险来源以及结果展开客观的调查,所以要从系统、持续、分类的角度出发,对风险后果程度进行客观的评价。风险识别的流程如图 10-2 所示。

三、风险评价指标体系建立的原则

在拟定 EPC 工程总承包企业风险评价指标体系的过程中,考虑到设计管理的风险评价十分复杂,构成该系统的不同指标彼此间存在广泛且深入的联系。所以,为了确保最终的指标是充分客观和准确的,同时让项目设计风险管理更为客观,指标

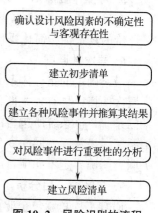

图 10-2 风险识别的流程

要具有一定综合性,能反映和度量被评价对象优劣程度,指标内容明确、重点突出、表意精准,同时要避免重复性的指标,指标评价所需数据要方便采集,要同时满足精简和目的性的目标,指标要尽可能是量化的,如果是定性指标,必须选择有效的算法和工具进行处理,方便指标的评价。具体应当遵循以下几条原则:

1. 科学性原则

在拟定设计风险管理指标时,首先必须从科学的角度出发,确保指标可以详细地揭示出 EPC 工程总承包项目面临的风险所具有的特点及彼此间的联系,同时借鉴专家调查结果以及 EPC/交钥匙合同规定,把定性和定量指标融合在一起,然后利用风险等级评价工作。

2. 系统性原则

EPC 工程总承包设计风险管理评价指标体系内的指标,彼此间并非形式上的堆砌,而是不同指标间彼此存在的关联。而且指标体系能够全方位地揭示出 EPC 工程总承包企业设计过程中全部潜在的风险。根据这一原则的要求,在进行项目风险识别上,要做到范围上全部涵盖,在具体的细分上尽量找到最为关键性的描述。前者指的是以项目风险因素为对象,展开全方位的管理分析,同时从不同的角度出发,完成风险的分解,以获取项目原始风险清单。后者指的是对风险清单中列出的风险进行分析,衡量风险的重要性程度,找到关键性的风险,作为后期风险评价和管理的重点对象。

3. 动态性原则

随着设计工作不断推进，一部分不确定性在随之减小，同时一些新的不确定性可能出现。也就是说，在项目全过程周期中，设计风险不是一成不变的，如果发现项目环境发生变化，设计阶段开始失控，需要重新对设计风险进行识别与评价。在开展项目风险识别时，要针对项目所面对的环境以及所拥有的条件和项目范围的波动，对项目和项目要素所面临的确定的或潜在的项目风险开展动态的识别。

4. 针对性原则

相同的指标体系并非适用于所有的评价项目，而一套指标体系不可能适用于所有的 EPC 项目，所以 EPC 总承包企业应针对不同项目的特点，对于从事多项目的 EPC 总承包企业来说，一个可持续的方法是先建立一个基本的指标体系，然后建立指标完善体系。

5. 可操作性原则

在确定指标体系时，要确保资料和数据的采集是完全可行的，并且要在最大程度上降低评价的复杂性，简化操作步骤，确保相关部门能够更好地配合执行评价方案。

6. 层次性原则

最终确定的指标体系必须符合科学的层次性，按照一定准则创建不同的层次，属于相同层次的指标具有独立性，防止出现重复揭示问题的现象。我们可以将项目看作是非常复杂的系统，该系统所包含的不同风险因素彼此间存在广泛、深入、复杂的关联，比如主次关系、因果关系、同向变化关系等。在进行项目风险识别时，不能忽视不同风险彼此间的关联，明确界定不同项目风险的含义，在最大程度上防止产生重复、交叉的问题。

7. 先怀疑，后分析

EPC 工程总承包企业设计风险识别中遇到问题，首先必须权衡其是否具有不确定的特点，并据此完成风险的确认以及剔除。确认和剔除都非常关键，要尽早完成风险的确认和剔除，无法剔除且不能确认的风险，将其当作确认风险，有必要针对此类风险进行深入的分析。

四、EPC 工程总承包设计风险管理措施

1. 技术措施

（1）全面的准备工作。完整、准确地理解业主的需求，对项目进行现场考察，了解实际情况，是设计风险管理以及整个项目管理的首要任务。EPC 项目的设计人员不仅要充分掌握项目所在地的地质、气候、相似项目等状况，也必须全面了解所在地的相关法规政策、行业规范、建筑设计惯例、通用的标准等。

因此，EPC 总承包企业和所选定的设计分包单位（或设计团队）首先要做的是对招标文件和业主的需求进行分解，逐条核对予以消化，需要深入项目现场，全面掌握工程背景与形势条件，及时和业主进行交流沟通，把握业主对工程的实际想法与潜层期望，为后续的实施工程设计提供有效、充分的依据。总承包合同所约定的设计规范和标准及项目当地的地质、气候、文化因素、人员素质、经济发展水平、工业化程度、施工工艺水平，对采购的确定、施工方案都产生一定影响。设计、采购、施工部门也要对规范和标准熟悉吃透，并结合项目管理和组织施工的特点，才能为后续推进工作铺平道路。

（2）注重设计技术审查工作。在如今的环境下，EPC 工程通常有着规模大、合同额

高、技术性强的特点，在项目正式施工之前必须组织专门人员认真做好设计文件审核工作，这样既可以降低施工进程中的返工率，节省时间，也降低了材料浪费率，节约项目成本，这一点符合我国的工程惯例，并且在我国项目建设有关的法律法规中有着确切的规定，也获得了项目管理各个方面的普遍认同。

在EPC模式下，承包方有条件对EPC工程展开全程监控，对设计材料展开审核的条件更加充足，设计材料审核并优化所带来的经济收益也是EPC工程项目利润的一个最为有效的组成部分。因此，EPC承包单位应给予设计材料审核工作足够的关注，既要审核设计技术的可行性，也要审核材料选择是否经济以及施工方式是否恰当，必要时引入经验丰富的设计监理严格把关。审核设计材料时必须注重与设计审批的相统一，注重对设计的全程审核。

2. 组织措施

（1）完善专业设计间的接口处理。在大型的EPC项目中，设计工作除了主要设计单位进行外，经常存在众多专项深化设计单位后续参与的情况，于是EPC工程通常存在着不同设计单位之间的配合与衔接的问题。在EPC总承包模式下，总承包企业必须发挥出EPC总承包模式在统筹管理上的优势，确保前后设计接口在主要技术参数、方案形式、主材选取上的一致性，并协调好各设计交接周期与施工进度之间互相耦合的问题，保证施工进行的流畅性，避免由于设计接口的疏漏、延迟而造成的工程进度上的延误或者返工。

（2）加强设计过程中的协调工作。在设计过程中，设计部门与其他参与方的良好沟通与实时协调是非常重要的。EPC总承包企业应委派专人负责，在设计实施过程中做好以下几点沟通协调工作：

1）人员之间的设计合作协调。如果是国内项目，设计人员需要在设计过程中频繁与计价、采购、施工部门进行协调，确保所设计方案的可实施性、经济性与时间周期上的优化性；遇到主导性较强的业主，还需要及时与业主沟通设计方案，得到业主的认可，确保方案不反复。涉及对外合作的EPC项目时，情况通常更为复杂，总承包企业经常对当地设计单位的能力水平、工作效率、图纸深度与质量不甚了解，因此类问题延误了后期采购与施工的进度，针对此状况，总承包公司可以采用自身的设计部门与当地设计分包单位进行联合设计的方式，及时沟通，主动发现问题，及时解决在此类合作设计模式中，总承包方应注意项目各配合方所存在的接口与范围划分的问题。这就要求总承包方在设计阶段对项目的设计风险进行有效的识别、评价，之后做好应对措施。

2）二次设计、设计分包进度协调。在EPC项目的施工准备阶段，总承包方应将二次设计、设计分包的周期严格纳入施工总进度管控的进度计划中，严格约束设计分包单位，对设计衔接的周期进行严格把控，各设计分包单位必须提交明确的设计分包进度计划，将此部分工作的不确定性降到最低。在项目的具体施工过程中，难免会出现各种意料之外的因素，例如深化设计单位会由于各种原因对原设计中的设计参数及材料选取进行更改，并由总承包企业在短时间内予以确认，总承包企业面临这种情况时，需要迅速进行正确判断，并采用有效的对策，并将调整内容及时通知到业主、主设计单位以及每个设计分包单位，确保工程各个参与方在信息上具有一致性并达成共识，避免反复。

3. 合同措施

（1）强化设计分包合同约束能力。对备选设计分包单位有充分的了解，不能仅靠投标报价的高低简单地确定设计分包单位。对于涉外项目，EPC 总承包企业应优先考虑工程所在国当地的设计单位，如果选择了对当地的设计理念、设计习惯以及当地规范标准不熟悉的单位，会增加设计图纸不能在施工中实现、经济性差并且不能顺利通过当地政府相关部门审批的风险。

设计分包合同的签署工作尤为重要。需要在签署的协议或合约中明确双方的权责与义务，确定工作范围、设计标准、进度节点，明确违约的责任，明确索赔的原则，明确利益改变的配比原则，建立起风险同担、效益同享的协作制度。对于关键性的设计规范及标准，在协议中要以科学、明晰的形式确立下来，如可将有关我国标准制作成表达性较强的示意图或者参数表当作附件签订，如此可规避以后发生的技术矛盾。

（2）按期执行物资采购合同。采购部门需要及早介入设计工作之中，要求设计部门尽早提出工程的装修档次、品牌选择范围清单、产品技术参数、特殊物资订货要求等内容，同时重新核对项目的总体成本控制以及进度计划，并报告上级。在此基础上，项目采购部门依据设计提供的文件尽早地展开市场调查和产品询价，将得出的结果反馈给相关设计者，在保证工程物资的功能性、合规性并满足业主要求的基础上，选取最具经济性、适用性的产品材料，有效降低采购成本、工程成本。

五、预防风险管理策略

1. 对采购设计工作的管理策略

从设备采购技术文件的编制方面来考虑，设备采购技术文件应由设计人员写出详细的技术规格书，对设备采购的范围、数量、用途、技术性能、分包商的技术责任以及维修服务等的内容进行概括。国外大部分设计公司建立计算机信息管理平台以方便信息交流。

从参加设备采购的技术谈判方面来讲，设计人员参与技术谈判，要求技术人员有全面的技术知识、头脑灵活、善于谈判并具有强烈的责任心。为了使采购更合理化，来往技术文件的审核与签署一般由分包商将采购设备和材料的技术文件反馈给设计人员，设计人员进行审核和签署，然后购买或者正式按图制造。设计工作人员还要及时参与设备到货验收和调试投产验收等工作。

在设计阶段对风险加以防范，进而规避风险，可以从以下方面考虑：

（1）充分发挥设计的主导作用。设计是工程的主导因素，决定工程造价。设计成果是采购和施工的依据，设计工作的质量影响着采购和施工的开展。因此，EPC 总承包项目要求设计需要考虑采购和施工、试运行等全过程，以及设备、材料采购和施工安装要求，能更好地实现设备、材料采购和施工的统筹安排，从而充分发挥设计的主导作用。

（2）贯彻设计全过程思想。实现设计、采购、施工、开车进度的深度交叉。快速跟进法是在确保各阶段合理周期的前提下缩短建设工期合理交叉一种有效的进度管理方法，在发达国家已普遍采用。

设计、采购、施工、开车进度的深度交叉虽然能带来缩短工期和经济效益机会，但同时也给承包商带来返工的风险，所以要注意交叉深度的确定和交叉点设计的合理性，特别是发生变更时的预备方案。

（3）提高设计质量，保证工程质量。设计质量最终由工程质量来体现，设计环节直接影响到工程质量。为保证工程质量，需将采购也纳入设计程序范围，包括设计者对供货厂报价的技术评审，从而确保采购设备符合设计要求，使采购的设计图纸跟施工现场的设备相一致，避免造成返工或者延误工期。同时，在设计时需考虑试运行的要求，减少返工和浪费，提高设计质量。

（4）提高设计管理人员素质。设计管理需要复合型人才，要求懂技术、会外语、通管理，因此，总承包商需要加强设计管理人员的培训，提高设计管理人员的业务水平，提高总承包企业的设计管理水平和总体水平。

2. 对组织设计的管理策略

（1）建立适合项目特点的组织机构。项目的组织结构可以分为直线制、职能制、直线职能结构、模拟分权结构、矩阵结构、事业部组织结构、委员会结构、控股型结构、网络型结构，其中矩阵结构还可以分为强矩阵制和弱矩阵制等。EPC 总承包项目比较复杂，多采用矩阵制。

（2）建立工作效率高的管理团队。高效的管理团队是项目成功实施的保障。以勘察设计单位为主体的 EPC 总承包应该注重管理能力的培养。

（3）以设计单位为主导的组织形式。设计单位作为主体时，由设计单位处于项目的主导地位，设计单位与施工单位、采购单位、试车单位之间，设计单位为主导地位，存在着合同关系，施工单位、采购单位、试车单位之间是协调关系，无合同关系。

第五节　采购阶段风险管理措施

一、EPC 工程总承包采购风险

如果把 EPC 建设工作比作一条龙，E（设计）和 C（施工）分别是龙的头和尾，那么 P（采购）就是龙的身骨。在建设项目中，设备和材料占总投资的比例大约占 60% 左右，而且采购设备的质量、交货的及时程度都直接影响到项目能否顺利地进行，对项目的最后成功起到至关重要的作用。从所占投资比例看，好的设备采购管理会给总承包项目带来可观的经济效益。因此，采购管理特别是采购过程中的风险管理扮演着重要的角色。

工程采购风险通常指在实施工程项目设备、物料的采购过程里潜在不确定的发生导致采购的实际结果与工程项目对采购活动的预期不一致且造成工程项目其他环节产生损失的可能性。工程采购活动的特点是规模大、采购范围广、涉及物料种类多，而且一般供应时间比较长。前期采购某一细小环节的纰漏往往会影响整个工程任务的顺利完成。由于采购在工程项目中不可忽视的影响，在工程项目中实施必要的采购风险管理就变得尤为重要。

工程采购风险管理是对工程采购活动中可能出现的意外事件提前进行识别、分析和评估，并根据风险评估的结果制订相应的风险预防和处理措施，以此减少潜在的不确定事件对工程项目造成意外损害，以较为科学的风险管控措施使采购效果达到工程项目的要求。国内外工程项目的实践证实了对工程采购风险的有效管控能明显减低整个工程项目的风险。近年来，越来越多的工程公司把更多的精力致力于这一领域的研究和管理。

二、工程采购风险的分类

工程采购风险一般划分为外因风险和内因风险两大类。

1. 外因风险

外因风险是工程采购施行中工程采购主体自身无法避免的工程采购过程以外因素造成的风险。一般包括：

（1）质量风险。工程项目中的供应商由于实际生产能力的不足或是为了追求本企业利润的最大化，提供的物资未能达到工程合同的要求，出现工程采购质量风险。

（2）交期延误风险。供应商在配合工程进度计划所组织的生产管理等方面能力欠缺或工作失误，使得预定交期晚于合同所规定的时间，采购方未能按计划进度验收到供应商提供的物资，工程采购因此产生了延期的风险。

（3）价格风险。工程采购中价格风险主要有以下两种情况：①供应商组建"投标联盟"操纵投标环境，与其他投标人或招标投标机构串通抬高投标价格；②采购方迫于市场环境的变化，在认为价格适宜的情况下大量采购囤积工程项目所需物资，但不久该种物资却出现市场价格下跌，从而带来工程采购风险。

（4）意外风险。工程物资采购过程里，由于自然灾害等影响，例如地震、暴风雪、洪水等和意外事故如火灾、区域断水断电等事故造成的风险就称为意外风险。这些意外风险往往带有不可预知的因素，所以也容易给工程项目造成无法预估的经济损失。

（5）合同风险。合同风险是工程采购风险中最需要关注和控制的风险之一，主要表现为来自供应商的合同履约风险。某些中标供应商往往利用工程采购中不严谨条款，埋设合同陷阱甚至进行合同欺诈，最终使得采购方蒙受损失。由于工程项目复杂而且又多变的环境，也经常容易发生签订合同之后供应商拒不执行合同要求并且故意拖延交期，以各种理由借口提出合同变更等情况。这些问题都会提高合同履行的风险，导致工程采购合同的履约率降低。

2. 内因风险

内因风险是指工程采购主体自身因素和工程采购管理内部因素所引发的风险，一般包括：

（1）工程采购计划风险。工程采购前期一般都要求编制采购进度和采购预算。首先，市场实际走势情况和调查预测存在偏差会从宏观方面影响到工程采购计划与预算的正确性和适应性。其次，服务于工程项目上的计划管理技术不一定科学和适合。计划管理工作不严格容易造成工程物资需求计划编制出现问题。不科学的计划编制往往导致设计频繁变更造成工程采购计划频繁调整，直接影响到合同顺利执行。当采购目标发生较大偏离时，采购计划风险自然产生。

（2）工程采购责任风险。此类风险主要源于物资采购途中，采购方技能的欠缺，未能确切理解业主单位的意图或未按公司标准的采购程序进行规范采购等。例如，未能遵守工程招标投标采购流程和技术商务双分离的原则选择中标单位；出现采购活动的徇私舞弊、工程采购过程不公平等问题；在执行采购合同时，由于本身的能力欠缺或责任心不强，对合同风险管理不严格等。

（3）运输风险。一个工程项目实施过程中，往往涉及多品种的物资设备。这些工程物资设备常常具有数量多、交货期长、运输距离远、非标设备较多、受不同国家与地区政府的各类监管等特征。设备物资的运输方式也多种多样，有公路、铁路、船运、空运等。受到这些外界因素的影响和相互作用，在运输途中经常出现各种风险损失，比如到货期延误、货物运输破损等。

（4）存货风险。该风险的主要来源是存货因市场价格变动、技术进步等原因而导致存货价值递减。如果采购方没能正确预估市场变化的风险，那么，囤积的贬值物资不但易造成库存积压，而且影响资金的使用效率，从而发生潜在的亏损。

三、EPC 工程总承包采购风险识别

EPC 工程总承包采购的四级风险因素包括进度计划的合理性、供应厂商的风险、设备检验监造和货物运输的风险。

1. 采购进度计划合理性风险

采购进度计划是项目总体进度计划的一部分，是引领采购工作、监督采购进程的重要文件。它必须和设计进度计划、施工进度计划完全衔接起来。当设计、采购、施工计划发生矛盾时，还要调整计划，做到三个计划有机的协调。

采购进度计划编制中比较关键的部分有：①采购周期：采购周期 = 定单周期 + 制造周期 + 运输周期；②关键设备周期：关键设备指的是对项目有至关重要的影响，而且交货周期长的设备；③第三国采购设备：在采购进度计划中尤其需要注意的是第三国采购的设备和材料，由于地域跨度的问题，在催交和检验的工作上有很大的难度，因此第三国采购设备的周期一般比较长；④超限设备的运输：对超限设备尺寸和重量的规定，每个国家和地区不完全一致。一般合同中规定，长度超过 18 米、高度或宽度超过 3.5 米、重量超过 50 吨的设备视为超限设备。

2. 合格供应厂商风险

合格供应厂商的甄选一直是采购过程中非常重要的环节。在总包合同中业主一般要明确重要设备的合格供应厂商名单，总包商根据其长期的工程经验也积累了大批的合格厂商名单，但大多数时候并不是绝对不变的。在合格厂商的审批过程中，一般是从下面几个方面进行考察：工程业绩、有无出口业绩、最近几年的财务状况、今明两年的排产状况、制造加工水平、履约的状况、同行业中的口碑、管理程序和水平等。

合格供应厂商的选取是保证产品质量关键一步，它的选择也是一个综合分析判断决策的结果，比如有的制造厂商各方面都很好，唯独在交货期上不能满足，这时候也必须要结合项目的目标工期慎重考虑。因此，制造商的选取必须多因素比较，必须与项目的目标结合起来，如果单纯从一个方面进行考虑，将给项目的实施带来风险。

3. 设备检验监造风险

合同签订以后，制造过程中的中间检验、出厂检验以及过程的监造是保证设备产品质量的第二步。在与供应商的合同里将明确所供设备的重要性分类等级，从而确定检验和监造的类别。特别是对于那些不属于驻厂监造的设备，如果对厂商制造加工能否按照其质量管理体系认真执行有担忧和疑问，也应该提高监造的等级。

目前国内总包商由于其本身人力负荷的原因或者本身没有监造的能力，一般是聘请有资格的、独立的监造公司承担整个项目的监造工作。这种类型的监理公司很多，从业人员都是外聘的，其从业人员的素质、责任心、技术水平等都直接影响到设备的质量，因此监造单位的管理是非常重要的。

4. 货物运输风险

对于国外总承包工程，大量的货物要在一到两年的时间全部运输到国外，高峰期的时候，每月的船只多达三条，对货运代理公司的组织和管理能力都将是全面的考验。国内的货运代理公司并不是船运公司，它需要根据货物运输计划安排船期计划，需要协调船运公司、码头、港口、清报关等很多方面。有时候船只出现问题，大量的货物积压港口，一方面会造成港口仓储费用增加，另一方面还会给现场施工带来窝工等料的局面。

对于采购计划，有时看似一个合理的计划，但往往在执行阶段问题频出，主要是对问题的前瞻性不够，比如很多的企业由于生产过于饱满，对合同的执行就会出现偏差，谁催交厉害一些，可能就先期保证生产。因此要求采购人员随时要和供应商保持沟通和联系，了解生产状况，及早发现交货和制造过程中出现问题的苗头，及早采取措施。对于供货厂商的选择，一定要注意他们的薄弱环节，比如对有财务风险的供应商，要注意专款专用，在付款的方式和比例上都要做调整，保证货款的及时和有效。对于设备监造单位的从业人员特别要注意从各个环节和渠道了解他们的工作情况，绝对不能将监造流于形式，要将合格的人用在其擅长的位置，对于责任心不够或者水平不够的人员必须立即撤离。前期采购风险的识别和应对做得再到位，在过程中也必须时时监控，如果疏于管理和控制，对发生风险的前瞻性不够都将出现问题甚至失控。

四、适用于工程项目采购风险管控方法介绍

工程项目采购风险管控是运用科学的数据处理方法对项目采购中所存在的不确定因子进行合理的分析，并尽可能地降低不确定因子对项目采购所造成的潜在负面影响。通过上述章节的论述容易发现，运用合理的供应商选择方式能明显增强筛选供应商的科学性和周密性，进而大大降低采购风险。从国内外学者开始对采购风险管控进行研究以来，各种定性定量分析方法都以各种形式运用于对供应商的选择的论题中，例如，决策树法、网络分析法、层次分析法（AHP）、CVAR 风险计量法、随机过程理论分析、模拟综合评估法、风险概率分析等方法。下文仅简要介绍两种主要研究方法。

1. 平衡计分卡

平衡计分卡（Balanced Score Card，简称 BSC）于 20 世纪 90 年代由 Kaplan 和 Norton 创造，极大地拓宽了业绩评估理论的空间。平衡记分卡是一个根据企业组织的战略要求而精心设计的指标体系。平衡记分卡具有四个维度：客户维度、内部业务流程维度、学习与成长维度和财务维度。这四个维度之间是相互关联的，学习是基础，客户是目的，业务流程是工具，而财务是最终的结果。平衡记分卡弥补了传统绩效评估体系仅仅重视财务指标而忽略非财务指标的不足，它能够帮助企业在关注财务结果的同时，更关注企业未来发展所必须具备的能力和无形资产等。

平衡记分卡能够帮助企业将抽象的、难以量化的供应链管理战略目标转化为具体的、可衡量的指标，再从平衡记分卡的四个维度帮助企业将物流计划的子目标转化成具体的可衡量的指标，并为这些指标设定目标。随后，平衡记分卡的使用者就能够决定进行哪些活动以达到这些已设定的目标。在整个平衡记分卡运行起来之后，仍需运用其结果对物流计划进行评估，检验现有的物流计划是否真正有利于供应链管理总体战略目标的实现，同时，对物流计划做出必要的调整，从而能够更好地实现供应链管理的战略目标。

2. 层次分析法

层次分析法（Analytic Hierarchy Process，简称 AHP）是一种被广泛应用于处理比较复杂又比较模糊的决策问题的方法，该方法尤其适用于不容易完全定量分析的目标。在研究复杂系统的决策时，首先需要对描述目标各因素间相对重要度做出正确的评估，其次再对各因素相对重要性进行估测（即权数）以反映重要性的差异。层次分析法与其他评估与选择方法相比较主要有以下突出的优势。

（1）层次分析法提供了一种结构严谨的层次思维框架，把研究对象按分解、比较、评判、综合分析的思维逻辑进行剖析。层次分析法的每个因素在各个层次里对最终结果的影响都是可量化的，而每一层的权重设置又都会直接或间接影响到最终结果，所以层次分析法并不会割断每个因素对论证结果的影响。这种方法对于多准则、多目标的供应商综合评估非常适用。

（2）层次分析法是一种简单易用的决策工具。它不像有些决策理论方法注重复杂的数学推导与演算，也不过分依赖于个体主观判断。层次分析法把定性与定量的方式系统化地结合起来，使得推理与决策过程数学化、直观化。这样的结果比较便于决策人员的正确理解与合理判断。

（3）层次分析法减少了传统评估方法中确定权重时的主观成分，使得评价结果更具有客观公正的特征，增加了评判结果的可信度。

第六节　施工阶段风险管理措施

一、EPC 工程总承包施工阶段风险

一个项目的成功与否，不在于签约过程中的预期盈利与否，而在于项目履约过程中的完美与否，因此为完成预期目标，除要对设计与采购过程加强风险管控外，更需要加强对项目施工阶段过程中的风险防控。

1. 项目管控模式的选择风险

对于承担 EPC 总包业务的承包商而言，其自身即具备 EPC 项目所需要的一个或几个方面的能力，如设计院承担总承包业务过程中的设计能力、主设备供应商的设备制造能力等。但对于一个传统建筑施工企业而言，由于自身在现场的建筑施工能力有限，将面临项目管控模式的选择，是采用自身参与实际建筑施工的 PM（项目管理）还是自身不参与实际建筑施工的 PMC（项目管理承包商），将需要承包商根据自身管控能力及责任划分选择（参与实际施工需要明确参与部分与项目整体之间的责任划分），以期更清晰地明确管理责任与经济责任的划分，实现企业预期目标。

2. 成本控制风险

EPC 项目涉及的知识、能力方面较多，各类分包商、供应商较多，如何更好地控制成本的支出关系到项目后期结算过程预期目标的实现。总承包商需要有一个清晰完整的成本控制措施或制度，通过对总承包合同的认真分析、逐条研究，找出其中的风险并研究对策。在成本控制过程中，需要清楚地了解业主方进度款项的支付方式及支付条件、地方税收政策（税务抵扣等），并在过程中对外支付时进行相应的安排，如采取为减少现金支付

压力而采用票据支付、设备供应商增值税发票的抵扣、减少或取消预付款的存在、降低过程付款比例、控制现场签证的数量等措施来达到成本控制目标。

3. 过程进度控制风险

EPC 总承包合同一般只规定了一个最终的试运营及最终交付时间并对此设定严格违约责任条款，对过程中的进度采取重大节点控制，这就考验一个总承包商的过程进度控制能力，过程中的进度控制直接关系到最终交验时间的实现及违约情况是否出现。在此过程中，总承包商需要有一个明确过程进度管控方案与措施加以保证，如在节点控制图示中对总承包合同约定的最终交验时间人为提前，对过程进度及重要节点完成时间进行倒排，为后期的调试整改预留充裕时间等。

4. 风险转移措施风险

在 EPC 总承包合同中，业主方为控制风险的产生，一般会要求总承包商为预付款及合同履约出具相应的担保或保证，常见的为工程保险、预付款保函及履约保函。总承包方在此过程中，为进一步转移和分散建设过程中的风险，对于总承包合同而言，要特别强调双方的履约担保措施。通过购买必要的、完备的工程保险，如除建筑工程一切险和安装工程一切险、人身事故保险、第三者责任险和材料、设备的货物运输险、盗抢险等转移风险之外，还需要对其中的预付款风险及履约风险等向分包商、设备供应商进行转移，要求其购买相应保险，出具预付款保函、履约保函等。

二、施工阶段的风险管理

1. 合同风险管理

EPC 总承包商如何有效管理和规避施工阶段合同风险是该阶段合同管理的核心。施工阶段总承包商的合同风险管理的目的之一是避免由于总承包商自身违约而产生各种风险的可能性，只有正确理解并执行合同条款要求，才能减少甚至避免失误和经济损失。其目的之二是通过项目实施情况与合同条款的对比，为索赔和反索赔做准备。

施工阶段合同管理最可能出现的风险就是由于项目变更导致合同总价发生变化，但EPC 总承包合同一般为固定总价合同，总价变化的风险一般是由总承包商来承担的。但这个固定总价也是个相对的概念，所谓"固定总价合同"一般是指在合同涉及的所有条件均不变的情况下，合同价格不变，而不是绝对不变。若根据合同实施条件变更，其合同价格也应做相应调整。总承包商应避免被该类总价合同误导，积极准备索赔材料，争取合理索赔。

除了在合同中本身存在的一些风险性因素以外，总承包方还需要关注一些合同以外的风险性因素的存在，如政治风险（如与项目建设相关的法律、法规变化风险，在国际市场上存在项目所在国政治稳定与否、投资环境等风险）、经济风险（如与建设项目相关的信贷融资环境、经济大环境、国际工程的汇率变动等风险）、产业风险（如与建设项目相关的项目重复建设、是否符合政策支持等风险）、文化风险（如国际工程中的内外部企业文化、风俗习惯差异等）等一系列合同外风险。

2. 分包风险管理

EPC 总承包项目具有规模大、建设周期长、施工难度大等诸多特点，依靠总承包商完成整个项目的建设实施存在很大难度。因此项目分包也就比较常见。

EPC 总承包工程在实施过程中，以下两方面原因导致分包商的管理工作难度很大：一方面是由于项目规模巨大，分包商数量众多；另一方面是由于总承包商对为数众多的分包商的组织及工作特点不熟悉，导致管理不力。EPC 总承包项目的分包形式主要包括指定分包、专业分包和劳务分包三种。

EPC 总承包项目中，指定分包（指定分包是指在招标文件中由业主指定特定分包商参与工程建设）是常见形式。指定分包主要是业主出于保护和支持本国企业的发展，以及促进就业、维护社会稳定等方面的考虑。如果业主在招标文件中要求指定分包商，那么总承包商将面临由于分包商造成的质量问题、进度滞后等方面的风险。

总承包商应对分包风险的措施之一是签订严格的分包合同并要求分包商提供履约保函，以保证分包商按照分包合同完成分包任务，除了要谨慎选定分包商以外，还应在分包合同中针对分包商可能中途终止合同的风险增设经济制裁条款。虽然分包合同金额不会太大，但分包商违约对相关及后续工作乃至整个项目都可能造成严重损失。同时还应准备好替代和应对方案，因为一旦出现分包商终止合作，总承包商在短期内找到替代资源，寻求新的分包商存在极大困难，会严重影响工程的整体进度，给总承包商带来不可估量的经济损失。

来自分包商的又一种风险是对分包工程理解有别，不同分包商之间就工作范围发生纠纷，从而导致工期延误。为此，总承包商在签订分包合同时一定要结合当地工作习惯，在合同条款中做出详细规定及必要的说明，防止以上风险的发生。

三、施工过程风险识别及应对

施工阶段是 EPC 工程总承包项目建设过程中最为关键的阶段之一。总承包商将大量的财力、人力、物力投入其中，施工阶段的能否顺利实施将会影响到整个 EPC 工程总承包项目的完成与获利情况。对 EPC 工程总承包商而言，施工阶段需要特别关注的风险是由意外事件引起的工程设备损坏或者人员伤亡风险，以及承包商可能不能合理解释的相关数据核实风险与一些突发的不具有预见性的风险。

1. EPC 项目施工阶段风险源分析

（1）工期延误风险。由于自然条件恶劣、社会经济因素、项目团队管理问题、设计方案频繁更改、采购原料有缺陷、安全事故突发等各种各样的原因，可能会造成整个 EPC 工程总承包项目的工期延误。

（2）质量或功能风险。同样由于上述各种因素可能会给 EPC 工程总承包项目带来各种质量或功能风险。

（3）成本剧增风险。由于 EPC 工程总承包项目的各种外部因素，如人工费、材料费等上涨，总承包商项目管理能力有限，如资金管理不当、设计方案不合理、变更频繁等都可能引起成本剧增风险。

（4）安全风险。由自然环境因素如地质条件、气候等各种不可抗力因素，现场条件如安全防卫不合理、操作不当，设备存在缺陷，管理因素风险如现场管理混乱等都可能会引起 EPC 工程总承包项目的安全风险加大。

2. EPC 项目施工阶段风险应对措施

项目施工阶段的风险应对策略必须积极协调各方参与者的关系，尤其要加强供货方与各分包商之间的沟通交流，合理安排项目资金运转，及时跟进项目实施进度，落实各项具体责任到有关方；在施工现场应派驻专业的监管安全、环境负责人，并切实做好关于此阶段可能存在的工程索赔工作证据收集工作，避免不必要的损失。

选派有经验、善经营、精管理、通商务、懂法律、懂技术的经验丰富的管理人才出任项目经理，这样才能实现项目目标。具体做法如下：

（1）完善管理组织机构，例如在项目部内成立专门的安质部、实验室、工程部、机务部和合同商务部等，每个部门由相关技术人员组成，由专家负责牵头；

（2）完善相应的安全质量和进度管理措施，制订相应的制度，做好相应的记录，明确相应的职责。

EPC 总承包商要根据自身的能力，对其薄弱环节或者风险大的部分利用分包商的资源和力量将其转嫁给分包商。另外，由于分包商的任何行为需要承包商负责，所以承包商应审核分包商的资质，加强对其的控制和管理。

工程项目应在建设过程中投保给保险公司，尽管这样会支付一定的费用给保险公司，但对于风险造成的损失来说是微不足道的，况且承包商可以将保险费纳入成本费用。因此承包商投保保险公司是一种不错的风险防范措施。

四、项目交验风险管理

对于 EPC 总承包项目，其最终的目的是满足业主方在总承包合同中的建设项目性能参数及使用目的，并在总承包合同中对此约定了幅度最大、责任最为严格的违约责任条款，项目的最终交验能否成功，成为项目成功与否的最后也是最为关键的环节。

1. 选择最优的调试分包方

作为常见的 EPC 合同方式，在能源、冶金、炼化等大型项目中需要在项目的最终阶段对整个项目的各型设备进行综合性调试并达到设计的性能参数，项目最终调试过程能否满足业主方的要求是项目能否顺利交验的关键。因此，在项目的开展过程中就需要预先选择一家有丰富调试经验的项目整体调试分包商，以其自身的丰富经验及技术储备来发现设备安装过程中可能存在的问题，及时进行整改并最终调试成功。

2. 性能参数测定

项目最终能否满足设计要求及业主方建造要求，性能参数的测定为交验提供了一个客观充足的数据说明，因此，对于性能参数的测定需要严格按照设计要求及测试条件进行，并适时形成测试数据作为交验保障。

第七节　项目总体风险管理

EPC 工程总承包项目风险管理是 EPC 项目管理的一部分，是 EPC 工程总承包全过程组织与实施必须充分考虑的一环。EPC 项目管理是一项综合管理，主要涉及项目的质量、进度和费用的管理。风险管理的服务对象也是质量、进度和费用，因此，风险管理和项目管理是相辅相成的，其最终的目的也是保证项目按照合同的要求顺利完成。不同于一般的工程项目风险管理，总承包项目风险管理的主体从单纯的项目风险管理转移到总承包商的风险管理。总承包商风险管理的好坏直接影响到总包商的经济利益。应该说总承包给承包商既带来了机遇也带来了挑战，这种挑战就是总包商如何去面对项目执行过程中各种风险的产生，如何管理和控制好风险。

前面主要从 EPC 项目的设计、采购、施工三个方面对如何风险管理进行了深入的探讨和研究。然而对于整个工程项目来讲，从最初的决策投标、报价、合同谈判到最后项目具体执行，风险无处不在。

在决策投标阶段，尤其是在国外的总承包工程，政治环境、经济环境、市场环境、社会环境、业主的资金来源、法律法规政策都构成了风险因素，对决策是否投标起到决定性的影响作用。

在报价投标阶段，当地的原材料价格行情、劳动力状况、工程建设地所在的地质条件、地理环境都对报价中的价格、技术方案有着重大的影响。

在合同的谈判阶段，合同中业主和承包商的责任划分不清楚、承包商的工作范围定义不清楚、合同中的技术要求不清楚或者自相矛盾，所有这些都为以后的项目执行埋下了风险的隐患。

从总承包项目风险影响的程度大小角度来看，项目前期（合同签订前）的风险因素对项目的成败起到决定性的作用。

在决策投标以及投标的过程中，总承包商必须重视现场实地考察和市场调查，除了了解建设所在地的政治、经济、社会、自然环境以外，还要特别了解当地的原材料行情、劳动力市场行情、当地的用工制度、机具设备市场行情。同时，还要分析未来项目建设期间通货膨胀水平、物价上涨水平等，保证在施工建设期间不会因为市场的波动对项目造成影响。在合同谈判阶段，一定要注意澄清业主的技术要求，对于不能满足的技术要求必须给予解决。对于技术上有偏离的地方必须在合同中明确，防止在后期业主不予认可和拒绝接受的情况。

在合同中一定要非常明确地定义和划分业主和总包商的责任和义务。但实际上在合同谈判过程中业主始终处于强势的位置，因此很多时候总承包商被迫接受很多的不利条款。但合同毕竟是双方赖以依靠的法律文件，在合同谈判过程中总包商一定要据理力争，最大程度地把不利因素在合同条款的范围内化解或者减轻，尽可能将风险转移给业主。比如对于政治风险和社会环境方面的风险，可以采用不可抗力、索赔等合同条款，将风险转嫁给业主，保证承包商的利益；对于经济风险（汇率变化）和市场风险（通货膨胀），可以采取在主合同里面约定固定利率、预留风险备忘金等手段减轻风险；对于有资金风险的项目，在合同中明确付款的条件、方式和时间以及针对业主延迟付款的相应对策；对于合同中因为工程资料不完备或者设计输入条件不齐全，导致设计方案不确定和工程量的不确定，可以采取设计变更和单价的计价方式处理。值得一提的是合同中的索赔条款，总承包商应尽可能全面细致地将索赔的条件、方式在合同中明确清楚，为以后可能出现的索赔留下法律的依据。

合同的详细、艰苦的谈判并不能完全消除合同中埋下的风险隐患。合同谈判结束以后，总包商会根据谈判的过程、结果将合同中需要下一步项目执行过程中关注的事项以及需要解决的问题全部罗列出来，实际上就构成了风险因素，为下一步采取相应的应对措施提供了依据。

不同的工程项目因为不同的项目特征、项目规模，不同的项目环境，不同的业主，其风险发生的概率和影响的程度也不一样，必须具体问题具体分析和研究。风险不可怕，怕的是不知道风险，不认识风险，怕的是主观的臆断和决策。风险和机遇是并存的，只要把风险控制和管理好，风险是可以转化为效益的。因此，EPC 总承包项目的风险管理必须以科学和细致的态度，从风险管理的各个环节着手，进行全面、细致的风险识别，采用定性和定量相结合的风险评价、切合实际的风险应对措施、行之有效的风险监控办法。其中风险识别过程是最为关键的，项目所处的阶段不一样，风险识别的重心也不一样。在报价和合同签订前，项目外部大环境的风险因素必须予以高度重视和研究，保证项目的总体安全。当项目合同签订后，必须对项目中任何不确定的风险因素比如商务和技术、外部接口条件、一些假设条件等进行研究，建立风险档案予以落实和解决，如果不能马上落实和处理的，可以将其放在下一步更深层次的风险管理过程中来处理。

EPC 项目的总体风险管理是每一个具体风险管理的集合。每一个小的风险因素的识别、应对和监控构成了项目总体风险管理，认真处理每一个细小的风险因素是项目总体风险管理的根本。

复习思考题

1. 简述风险管理目标及方法。
2. 简述风险管理的工作内容。
3. 简述设计阶段风险管理措施。
4. 简述采购阶段风险管理措施。
5. 简述施工阶段风险管理措施。
6. 简述项目总体风险管理的相关内容。

参 考 文 献

［1］李永福，史伟利.建设法规［M］.北京：中国电力出版社，2016.

［2］李永福.建筑项目策划［M］.北京：中国电力出版社，2012.

［3］李永福.EPC建设工程总承包管理［M］.北京：中国电力出版社，2019.

［4］何岳凌.EPC工程总承包模式下的设计管理研究［J］.建材与装饰，2020（16）：106-108.

［5］唐奕奕.工业EPC总承包项目的采购管理［J］.价值工程，2020，39（17）：73-74.

［6］赛云秀.工程项目控制与协调机理研究［D］.西安建筑科技大学，2005.

［7］孟庆峰，李真.工程项目中成员关系的协调机制研究［J］.建筑经济，2014，35（09）：43-46.

［8］周秀丽.EPC承包方式中财务风险管理探讨［J］.产业创新研究，2020（09）：58-59.

［9］丁浩.EPC工程总承包项目风险分析［J］.水利水电工程造价，2020（02）：21-25.

［10］郭亮亮.EPC总承包模式下的项目风险管理研究［D］.沈阳建筑大学，2011.

［11］于佳.KB公司总承包项目成本管理研究［D］.华东理工大学，2014.

［12］马兰，郑宇浩，房健.EPC总承包模式下的成本优化研究［J］.项目管理技术，2020，18（06）：92-96.

［13］陈远志.S公司EPC总包工程采购管理改善研究［D］.华东理工大学，2016.

［14］李云飞.国际EPC总承包项目投标阶段风险管理研究［D］.对外经济贸易大学，2016.